"十四五"普通高等教育部委级规划教材

After Effects 影视后期特效实战教程

王 禹 于丽丽 姜福吉◎主编

After Effects
YINGSHI HOUQI TEXIAO
SHIZHAN JIAOCHENG

中国纺织出版社有限公司

内 容 提 要

当前我国影视相关产业发展迅速，特别各类数字平台微视频制作需求呈爆发增长，数字影视制作方面的人才缺口有进一步扩大的趋势。

本书系统全面地讲授了运用After Effects软件进行影视后期特效制作的相关知识与操作方法，包括特效制作的基本原理、合成技术、动画技术、抠像技术、跟踪技术、调色技术、粒子特效等。

本书适用于本科、职业院校和行业培训机构相关专业的教师和学生使用。

图书在版编目（CIP）数据

After Effects影视后期特效实战教程 / 王禹，于丽丽，姜福吉主编. -- 北京 : 中国纺织出版社有限公司，2024.5

ISBN 978-7-5229-1726-9

Ⅰ. ①A… Ⅱ. ①王… ②于… ③姜… Ⅲ. ①图像处理软件－教材 Ⅳ. ①TP391.413

中国国家版本馆CIP数据核字（2024）第082709号

责任编辑：华长印　朱昭霖　　责任校对：寇晨晨
责任印制：王艳丽

中国纺织出版社有限公司出版发行
地址：北京市朝阳区百子湾东里A407号楼　邮政编码：100124
销售电话：010—67004422　传真：010—87155801
http://www.c-textilep.com
中国纺织出版社天猫旗舰店
官方微博 http://weibo.com/2119887771
凯德印刷（天津）有限公司印刷　各地新华书店经销
2024年5月第1版第1次印刷
开本：889×1194　1/16　印张：15.5
字数：250千字　定价：69.80元

《After Effects影视后期特效实战教程》
编　委　会

主　编　王　禹（云南大学滇池学院）

于丽丽（新乡学院）

姜福吉（惠州城市职业学院）

副主编　孙友全（广东农工商职业技术学院）

胡淞俊（广东东软学院）

严　飞（云南大学滇池学院）

张　峰（郑州美术学院）

叶　蕾（武汉软件工程职业学院）

参　编　段　星（重庆艺术工程职业学院）

祝　笛（湖北轻工职业技术学院）

冯琳卓（郑州升达经贸管理学院）

李　青（周口理工职业技术学院）

迟晓蕾（郑州财经学院）

前言 PREFACE

影视后期制作对影视、动漫、新媒体艺术等专业而言是一门非常重要的核心技能课程。当前，我国影视产业发展极为迅速，影视后期特效作为影视生产的重要环节，相关从业人员的需求量不断增加，并且该领域人才缺口有进一步扩大的趋势。这里所说的“人才”，必须是真正达到专业素质较高、专业技能过硬的要求，并且具备一定的艺术创造力。这对教育工作者提出了相当高的要求，如何培养出合乎产业需求的人才是值得我们深度思考的问题。

随着我国高等教育的不断发展，未来，培养高素质、应用型人才将会是高等教育、职业教育的一种趋势。鉴于此，本书在设计的过程中，始终以“应用性”为核心理念，重在培养学生的操作技能和实践能力。基于这一思路，本书选择了 After Effects 为教学软件，从基础的入门知识开始，由浅及深，循序渐进，不但详细讲解了 After Effects 各种重要功能的相关知识与实践应用，还讲解了一些重要插件的使用方法和操作技巧，使学生从入门就打下坚实的基础，在案例中学到知识、锻炼技术。全书内容丰富、案例精彩，对教学具有一定的启发性。本书以案例驱动教学方式进行编写，通过大量的案例讲解，将复杂枯燥的知识转化为一个个生动的案例，使整个学习过程轻松有趣，尤其适用于各类应用型本科高校、高职高专和职业培训机构相关专业的教学。

本书在编写的过程中，得到了滇池学院艺术学院的大力支持和各级领导的关心、帮助，在此要特别感谢郭亚非院长、黄毅副院长，以及艺术学院的各位老师。正是因为各位领导、老师的帮助，本书最终才得以顺利完成。

由于编者水平有限，书中难免有疏漏之处，敬请各位读者批评、指正。

王禹

2023 年 10 月

目录 CONTENTS

第一章

After Effects基础知识

随着计算机图形学的不断发展，计算机图形处理技术得到了广泛的应用，尤其是在影视领域，越来越多的影视制作者都选择借助计算机图形处理技术进行后期特效制作，影视后期特效甚至已经逐渐形成了一种可观的经济产业。After Effects作为影视后期特效制作中的一个重要工具，因其具备强大的图像、视频处理功能，并且拥有灵活多样的处理方式，故而受到广大从业者的欢迎，它也是影视、动画等相关专业学生必须掌握的一种工具软件。本章将从基础入门的角度出发，带领初学者了解影视后期特效制作的基本原理，学习After Effects的基础知识，为之后进一步的学习打下良好的基础。

第一节　影视后期特效的概念

一、影视后期特效简介

在电影工业中，“影视特效”是一个笼统的称谓，它包含电影拍摄过程中使用的各种特殊拍摄手段，如威亚技术、爆炸、烟火、人工降雨/雪、特殊化妆、汽车特技、微缩模型等，同时它包含使用计算机生成的各种特殊视觉效果，如三维虚拟角色、CG场景、绿幕抠像等。由于使用计算机生成特效这项工作往往是在前期拍摄结束之后才进行的，在影视制作流程中处于后期阶段，因此也称为后期特效。

影视后期特效主要是不能或者不宜采用现场拍摄的方法得到的特殊效果，如剧烈爆炸、高空表演等一些危险场面，即便使用特技替身演员也存在极大的风险，因此，可以使用计算机生成这类特殊效果。此外，对于一些现实中不存在的事物，也无法进行现场拍摄，如恐龙、外星人等，这些事物虽然可以通过制作机械模型的方式来拍摄，但为了使其更加逼真，往往会采用计算机生成三维虚拟角色的方式来制作，得益于相关技术的发展，这些角色的制作效果已经达到以假乱真的程度。如今为了增强影片的视觉冲击力和艺术表现力，越来越多的影视制作者选择使用后期特效的方式来协助影片制作。

二、影视后期特效的合成原理

影视后期特效的制作大多都是在前期现场拍摄结束后，利用拍摄到的画面作为素材进一步加工制作。也就是说，后期特效包含两方面要素，一是实际拍摄得到的影像，二是计算机生成的影像，将二者合成到一起，从而形成一个新的影像，这就是影视后期特效的原理。

第二节 After Effects简介

After Effects是Adobe公司出品的一款图形视频处理软件，它可以帮助人们高效且精确地创建出引人注目的动态图形和震撼人心的视觉效果。利用与其他Adobe软件无与伦比的紧密集成和高度灵活的合成功能，以及数百种预设的效果和动画，After Effects可以为影视作品增添更加富于艺术表现力的效果。After Effects自推出以来，经历了诸多版本的迭代，目前，Adobe公司基本保持每年推出一个新版本的节奏。最新版本发布后，第三方开发者往往需要一定的时间去开发和测试，也就是说，许多插件都不能第一时间更新和支持最新版本的After Effects，本书采用Adobe After Effects CC 2023版本作为教学软件进行讲解。不同版本的主要功能基本一致，只是在更新的版本中会增加一些新功能或对原有功能做一些细微调整，这些细微差别对初学者而言影响不大，请读者根据自身情况选择适合的版本进行安装、学习。

第三节 After Effects软件界面与基本操作

一、After Effects软件界面

启动After Effects后，会弹出欢迎页面，关闭欢迎页面后就会进入如图1-5所示的程序窗口中，这就是After Effects的工作界面。After Effects为用户提供了多种界面预设，以应对不同的工作需求，同时，用户也可以通过“窗口”菜单自由定制工作界面，这种灵活且方便的设计有助于我们提高工作效率。下面将简单地介绍After Effects标准工作界面中各个区域的名称及其作用。图1-1为After Effects CC 2023版本的标准工作界面。

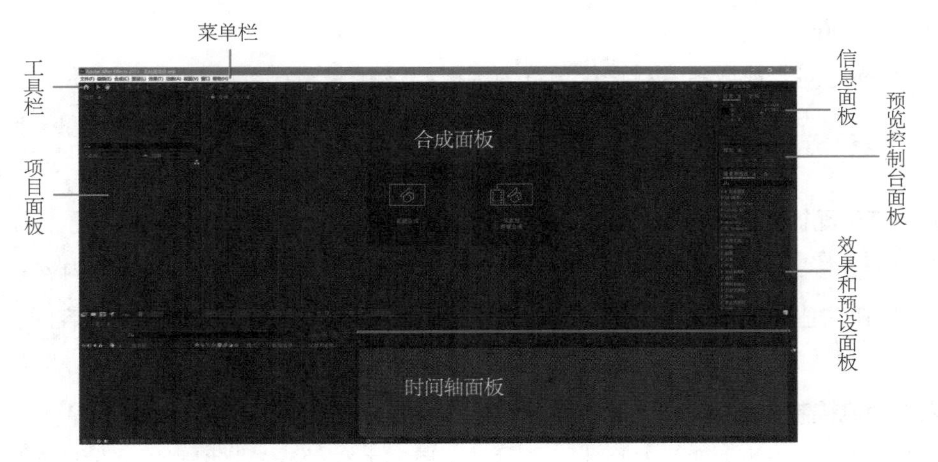

图1-1 工作界面

（一）菜单栏

After Effects的主要命令都位于“菜单栏”中，用户可以在菜单栏访问各种命令、调整各类参数并打开各种面板。本书将以“执行【XXX】”的方式提示读者执行相应的命令，如果该命令含有二级或者多级子菜单，则以“执行【XXX】—【XX】……”的方式按命令的逻辑顺序提示读者，如“执行新建纯色层命令”提示为“执行【图层】—【新建】—【纯色】”，点击顺序如图1-2所示。

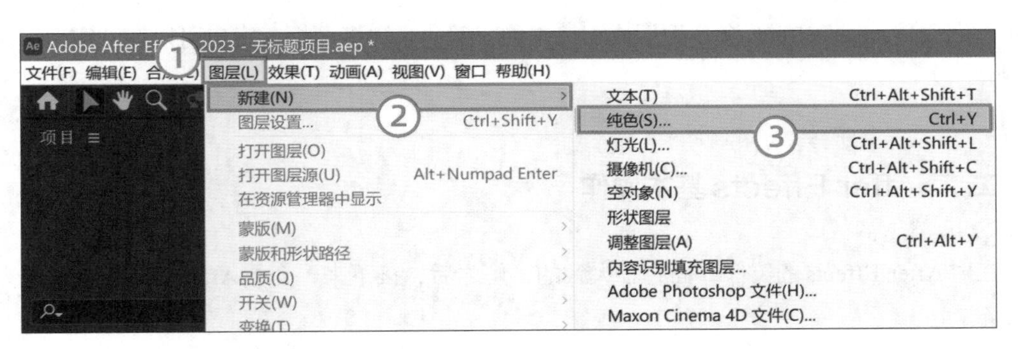

图1-2 命令执行顺序

（二）工具栏

After Effects的工具栏中集成了许多常用工具，可以实现向视频合成中添加元素和编辑元素等功能，这些工具能够帮助用户更加高效地工作。在之后的学习中，将以实战案例的方式向读者详细讲解常用工具的功能和使用方法。

（三）项目面板

在After Effects中，一个相对独立和完整的工程文件称为“项目”，该项目的信息和所有素材都位于这个面板中，可以通过这个面板实现对项目的设置和对素材资产的导入、搜索、管理等操作。

（四）合成面板

合成面板是对合成或者素材进行预览的区域，它就像一个监视器，可以让用户实时查看当前操作的画面内容。用户可以通过面板下方的控制按钮进行调节画面显示质量、切换视口等操作。

（五）信息面板

信息面板主要用于显示“合成面板”“时间轴面板”等区域中用户指定内容的具体信息，当鼠标在这些面板中的内容上停留时，信息面板将实时显示鼠标停留处内容的各种参数信息。

（六）预览控制台面板

预览控制台的功能主要是对合成、素材、图层等内容进行预览控制，通过该面板的各项命令或按钮，可以实现对内容预览的精确控制。

（七）效果和预设面板

After Effects为用户内置了许多实用的效果和预设，可以通过效果和预设面板快速调用这些效果和预设。

（八）时间轴面板

时间轴面板也称图层面板，主要显示图层和持续时间条等内容，通过该面板，可以实现对图层和持续时间条的各种编辑和操作。

以上只是After Effects众多面板或窗口中的一部分，更多面板或窗口可以在“窗口”菜单中打开。

二、After Effects基本操作

在对After Effects的工作界面有了大致的了解之后，接下来，介绍After Effects中的一些基本操作。

（一）新建项目

在After Effects里，一个完整的工程文件被称为一个“项目”，项目用于存储合成及其所调用的所有素材源文件的引用数据。在工作开始前，需要新建一个项目，才能进行后续的操作。如果直接通过运行After Effects主程序启动软件，After Effects会默认自动为用户新建一个项目，这里主要介绍如何手动新建项目。执行【文件】—【新建】—【新建项目】即可新建一个项目（图1-3）。

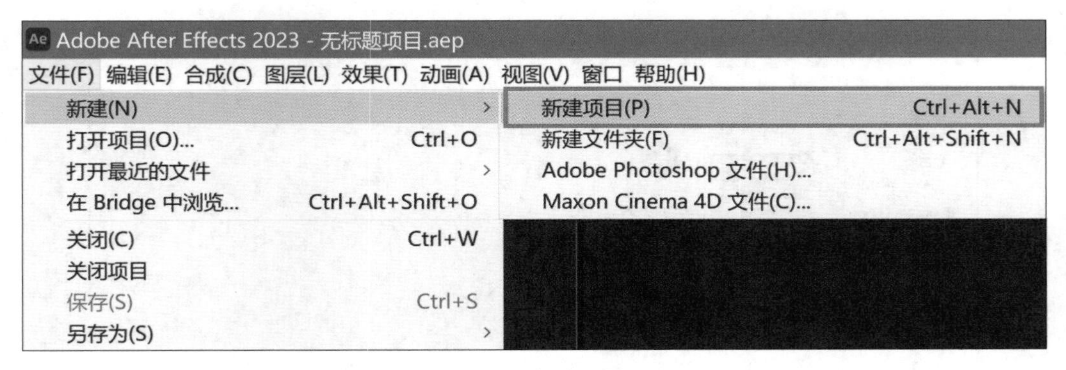

图1-3 新建项目

（二）打开项目

如果计算机中已经存在一个After Effects项目，那么可以通过以下方式打开：执行【文件】—【打开项目】，在弹出的窗口内选中需要打开的文件后，点击“打开”即可打开该项目（图1-4）。

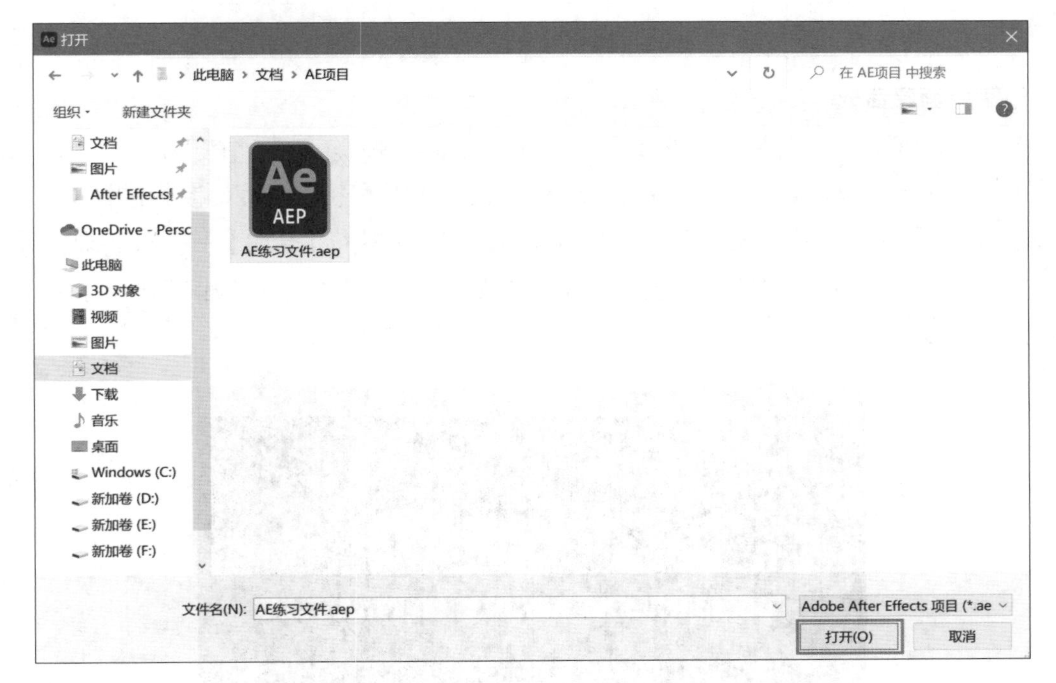

图1-4 打开项目

（三）导入素材

虽然用户可以在After Effects中创建各种图形，但更多时候需要处理的是通过其他方式获取的图像，如实拍图像或视频，这就需要将这些素材文件导入After Effects中。执行【文件】—【导入】—【文件】，在弹出的窗口内选中需要导入的文件后，点击“导入”即可导入素材（图1-5）。

图1-5　导入素材

（四） 新建合成

在After Effects中，如果要将多个素材组合到一起，需要首先创建一个“合成”。合成是影片的框架，通过合成，用户可以将视频、音频、文字、图形和特效等元素堆叠并组合到一起，使这些元素共同构成一个完整的影片。创建合成的方法是：执行【合成】—【新建合成】以打开“合成设置”窗口，根据工作需要对合成的参数进行设置后，点击“确定”即可新建一个合成（图1-6）。

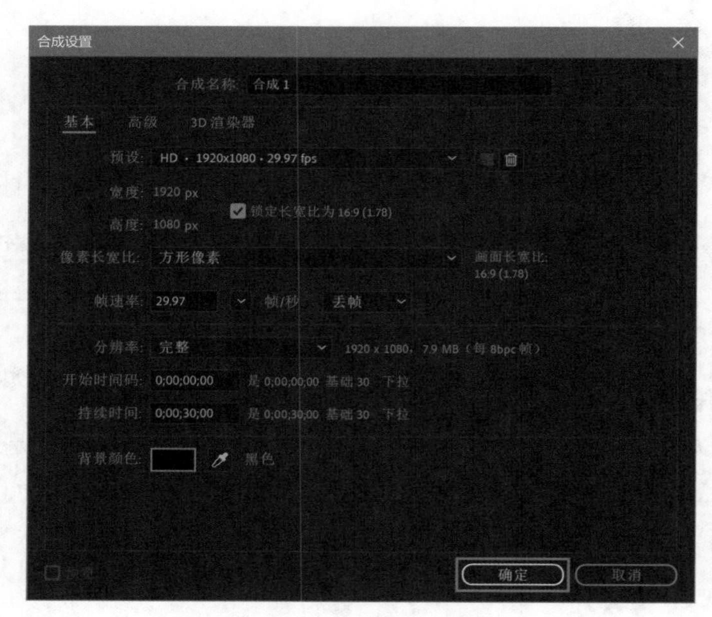

图1-6　新建合成

除上述方法外，用户还可以通过点击“新建合成”按钮来快速新建合成。“新建合成”按钮常态化显示在项目面板下方，此外，如果处于新项目初始状态，合成面板中央也会显示“新建合成”按钮（图1-7中①和②位置处）。

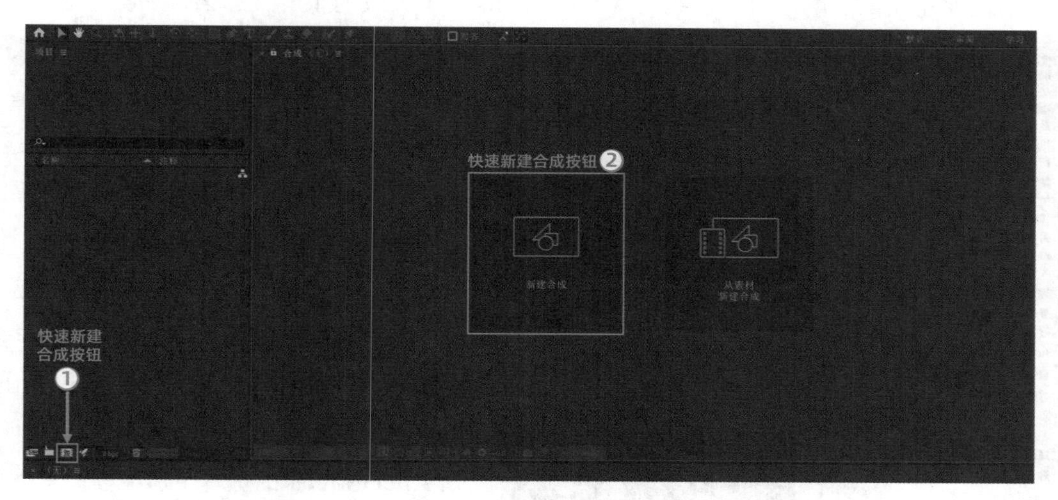

图1-7 快速新建合成

（五）保存项目

当工作过程中需要保存项目时，可以执行【文件】—【保存】来保存当前项目，如果是首次保存项目，那么会弹出“另存为”窗口，用户可以对项目文件进行重命名，并指定保存路径，设置好后，点击“保存”即可实现对项目文件的保存（图1-8）。

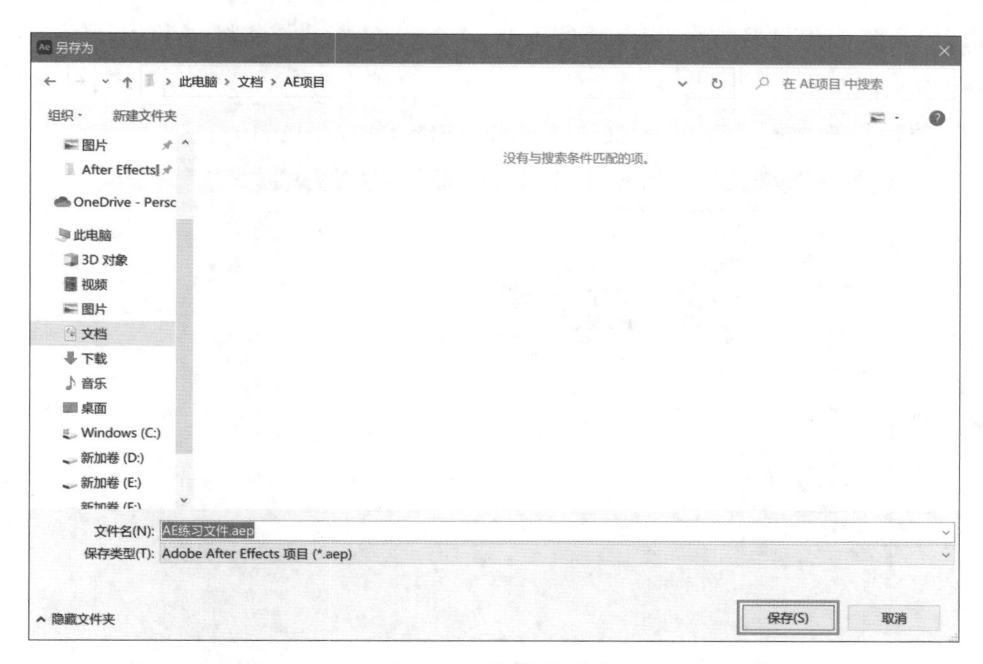

图1-8 文件“另存为”

第四节　实战案例之Vlog片头视频

通过前述知识点的学习，已经对After Effects有了大致的了解，那么，在实际工作中，After Effects是如何进行影视后期特效制作的呢？可以说，影视后期特效制作是一项非常复杂的工程，涉及众多环节及工艺，且不同类型、不同规格的影视作品的后期特效制作具体流程并不完全一致，但总体而言，遵循一个大的框架思路，这个基本流程可以归纳为“导入素材—组织与合成素材—制作特效—预览—渲染输出”等环节。下面将通过一个小案例，快速了解After Effects的基本工作流程。具体操作如下。

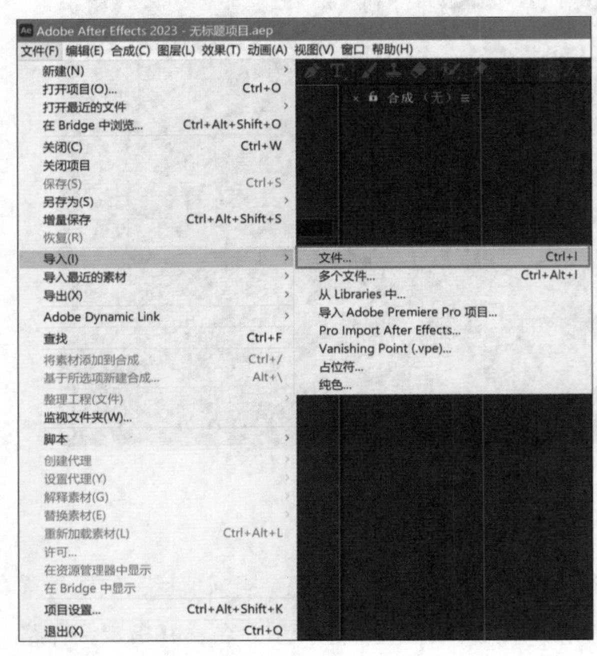

图1-9　导入文件

将本案例所需的素材文件导入After Effects中，执行【文件】—【导入】—【文件】(图1-9)。

在弹出的窗口中，找到“动画文字.mov”“风景.mp4”“轻快旋律短视频配乐.wav”3个素材文件，素材文件的目录为“《After Effects影视后期特效实战教程》素材文件/第1章/1.4 实战案例之Vlog片头视频”，将3个素材都选中，然后点击“导入”，将素材文件导入After Effects中（图1-10）。

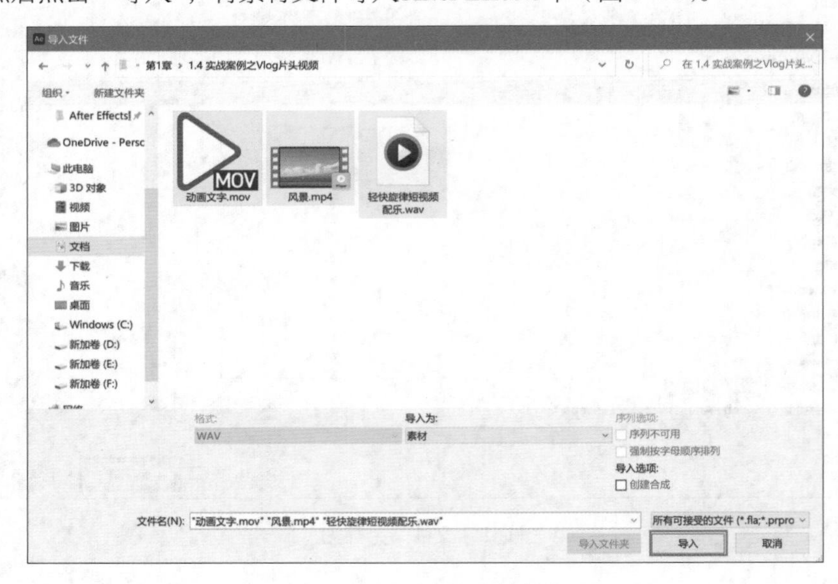

图1-10　导入3个素材文件

此时，即可在项目面板中看到刚才导入的3个素材（图1-11）。

由于是将3个素材同时选中后一起导入的，因此这些素材在项目面板中将会呈全部选中状态，如果想要单独查看其中某一个素材的具体信息，可以先在项目面板内任意空白处单击鼠标左键以取消全选状态，然后点击需要查看的某一个素材，此时，该素材的缩略图及详细信息将会显示在项目面板的顶部（图1-12）。

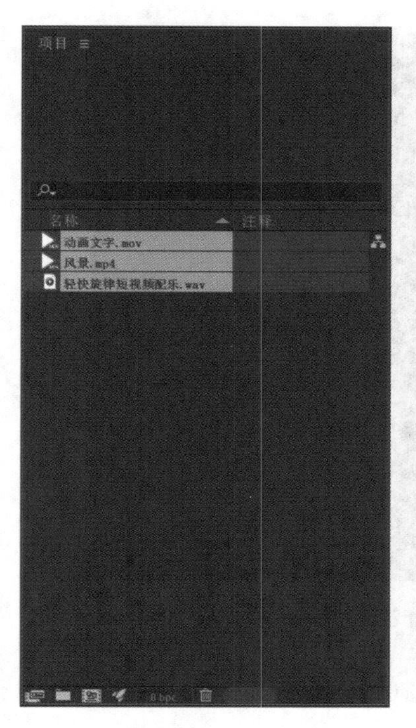

图1-11　项目面板中的素材

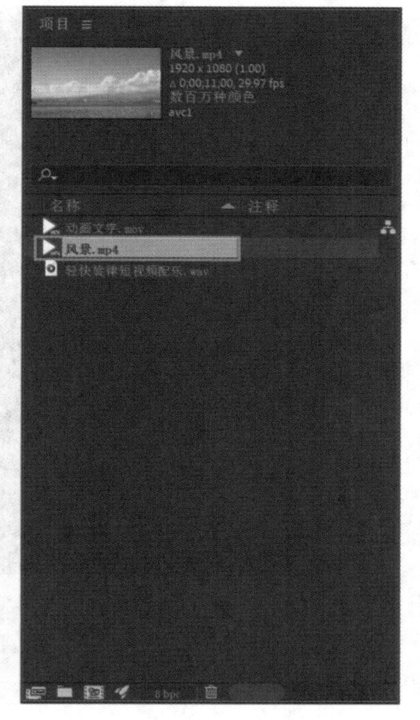

图1-12　显示选中素材的信息

在素材准备好后，需要将这些素材合成到一起，使之成为一个完整的影片。执行【合成】—【新建合成】(图1-13)。

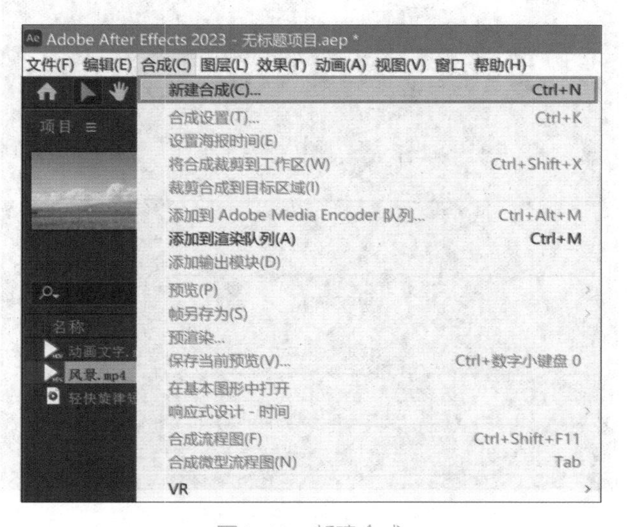

图1-13　新建合成

此时将会弹出“合成设置”窗口，在该窗口中需要对合成的参数进行设置。在“合成名称”一栏，After Effects默认将会以“合成+编号”的方式自动命名新合成，用户也可以根据自己的需要对新合成的名称进行修改。面板下方的各项参数可以根据用户不同的需要进行调整，而After Effects也内置了丰富的预设，以便于用户快速调用能够适应各种规格要求的参数预设。在这里点击“预设”后方的下拉列表（图1-14）。

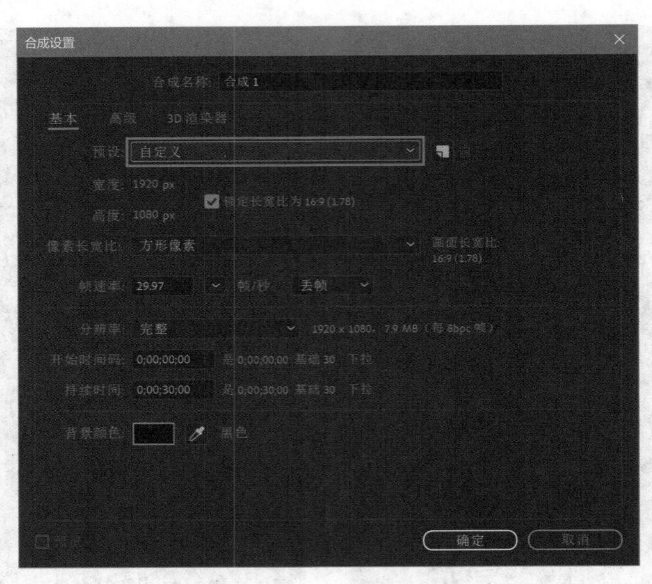

图1-14 “合成设置”窗口

在弹出的下拉列表中，选择“HD·1920×1080·29.97fps”这一项预设，该预设名称中的“HD”指高清视频（High Definition），这种规格的视频画面宽度为1920像素，高度为1080像素；“29.97fps”指帧速率为29.97帧每秒（图1-15）。

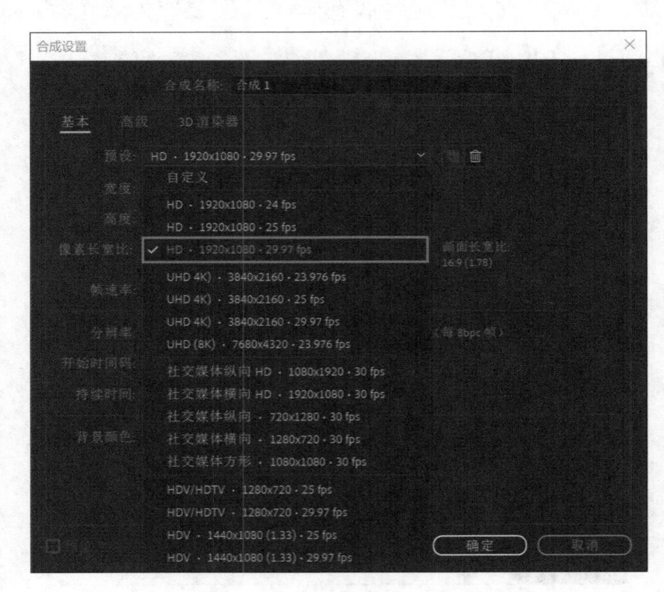

图1-15 选择预设

选择好预设之后，可以看到，面板下方的“宽度”“高度”“帧速率”等选项已自动配置为预设的参数。除以上参数外，还有一个重要参数需要手动设置，那就是“持续时间”，该参数决定了接下来要制作的合成视频的时间长度。“持续时间”参数由四组数字组成，每组数字之间以“;”隔开，其格式表示“时;分;秒;帧”，如“1;08;20;12”表示该合成视频时长为1小时8分20秒12帧。在这个案例中，把持续时间设置为10秒（0;00;10;00），然后点击“确定”（图1-16）。

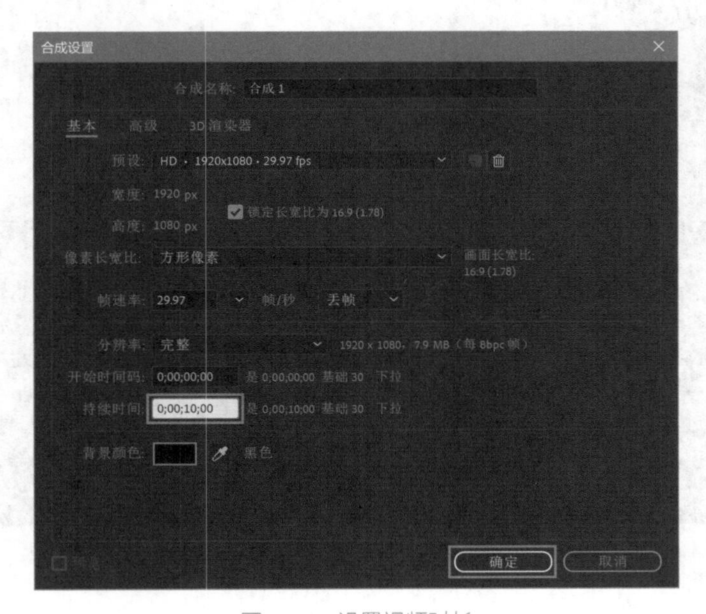

图1-16　设置视频时长

合成创建好后，就可以将之前导入的素材置入合成中，使它们组合到一起。在项目面板中选择“风景.mp4”素材，并将其拖动至时间轴面板中，此时即可在合成面板预览这段视频素材的画面效果（图1-17）。

图1-17　拖动风景素材至时间轴面板

在项目面板中选择“动画文字.mov”素材，同样将其拖动至时间轴面板中。但需要注意的是，时间轴面板中的多个素材之间存在上下堆叠的关系，处于上方的素材会遮挡处于下方的素材。在这个案例中，文字需要显示在风景之上，因此，要将文字素材放置于风景素材的上方，可以在时间轴面板中拖拽素材以调整它们的顺序（图1-18）。

图1-18　拖动文字素材至时间轴面板

在文字素材放置好后，会发现在合成面板中没有显示出文字效果，这是由于该文字素材存在从无到有、逐渐浮现出来的动画效果，当预览画面呈静止状态时用户无法观看到这一动画效果，可以点击预览控制台面板中的“播放/停止”按钮，即可播放这段动画视频，从而预览到整体的动画效果，再次点击该按钮即可停止播放（图1-19）。

图1-19　点击播放按钮

素材合成好后，即可为视频制作特殊效果。为风景视频素材添加一种调色效果，可使视频更有质感。首先在时间轴面板点击选中“风景.mp4”，然后执行【效果】—【颜色校正】—【Lumetri颜色】(图1-20)。

图1-20　为风景素材添加效果

此时，界面左上角的项目面板将自动切换到效果控件面板，并在该面板中显示刚才为风景视频素材添加的“Lumetri颜色”效果。这是一种强大的调色工具，在本案例中，只需简单调用该工具的预设即可，不必手动设置参数。首先，点击“创意”选项左侧的“>”图标，即可将“创意”选项下所包含的参数展开；其次，点击“look”选项后方的下拉列表(图1-21)。

在弹出的下拉列表中，可以看到After Effects内置了丰富的颜色调整预设，能够为视频添加各类丰富的色彩效果，这里用户可以根据自身偏好选择其中一种预设，本书为便于演示和讲解选择了“Fuji ETERNA 250D Fuji 3510(by Adobe)”，这是一种模拟富士电影胶卷风格的色彩效果(图1-22)。

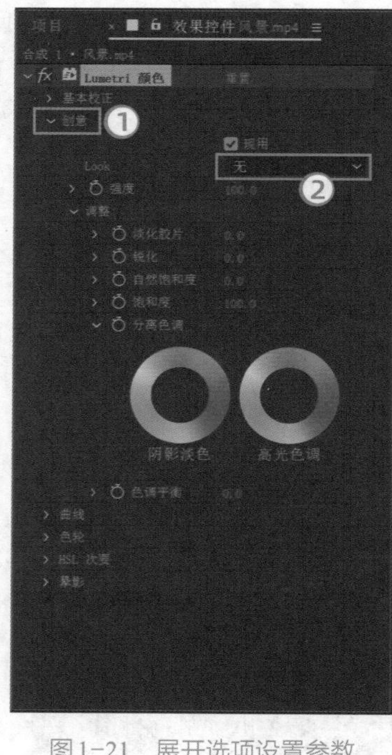

图1-21　展开选项设置参数

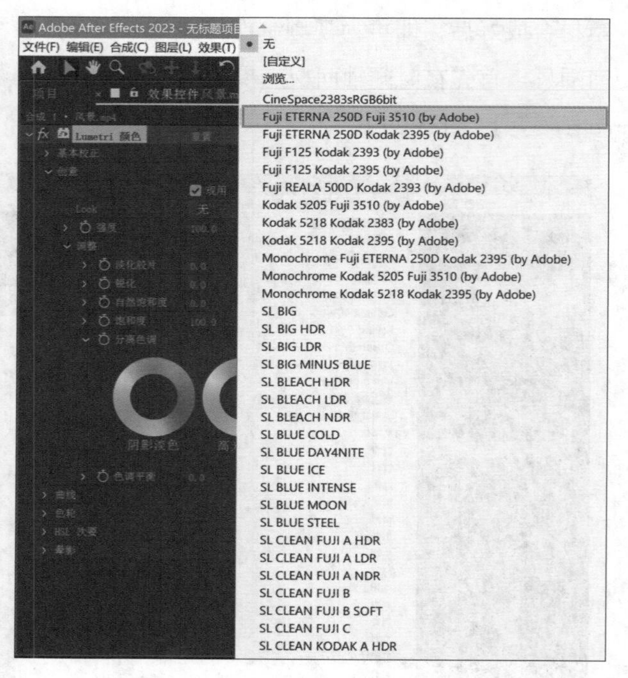

图1-22　切换预设类型

设置好预设后，就可以在合成面板观看已添加调色效果的视频画面，可以看到视频画面此时已经具有强烈的电影色调质感（图1-23）。

为视频添加一段配乐，配乐素材之前就已经被导入项目库中，但由于刚才为视频添加特效后，项目面板自动切换到效果控件面板，此时需要点击效果控件面板左侧的“项目”标题，以切换回项目面板（图1-24）。

在项目面板中，选中“轻快旋律短视频配乐.wav”素材并将之拖动至时间轴面板中，这样，整个案例的制作就基本

图1-23　预览色调效果

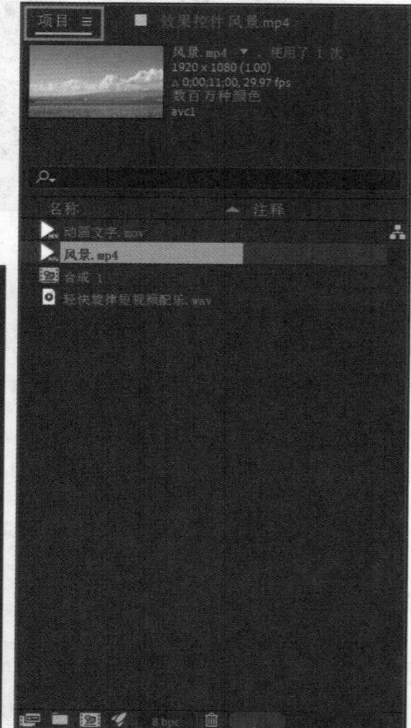

图1-24　点击切换到项目面板

完成了，可以再次点击预览控制台面板中的“播放/停止”按钮，完整地欣赏这段包含风景、文字和配乐的影片（图1−25）。

图1−25　拖动配乐素材至时间轴面板

当播放并检查整段影片没有问题后，便可以将其渲染输出，目的是将临时存储在After Effects合成中的素材与效果集合编码成为一段可在多种设备上播放的视频文件。执行【合成】—【添加到渲染队列】(图1−26)。

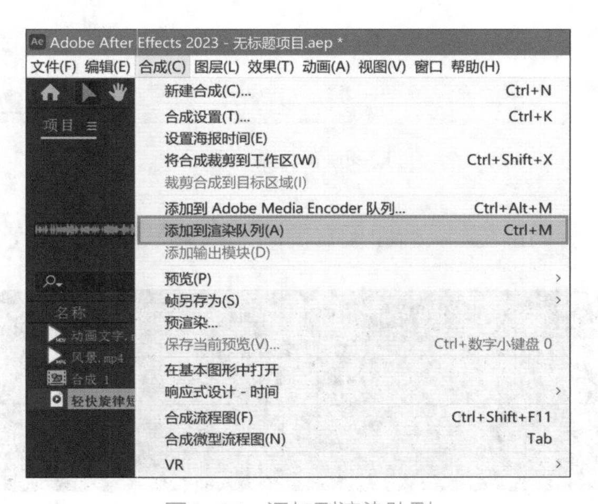

图1−26　添加到渲染队列

此时，工作界面下方的时间轴面板会自动切换至渲染队列面板，并显示该合成的渲染设置等参数。用户在渲染队列面板可以手动设置渲染及输出的各种参数，在本案例中保持默认设置即可，只需要指定输出的具体路径和位置，点击“输出到”选项后方的“尚未指定”(图1−27)。

图1-27　指定输出位置

在弹出的窗口中指定影片输出保存的具体位置，同时可根据需要在该窗口中再次修改影片的保存文件名。指定好保存位置后，点击“保存”(图1-28)。

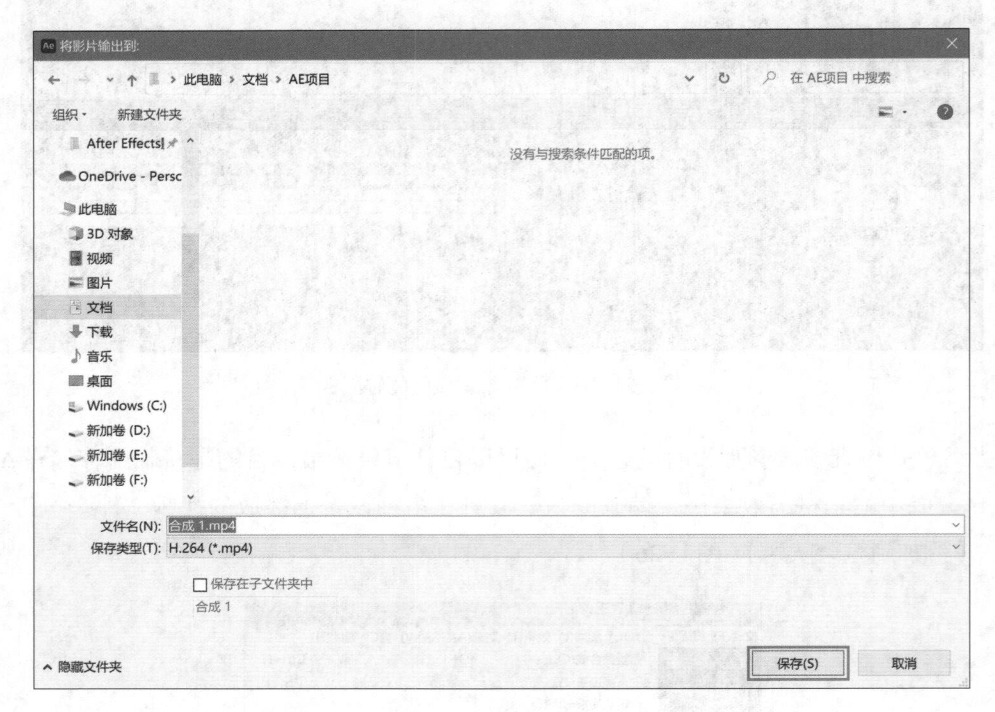

图1-28　指定保存路径

指定好输出位置后，点击渲染队列面板右侧的“渲染”按钮，即可开始渲染(图1-29)。

图1-29　点击“渲染”按钮

渲染过程中会有进度条提示当前渲染的进度，渲染完成后会有提示音。此时即可在刚才指定的输出位置找到渲染好的视频文件，到这里，整个案例的制作就全部完成了(图1-30)。

图1-30　视频渲染完成

本章小结

本章学习了影视后期特效的基本概念和原理，以及After Effects的基础知识和基本操作。并且，通过一个简单的案例，学习了包括导入和整理素材、合成视频与制作效果、渲染输出等环节在内的After Effects基本工作流程，对影视后期特效与合成有了大概的认识。本章中关于软件工作界面和文件操作等方面的基础知识尤为重要，只有扎实掌握了这些基础概念，并熟练掌握这些基本操作，才能为后面的深入学习打下良好的基础。从下一章开始，将逐步开始讲解After Effects中各个功能模块及各种重要技术的相关知识，并通过实战案例的方式，进一步深入了解After Effects的各项重要功能及其具体操作方法。

第二章

图层

After Effects属于图层类型的后期处理软件，在After Effects中，图层是影像合成的基本单位，每一个用于合成的素材都是以图层的形式进行操作的。因此，学习和掌握关于图层的基本知识和操作方法是进行下一步学习的关键前提条件，只有理解了图层的概念，并扎实掌握图层的操作方法，才能更好地进行后期特效合成制作。本章将学习图层的概念、知识和相关操作方法，并进行案例练习。希望通过本章学习，读者能熟练运用图层的属性对素材进行基本的编辑和操作。

小提示：从本章开始，将进行大量的实战案例的制作练习，建议读者在动手制作前，认真观看每个案例的制作步骤及其配套的最终效果视频文件，并尝试分析每个案例的制作思路，带着自己的思考进行案例制作练习，将会收到更好的学习效果。

第一节　图层的概念

在After Effects中，图层是影像合成的基本单位，用户对素材的操作是以图层的形式来进行的。图层就像是一张张透明的“塑料片”叠到一起，每张“塑料片”上都绘有相应的图像，这些图像叠加到一起后，最终形成一个完整的图像。只不过在After Effects中，这些“塑料片”上不仅绘有静态图像，还绘有动态视频，这就是图层的原理。如图2-1所示为三个图层叠加到一起形成一幅图像的原理示意，其中，图层①为草地，图层②为树叶，图层③为足球。如图2-2所示

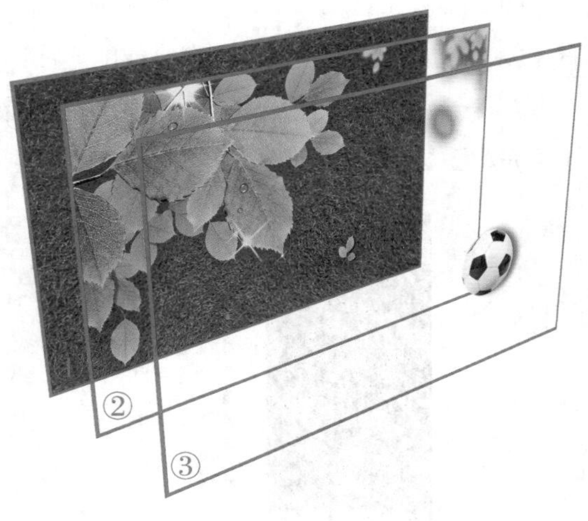

图2-1　图层示意

为三个图层叠加后的完整显示效果。

图2-2　完整显示效果

After Effects为用户提供了多种类型的图层，如“文字层”“灯光层”“形状层”“摄影机层”等，不同的图层有各自的属性和功能，在之后的实战案例中，本书会对各种图层的功能和使用方法进行详细讲解。

第二节　图层的基本操作

掌握图层的基本操作方法，是运用After Effects进行后期特效合成的基础，下面，本书简要介绍关于图层的一些基本操作方法。

一、新建图层

图层必须在合成内新建，也就是说，新建图层的前提条件是After Effects中存在合成，然后才能在合成内新建图层（创建合成的方法详见本书第一章）。新建图层的方法主要有两种。

方法一：执行【图层】—【新建】，在“新建”命令的子菜单中点击需要创建的图层类型即可完成图层的新建（图2-3）。

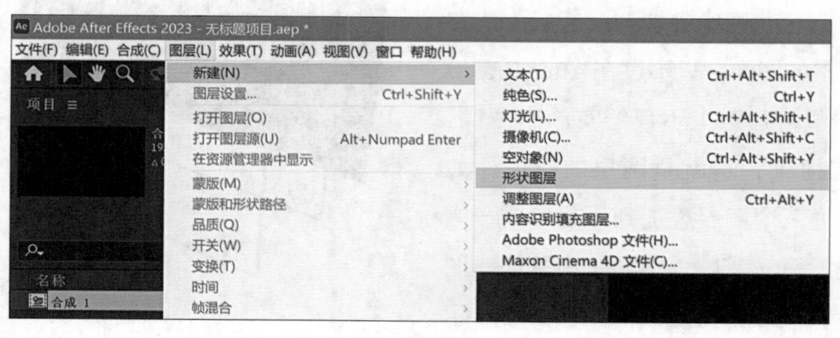

图2-3　新建图层方法一

方法二：在时间轴面板空白处任意位置单击鼠标右键，然后在弹出的快捷菜单中选择“新建”，并点击需要创建的图层类型即可完成图层的新建（图2-4）。

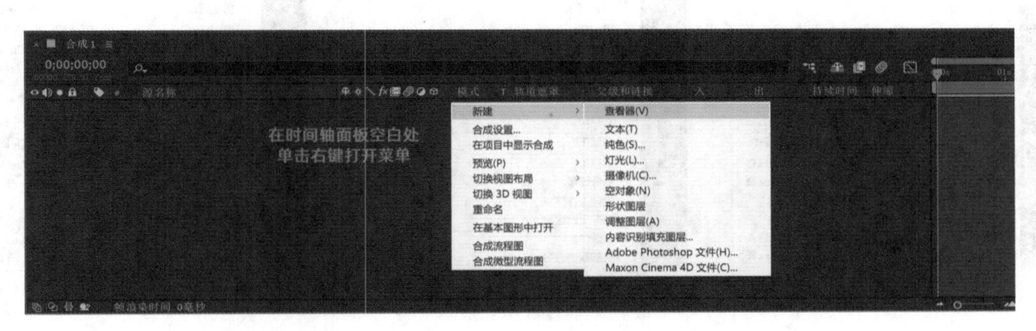

图2-4　新建图层方法二

二、 图层的选择

如果要选择单个图层，那么在时间轴面板中点击需要选择的图层即可；如果要选择多个图层，那么在按下“Ctrl”键后，依次单击需要选择的图层即可；如果需要选择的图层是连续排列的，那么可以在按下“Shift”键后单击选择；如果要快速选中所有图层，那么可以执行【编辑】—【全选】，或者使用快捷键“Ctrl+A”进行选择。需要注意的是，被选中的图层在时间轴面板中会以高亮色的形式提示用户，如图2-5所示，其中“2 灯光”为当前被选中的图层。

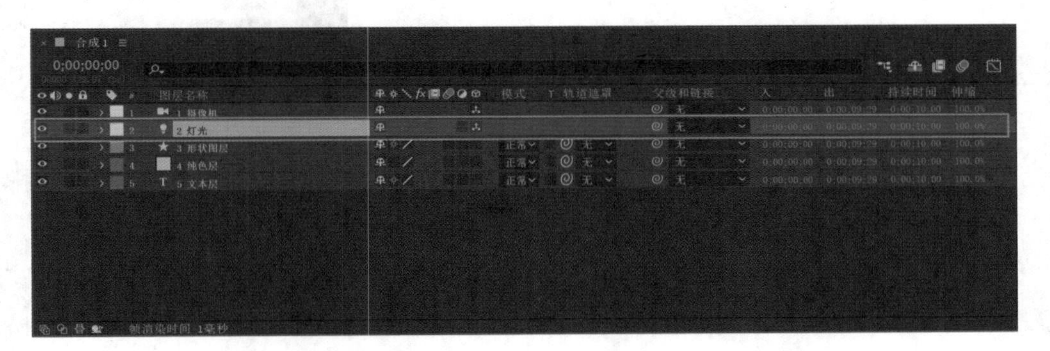
图2-5　选中图层的提示

三、 图层的复制

在工作中，有时候可能需要对某个图层进行复制，那么只需要选中该图层，执行【编辑】—【复制】，然后执行【编辑】—【粘贴】即可；或者执行快捷键“Ctrl+C”进行复制，再执行快捷键“Ctrl+V”进行粘贴（图2-6、图2-7）。

此外，还有一种更便捷的方法，选中需要复制的图层，执行【编辑】—【重复】，或执行快捷键“Ctrl+D”，就能够快速地复制图层（图2-8）。

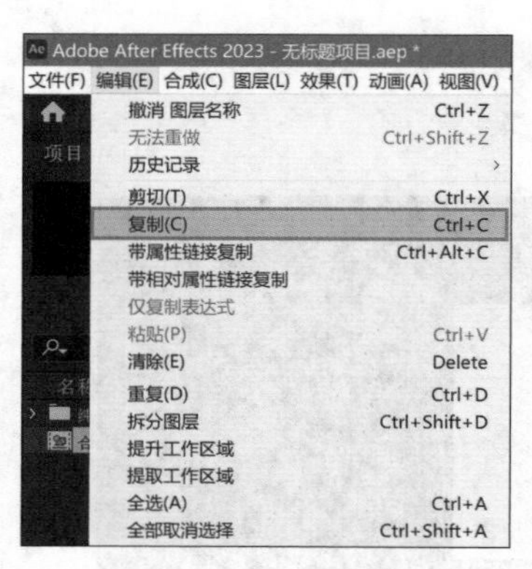

图2-6　复制图层

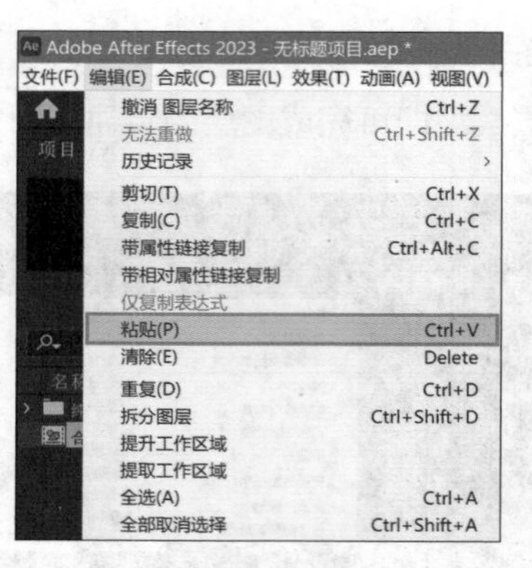

图2-7　粘贴图层

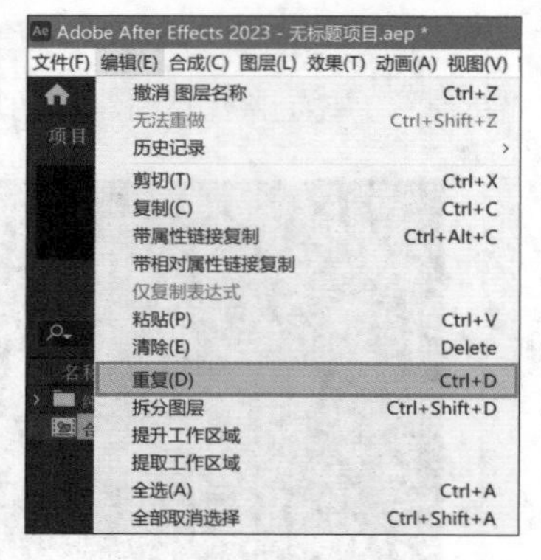

图2-8　快速复制图层

四、 图层的删除

删除图层的方法比较简单，选中需要删除的图层后，执行【编辑】—【清除】即可完成图层的删除操作，或者执行快捷键“Delete”（图2-9）。

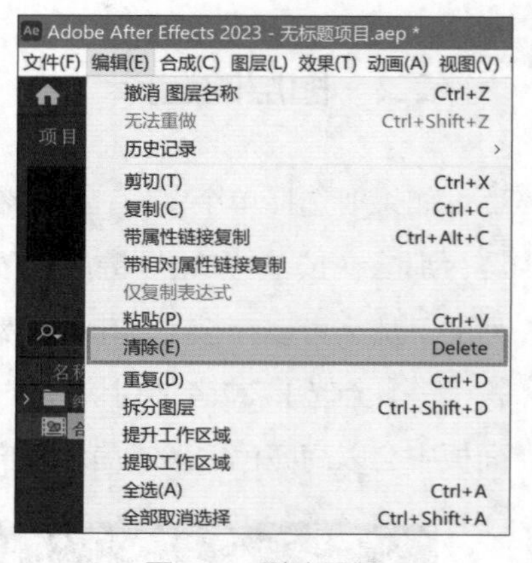

图2-9　删除图层

五、 图层的顺序

和其他层类型的图形处理软件一样，After Effects中依然存在图层的顺序排列规则，处于上方的图层会遮挡处于下方的图层，并且，图层混合模式或轨道遮罩等操作也是基于图层排列来进行的，因此，用户必须重视图层排列问题并掌握调整图层排列顺序的方法。本书主要介绍两种调整图层排列顺序的方法。

方法一：在时间轴面板中选中需要调整的图层，直接拖拽并使它上下移动，此时会在时间轴面板中出现一条蓝色的水平线，这条蓝色水平线决定了该图层将会被放置的位置，松开鼠标后，该图层即可被放置在指定的位置（图2-10、图2-11）。

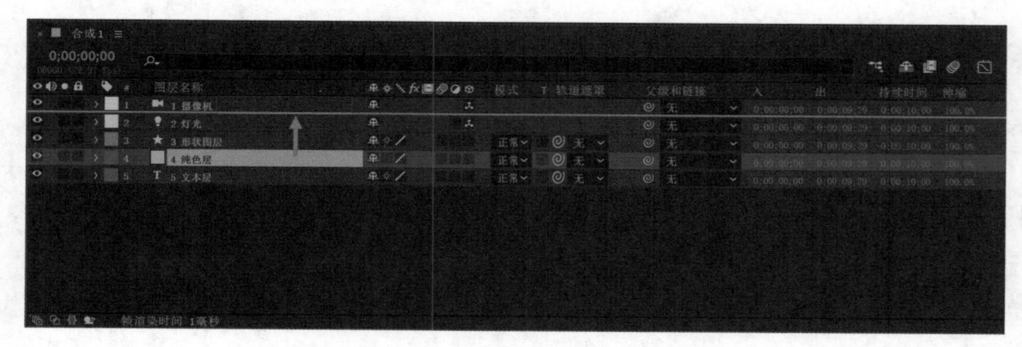

图2-10　拖动图层出现蓝色水平线

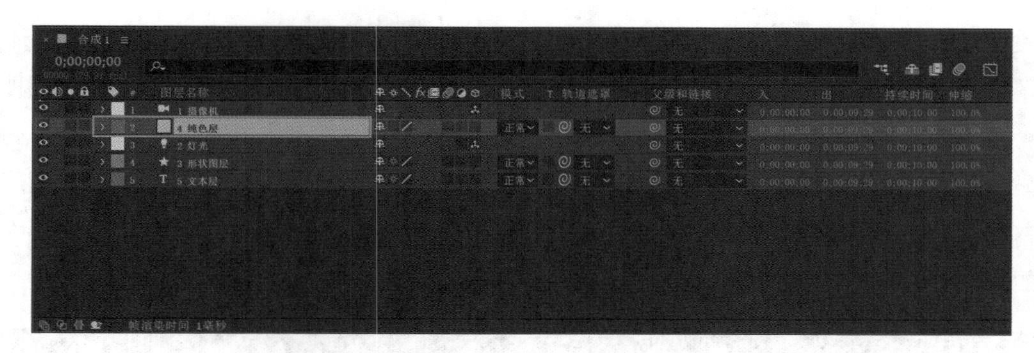

图2-11　松开鼠标放置图层

方法二：选中需要调整顺序的图层后，执行【图层】—【排列】，在子菜单中点击相应的命令，也可以调整该图层的顺序（图2-12）。

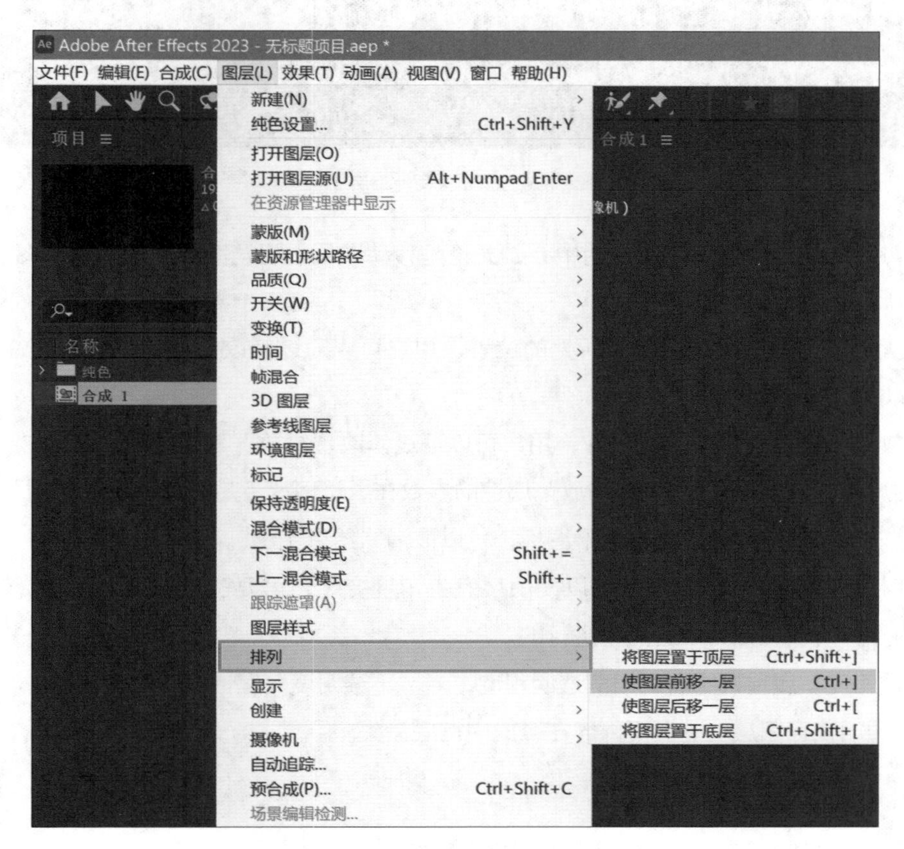

图2-12　通过命令调整图层顺序

第三节　图层的基本属性

在After Effects中，用户可以对图层的属性进行调整，并且这些属性中的绝大部分可以通过关键帧的方式来设置动画，这极大地方便了用户通过修改图层属性来进行动画创作。不同的图层拥有不同的属性，但基本都包含“锚点”“位置”“缩放”“旋转”“不透明度”五种属性。当用户需要编辑某个图层的属性参数时，可以在时间轴面板点击该图层左侧的“>”图标以显示图层“变换”选项，并再次点击“变换”选项左侧的“>”图标，就可以看到该图层的基本属性。单击需要修改的属性参数，输入数值并执行“Enter”键确认，即可实现对属性参数的修改（图2-13）。

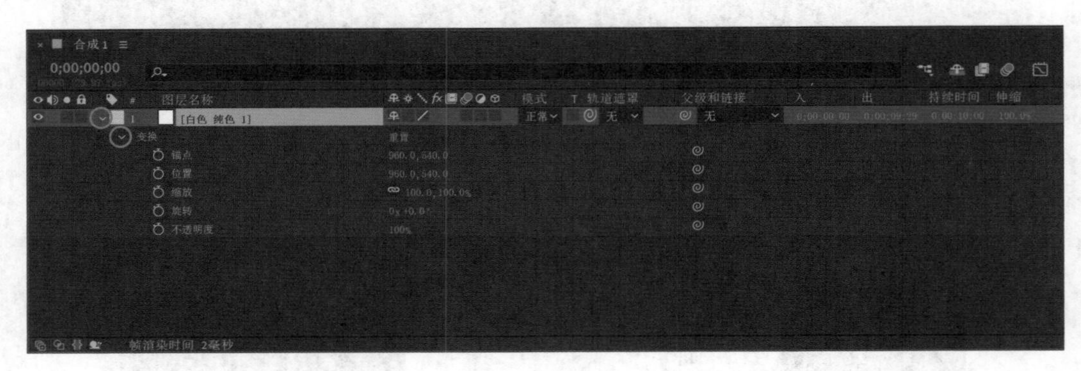

图2-13　点击以展开图层属性

“锚点”属性决定着一个图层的中心，无论是移动图层、旋转图层，还是缩放图层，都以“锚点”所在位置为中心点。

“位置”属性即图层在合成中所处的位置，用户可以通过修改图层“位置”属性的参数，来改变该图层的位置。

“缩放”属性控制着图层的尺寸，用户可以通过修改“缩放”属性的参数，来放大或者缩小图层的尺寸。需要注意的是，“缩放”属性的参数在默认情况下是锁定“约束比例”功能的，点击“缩放”属性参数前方的锁链形图标，可以取消“约束比例”。

改变“旋转”属性的参数，可以使图层发生角度变化，需要注意的是，图层旋转是以该图层“锚点”所在位置为中心点来进行的。

“不透明度”属性决定着图层的透明程度，当“不透明度”属性的参数值为“0%”时，该图层完全透明化，图层上的画面内容在合成中彻底消失。

第四节　实战案例之虚拟演播室

本案例将运用之前所学习的图层知识，实际制作一个“虚拟演播室”的合成，并在案例练习的过程中进一步学习关于图层操作的一些技巧。具体操作步骤如下。

导入案例所需的素材文件，执行【文件】—【导入】—【文件】（图2-14）。

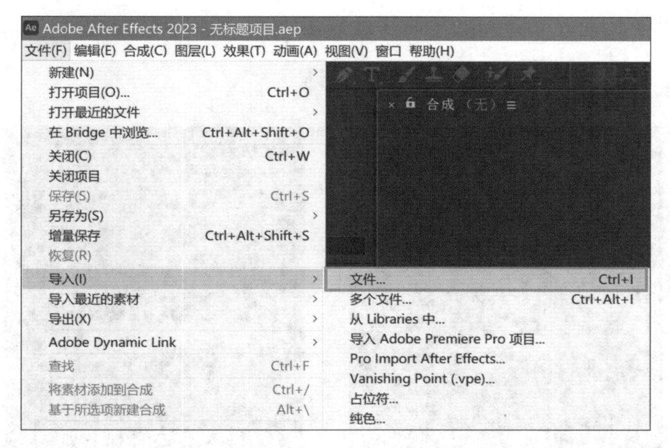

图2-14　导入文件

在弹出的窗口中找到“CTV Logo.png”“巴西航拍视频.avi”“虚拟演播室背景.avi”和“字幕栏.png”4个素材文件，素材文件的目录为“《After Effects影视后期特效实战教程》素材文件/第2章/2.4实战案例之虚拟演播室”，将4个素材都选中，然后点击“导入”，将其导入After Effects中（图2-15）。

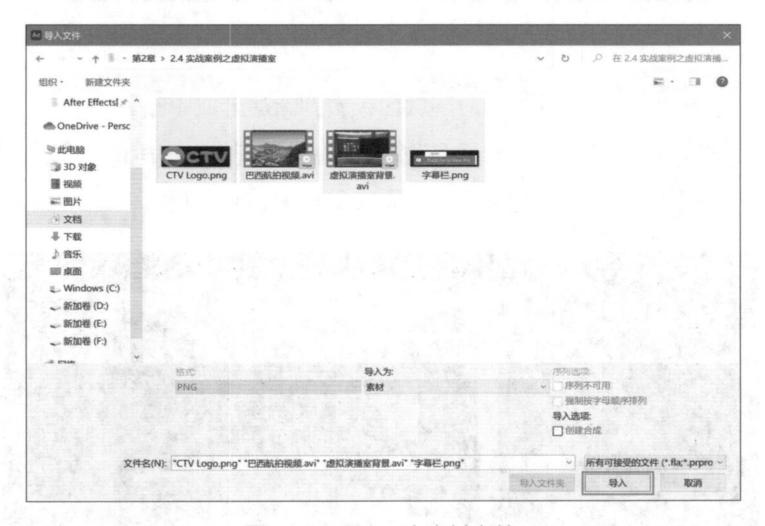

图2-15　导入4个素材文件

导入后即可在项目面板中看到这4个素材，但由于此时4个素材均处于选中状态，因此无法显示素材的具体信息，可以先在项目面板空白处单击鼠标左键以取消选中状态，然后点击需要查看信息的素材，即可在项目面板上方看到该素材的缩略图和具体信息（图2-16）。

新建一个合成，以便组合刚才导入的素材，除了在第一章中讲过的创建新合成的基本方法外，这里再介绍一种更便捷和快速的方法，这种方法的原理是基于已有视频素材的具体参数（如画面分辨率和持续时长等）创建新合成，这样创建出来的新合成能够自动匹配视频素材的参数，无须再手动设置。在项目面板中选择“虚拟演播室背景.avi”，将其拖动至项目面板底部的“新建合成”按钮后松开鼠标左键，即可创建一个基于该素材属性的合成（图2-17）。

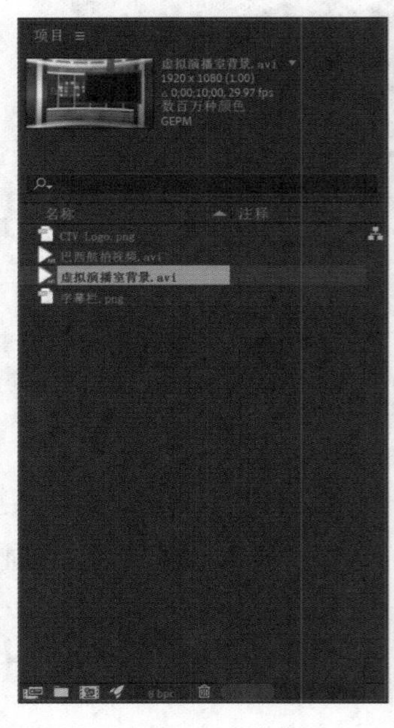

图2-16　导入的素材

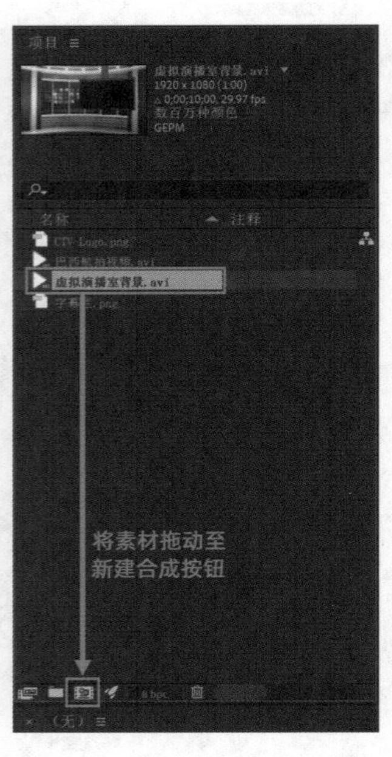

图2-17　拖动至新建合成按钮

此时可以在项目面板、合成面板和时间轴面板看到新建合成（图2-18）。通过这种方法新建的合成，其时长、分辨率、帧速率、合成名称等基本属性都基于“虚拟演播室背景.avi”这一素材的基本属性，免去了用户手动设置的过程，是一项十分便利的功能。

图2-18　新建的合成

在项目面板中选中“巴西航拍视频.avi”素材，并将其拖动至时间轴面板，使其位于“虚拟演播室背景.avi”图层的上方，此时可以看到合成面板中画面显示的是“巴西航拍视频.avi”

这一图层的内容（图2-19）。

图2-19　拖动素材至时间轴面板

选中“巴西航拍视频.avi”图层，执行【效果】—【扭曲】—【边角定位】，为该图层添加一种“边角定位”的效果（图2-20）。

此时，在效果控件面板中可以看到该素材已经被添加了一种名为“边角定位”的特殊效果，这种效果允许用户分别调整素材四个边角的位置从而改变其透视关系。可以在“效果控件”面板中设置“左上”“右上”“左下”“右下”四组参数的数值，也可以在合成面板中直接拖拽“巴西航拍视频”画面的四个边角，将其分别拖动至“虚拟演播室”中“电子大屏”所对应的四个角落（图2-21）。

切换回项目面板，选中“CTV Logo.png”素材，将其拖动至时间轴面板，并放置在所有图层的最上方，即可在合成面板中看到该素材（图2-22）。

这时会发现，该素材的尺寸过大，因此需要缩小对应图层的尺寸，点击时间轴面板“CTV Logo.png”图层左侧的“>”图标以显示“变换”选项，并点击“变换”左侧的“>”图标，展开图层属性，点击“缩放”属性的数值，输入“15”，然后执行“Enter”键，即可将缩放百分比修改

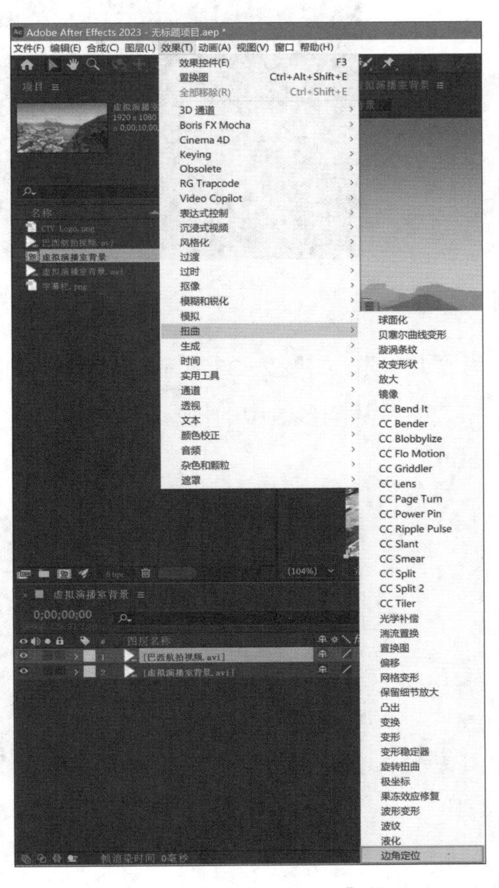

图2-20　添加“边角定位”效果

图2-21 调整边角

图2-22 拖动素材至时间轴面板

为“15%”，如图2-23所示。由于“缩放”属性默认启用“约束比例”，因此，设置“宽”和“高”两个参数中的任意一个，另一个也会同步发生变化，用户只需要设置其中一个数值即可。

图2-23 设置缩放百分比

此时可以在合成面板中看到该素材已经被缩小至合适的尺寸（图2-24）。

图2-24　缩小后的素材

调整该素材在画面中所处的位置，继续点击该图层“位置”属性后方的参数，将数值设置为“250.0，95.0”（图2-25）。

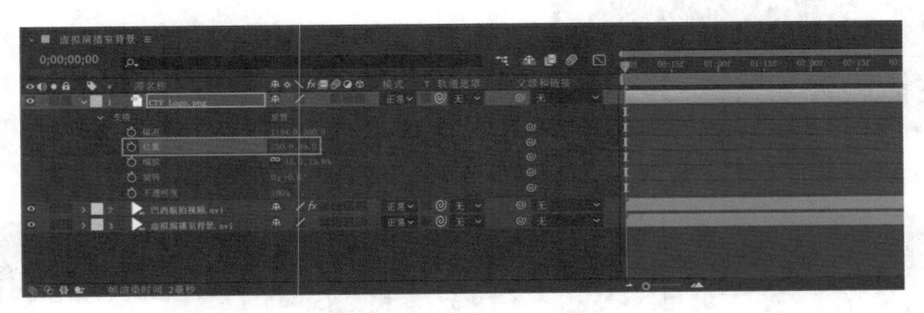

图2-25　设置位置参数

此时，该素材的位置移动到了合成的左上角（图2-26）。

图2-26　移动后的素材

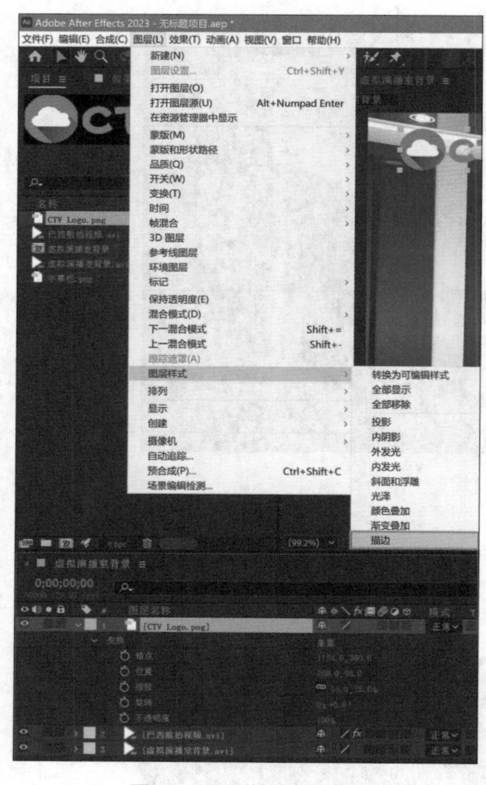

图2-27　添加描边效果

由于该素材在颜色复杂的背景中显得不十分醒目，因此需要为它添加一个描边效果，选中“CTV Logo.png”图层，然后执行【图层】—【图层样式】—【描边】(图2-27)。

此时可以在“CTV Logo.png”图层下方看到刚才添加的“描边”效果的属性，点击“描边”前方的“>”图标，展开“描边”属性参数(图2-28)。

点击“颜色”属性后方的色块，并在弹出的窗口中将颜色设置为白色，点击“确定”(图2-29)。

此时素材已经有了一组白色的“描边”效果，但“描边”显得太细，可以进一步加粗其“描边”效果，点击“大小”属性后方的参数，将数值设置为“8”(图2-30)。

此时该素材的“描边”效果就制作好了(图2-31)。

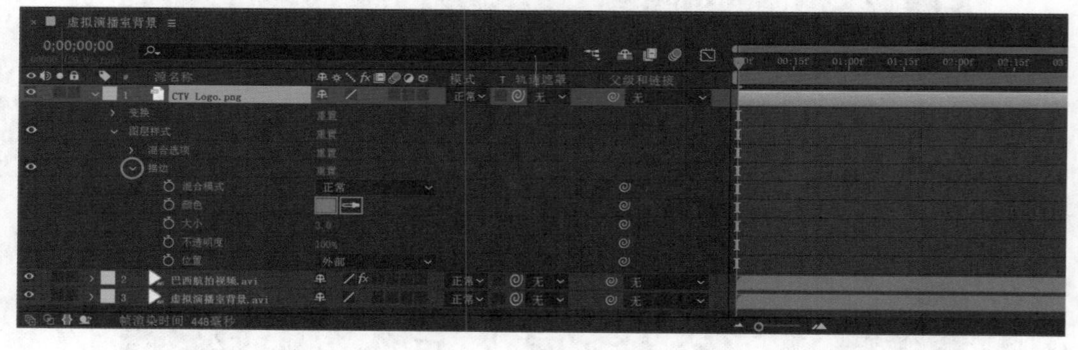

图2-28　展开描边属性

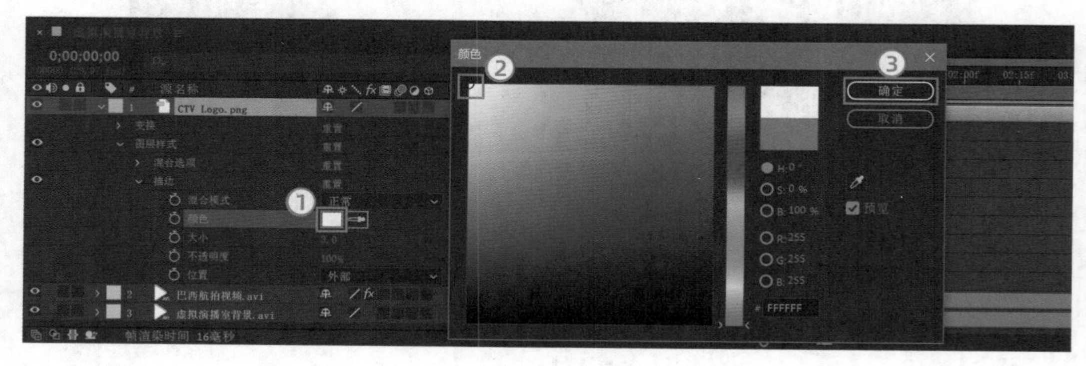

图2-29　改变描边颜色

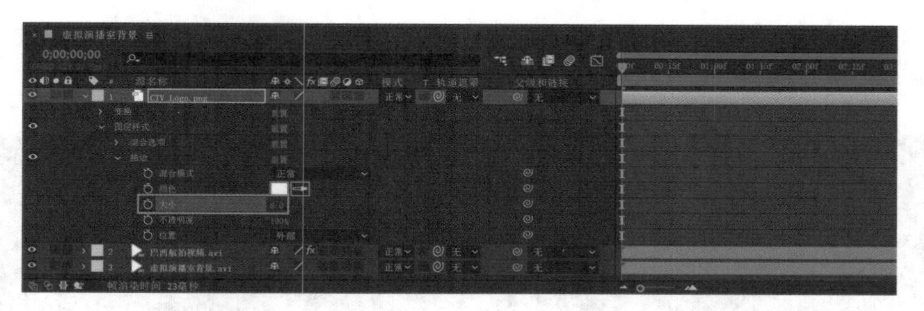

图2-30　设置描边大小

图2-31　素材描边效果

继续拖动项目面板中的“字幕栏.png”素材至时间轴面板，同样将其置于所有图层的最上方（图2-32）。

图2-32　拖动素材至时间轴面板

此时该素材依然显得尺寸过大，使用之前讲授的方法，将“字幕栏.png”素材的“缩放”属性参数设置为“50.0，50.0%”（图2-33）。

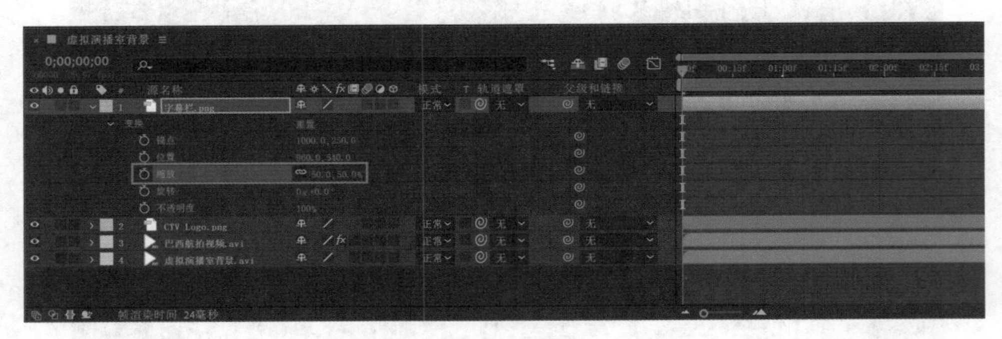

图2-33　设置缩放参数

继续设置该图层的“位置”属性，将参数设置为“625.0，950.0”（图2-34）。

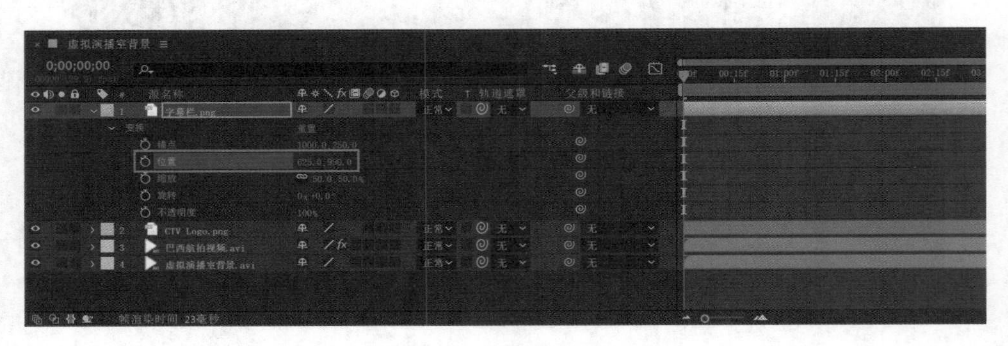

图2-34　设置位置参数

到这里，整个案例就制作完成了，可以点击预览控制台面板的“播放/停止”按钮对合成进行预览（图2-35）。在合成面板预览合成的最终效果（图2-36）。

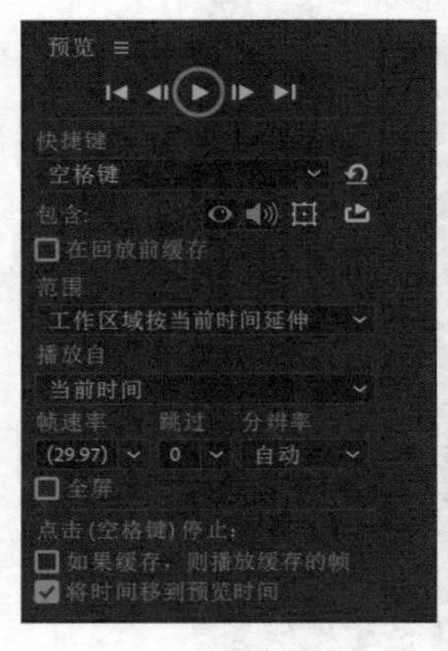

图2-35　点击播放按钮

图2-36　案例最终效果

本章小结

本章主要讲解了After Effects中图层的基础知识和相关操作方法，通过对本章的学习，使读者理解图层的原理，并掌握图层的基本属性参数的修改方法。本章的实战案例详细讲解了图层具体的运用和一些操作技巧，希望读者能够加强练习，并举一反三，结合自己的创意制作更有趣的合成视频。

第三章

关键帧动画

关键帧动画是一种使用计算机制作动画的技术。传统的动画制作需要制作者绘制出动画的每一格画面，运用计算机动画制作技术，可以使计算机自动生成一些动画。动画制作者只需要制作运动的关键状态，剩余的画面则交由计算机自动生成，这极大地减少了人们的工作量，节约了时间，提高了工作效率。在After Effects中，自动生成动画就基于关键帧这一技术，本章将重点讲授关键帧的基础知识和操作方法，读者通过对本章的学习，能够掌握使用关键帧动画技术进行动画制作的方法。

第一节　关键帧动画的原理

在计算机动画领域，动画的每一格画面被称为“帧”，描绘运动关键状态的画面被称为“关键帧”。在After Effects中，用户在制作动画时，只需要制作关键帧即可，两个不同的关键帧之间的过渡动画由After Effects自动生成。在使用After Effects操控画面产生变化时，其实质是修改图像所对应的各种属性参数，为了记录这些参数具体数值的变化，After Effects使用了关键帧这一技术。可以这么理解，关键帧记录了图像的属性参数，当该属性两个关键帧记录的参数发生变化时，那么这种变化就会作用于关键帧所对应的画面，使之产生动画，这就是关键帧动画的原理。

使用关键帧产生动画必须具备两个要素，一是图像属性的参数要发生变化，二是时间要发生变化。只有在这两个要素都具备的情况下，After Effects才能自动生成关键帧动画。

第二节　关键帧的基本操作

一、 关键帧的创建

通过对图层某个属性的参数进行关键帧设置，可以记录该参数产生的变化，关键帧的创建方式如下。

选中需要创建关键帧的图层，展开图层“变换”下方的属性（图3-1）。

图3-1　展开图层属性

此处以“缩放”属性为例，当前“缩放”属性的参数为“100.0，100.0%”，点击“缩放”左侧的秒表图标，即可为该属性创建一个关键帧，此时秒表图标变为蓝色表示其已被激活，并且时间轴上的蓝色指针所在处出现了一个关键帧的图标（图3-2）。

图3-2　点击秒表图标创建关键帧

通过为“缩放”属性创建关键帧的方式，After Effects记录了素材在当前时间的“缩放”

参数状态。除了可以通过查看时间指针的位置判断当前时间，还可以查看时间轴面板左上角的当前时间数值（图3-3）。

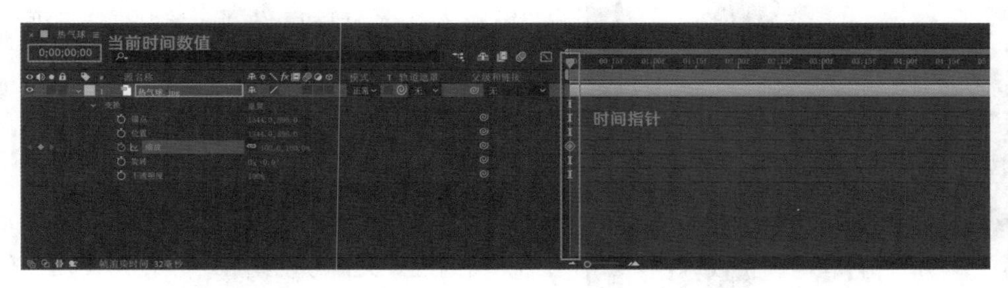

图3-3　当前时间

将时间指针拖动至第3秒处（或者直接点击时间轴面板左上角的当前时间数值，并输入“0;00;03;00”），然后将“缩放”属性的参数修改为“200.0，200.0%”（输入数值后执行“Enter”键以完成数值的修改操作），此时After Effects会在时间指针处自动生成另一个新的关键帧（图3-4）。

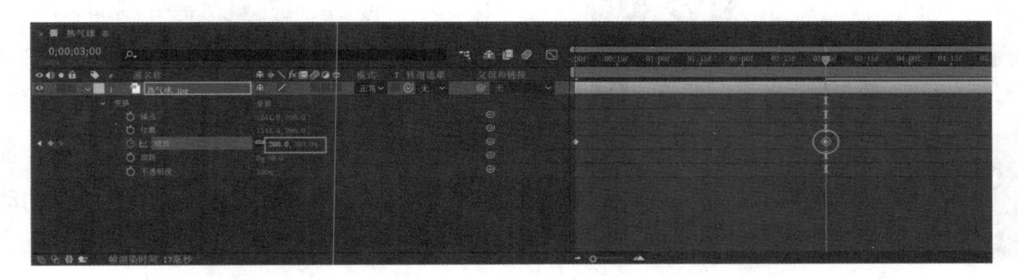

图3-4　修改参数自动产生新的关键帧

此时可以在合成面板中看到素材图像的大小发生了变化，需要注意的是，只要任意属性左侧的秒表图标呈蓝色激活状态，一旦满足“时间发生改变”和“属性参数发生改变”这两个条件，那么After Effects就会自动产生关键帧以记录下当前时间的参数变化状态（图3-5）。

图3-5　图像发生了缩放变化

图3-6　缩放动画效果

此时点击“播放”按钮（或者执行快捷键“空格键”）播放该视频，即可在合成面板中看到两个关键帧之间已经自动产生了一段画面缩放变化的动画效果（图3-6）。

二、 添加关键帧

当创建好关键帧动画后，发现需要在已有关键帧的基础上添加新的关键帧，那么可以使用以下两种方法来添加关键帧。

方法一：拖动时间指针至需要添加关键帧的位置，修改对应的属性参数，After Effects即会自动生成一个新的关键帧。

方法二：拖动时间指针至需要添加关键帧的位置，点击对应的属性前方的“在当前时间添加或移除关键帧”按钮，也可以添加一个关键帧，只是这种添加关键帧的方式是基于当前参数进行添加的，没有发生参数的变化就意味着不会产生新的动画，如果需要产生新的动画，应手动修改这个新增关键帧对应的参数（图3-7）。

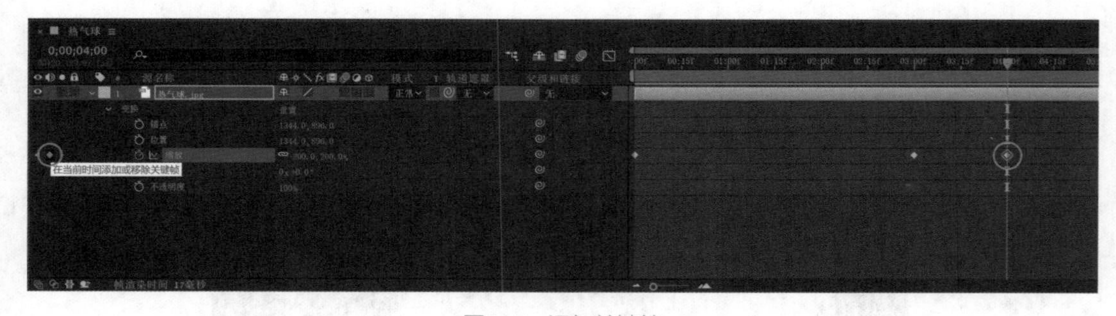

图3-7　添加关键帧

三、 修改关键帧

对已设置好的关键帧进行修改的方法主要有两种。

方法一：将时间指针准确停留在需要修改的关键帧上，然后修改关键帧所对应的属性参数，参数修改完成后该关键帧即可同步记录下所发生的修改。

方法二：在时间轴面板上双击需要修改的关键帧，在弹出的面板中修改对应的属性参数，然后点击“确定”，即可完成对关键帧的修改（图3-8）。

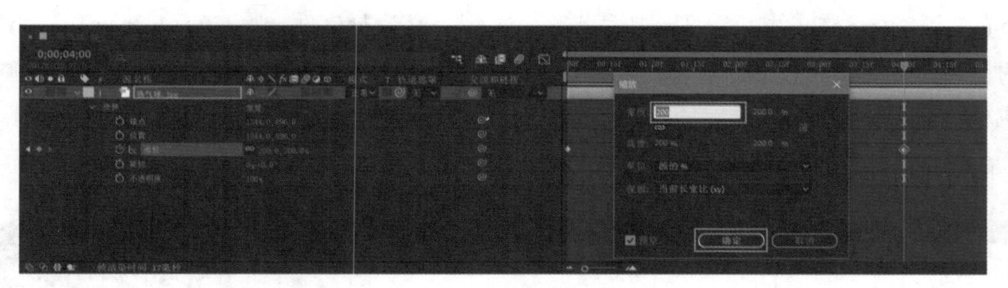

图3-8 修改关键帧

四、复制、剪切关键帧

如果需要复制关键帧，首先在时间轴面板中选择需要复制的关键帧，执行快捷键“Ctrl+C”进行复制，然后将时间指针拖动至需要粘贴关键帧的时间位置，再执行快捷键“Ctrl+V”进行粘贴即可。

如果需要剪切关键帧，首先在时间轴面板中选择需要剪切的关键帧，执行快捷键“Ctrl+X”进行剪切，然后将时间指针拖动至需要粘贴关键帧的时间位置，再执行快捷键“Ctrl+V”进行粘贴即可。

五、移动关键帧

当创建完关键帧后，发现该关键帧所处的时间位置不理想，此时，如果想要移动关键帧所处的位置，可以选择需要移动的关键帧，使用鼠标左键将其按住并在时间轴面板上左右拖动，至理想的时间位置处松开鼠标左键，即可移动关键帧所处的时间位置。

六、删除关键帧

如果想要删除已经创建好的关键帧，可以选中需要删除的关键帧，执行“Delete”键即可将其删除。

第三节 实战案例之美味啤酒

在大致了解After Effects中关键帧的一些基本概念和操作方法后，下面通过一个实战案例来进行加强练习。

执行【文件】—【导入】—【文件】，在弹出的窗口中找到“背景.jpg”“胡须.png”“帽子.png”等7个素材文件，全部选中后点击“导入”，将素材文件导入After Effects中，素材文件的目录为“《After Effects影视后期特效实战教程》素材文件/第3章/3.3 实战案例之美味啤酒”（图3-9）。

此时可以在项目面板中查看刚才导入的素材（图3-10）。

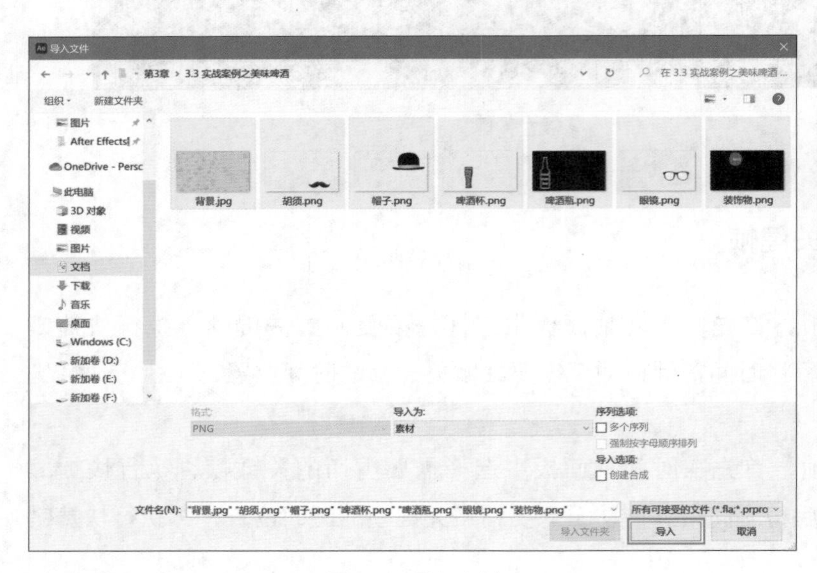

图3-9　导入素材

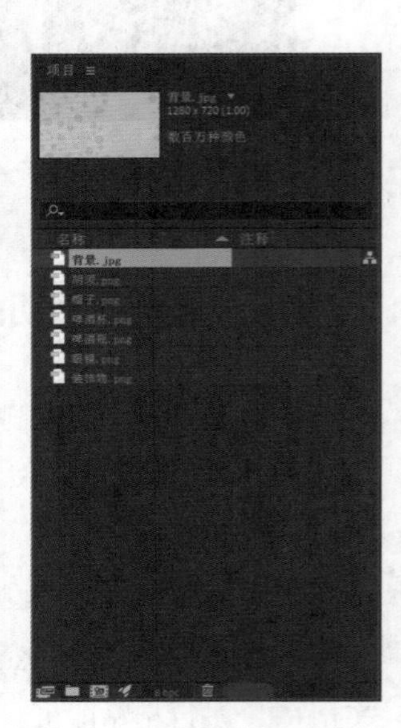

图3-10　项目面板中的素材

执行【合成】—【新建合成】，设置合成名称为“美味啤酒”，设置预设为“HDV/HDTV·1280×720·29.97fps”，设置持续时间为5秒（0:00:05:00），然后点击“确定”，新建一个合成（图3-11）。

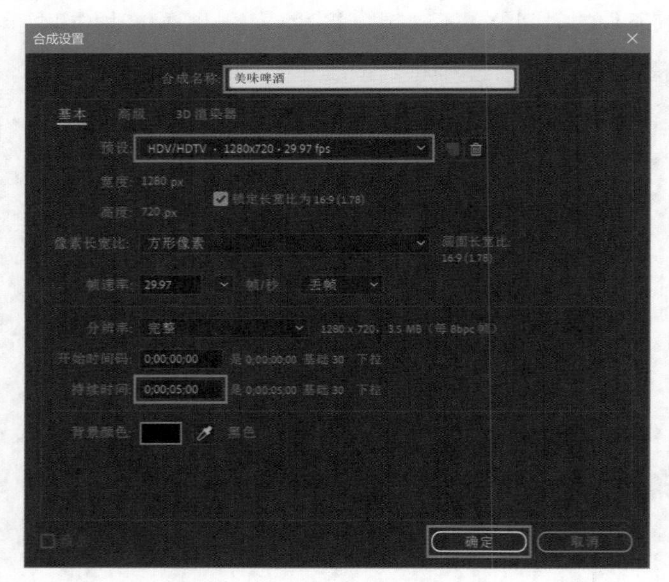

图3-11　设置合成参数

将这7个素材依次拖动至时间轴面板，图层排列顺序如图3-12所示。

此时可以在合成预览区看到素材合成之后的效果（图3-13）。

由于素材的尺寸和位置已经事先为读者设置好了，因此不需要再做调整。在开始制作关键帧动画之前，建议读者把不需要制作动画的“背景”图层锁定，这样在接下来的操作过程中就不会误操作到该图层。点击“背景”图层前方的锁定框，此时会显示一把小锁的图标，表示该图层已被锁

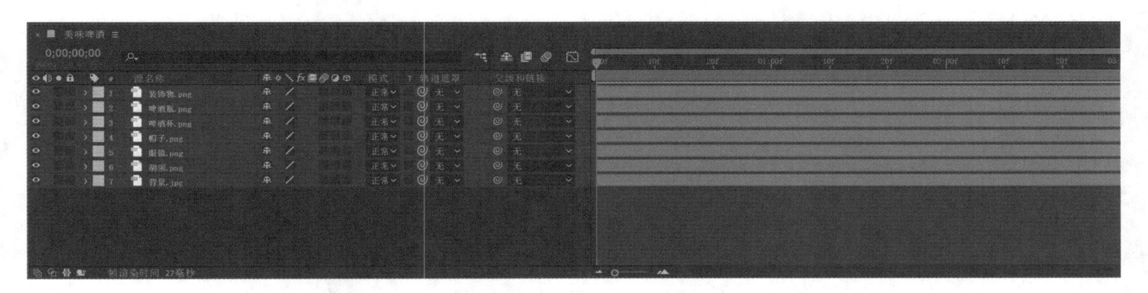

图3-12　图层排列顺序

图3-13　素材合成后的效果

定，且在锁定状态下无法对其进行编辑（图3-14）。

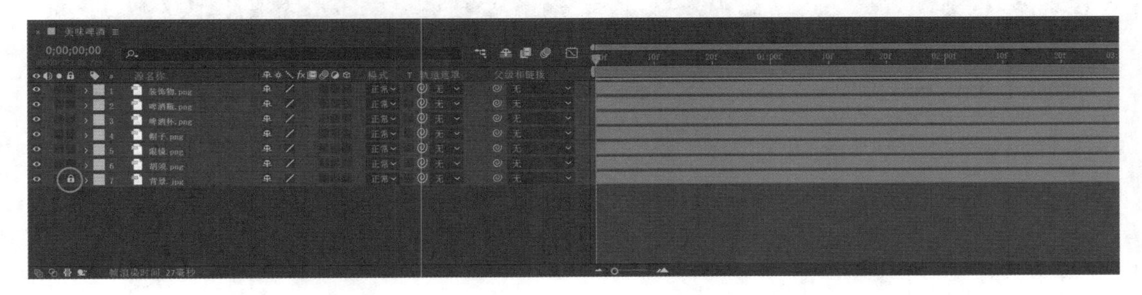

图3-14　锁定“背景”图层

展开“胡须”图层的“变换”，并将时间指针拖动至第10帧处（或者可以直接点击时间轴面板左上角的当前时间并输入数值“0:00:00:10”，以完成对当前时间的调整，图3-15）。

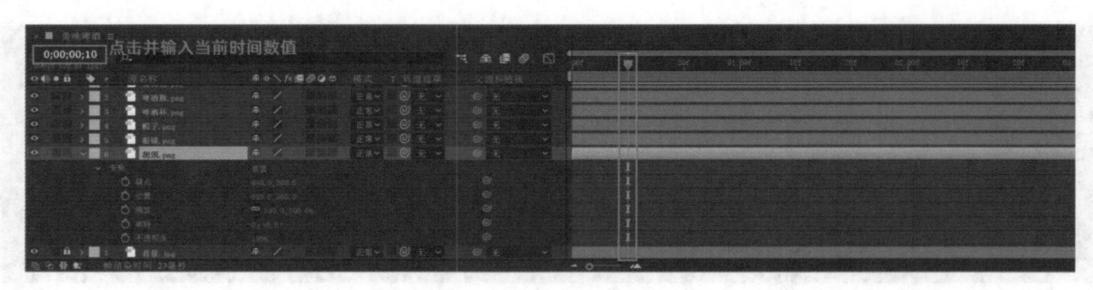

图3-15 调整当前时间

点击“胡须”图层“位置”属性左侧的秒表图标，并将其参数修改为“1180.0，360.0”，这样就为“位置”属性设置了第一个关键帧（图3-16）。

图3-16 设置第一个关键帧

将时间指针拖动至第18帧的位置，然后将“位置”属性的参数修改为“540.0，360.0”，随着参数发生变化，时间轴上自动生成了第二个关键帧（图3-17）。

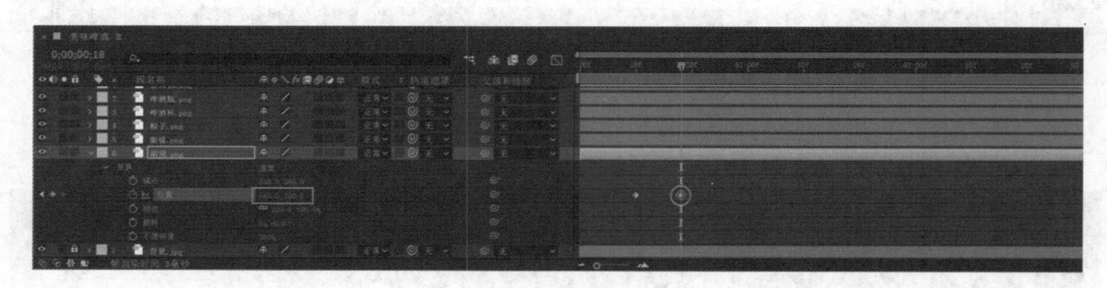

图3-17 设置第二个关键帧

继续将时间指针拖动至第25帧的位置，并将“位置”属性修改为“670.0，360.0”，此时，时间轴上就产生了第三个关键帧（图3-18）。

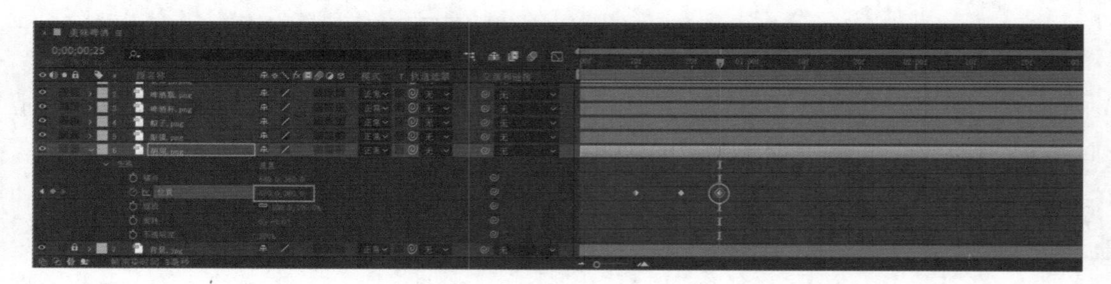

图3-18 设置第三个关键帧

将时间指针拖动至第1秒处（第1秒的当前时间数值处显示为“0:00:01:00”）。此时，将“位置”属性的参数修改为“640.0，360.0”，时间轴上产生第四个关键帧（图3-19）。

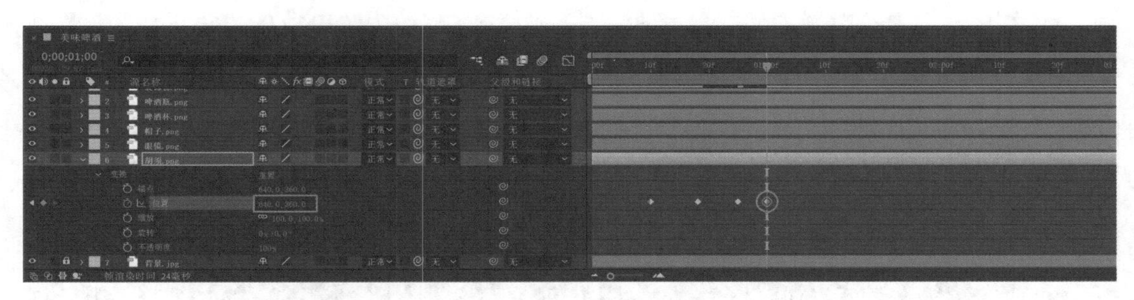

图3-19　设置第四个关键帧

此时点击“播放/停止”按钮，播放这段动画，就可以看到“胡须”从画面右侧飞入画面中的动画效果。由于After Effects中默认的关键帧动画产生方式为匀速运动，因此，“胡须”飞入的动画缺乏节奏感。为了解决这一问题，可以在时间轴面板中框选刚才设置好的四个关键帧，然后执行【动画】—【关键帧辅助】—【缓动】（或执行快捷键“F9”），这样就可以将这四个关键帧的速度变化设置为“缓动”。此时再播放动画，就可以发现，不同关键帧之间的动画产生了加速和减速的速度变化，整体动画显得更加有节奏感（图3-20）。

图3-20　设置关键帧缓动

“胡须”图层的动画到这里就制作好了，可以点击“胡须”图层前方的“V”图标，将其折叠起来，然后展开“眼镜”图层，继续制作“眼镜”图层的动画。将时间指针拖动至第15帧，然后点击“位置”属性左侧的秒表图标，并将其参数修改为“1240.0，360.0”，为该属性设置第一个关键帧（图3-21）。

图3-21　设置“位置”属性第一个关键帧

将时间指针拖动至第23帧处，然后将“位置”属性参数修改为“585.0，360.0”，这样就设置好了第二个关键帧（图3-22）。

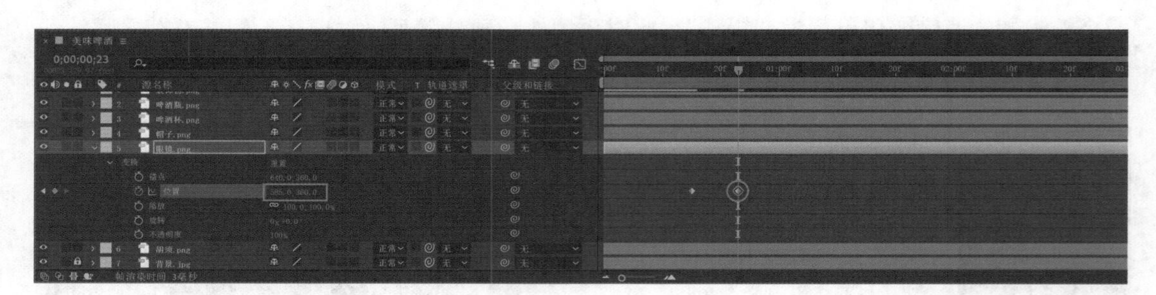

图3-22　设置第二个关键帧

继续将时间指针拖动至第1秒处，然后将“位置”属性的参数修改为“660.0，360.0”，设置第三个关键帧（图3-23）。

图3-23　设置第三个关键帧

将时间指针拖动至第1秒5帧处，修改“位置”属性的参数为“640.0，360.0”，设置第四个关键帧（图3-24）。

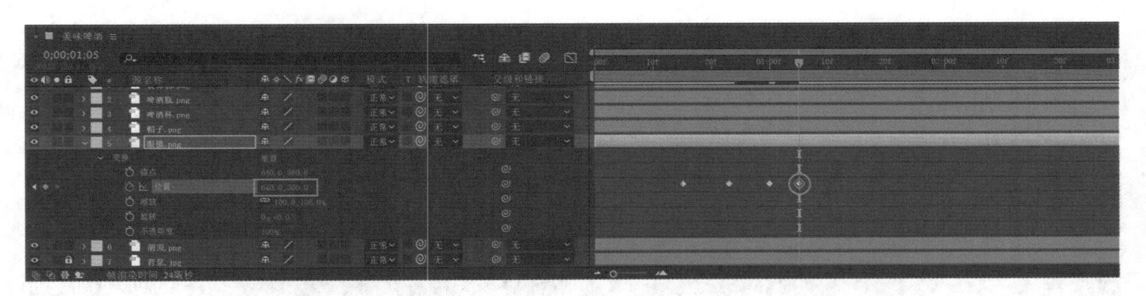

图3-24　设置第四个关键帧

选中刚才设置好的四个关键帧，执行快捷键“F9”，将之设置为“缓动”方式，此时播放动画进行预览就可以看到“眼镜”图层的动画也制作完成了（图3-25）。

图3-25　“眼镜”图层动画效果

折叠起“眼镜”图层，展开“帽子”图层，继续制作“帽子”图层的动画，将时间指针拖动至第25帧处，点击“位置”前的秒表图标，并将“位置”参数修改为“640.0，-30.0”，为其设置第一个关键帧（图3-26）。

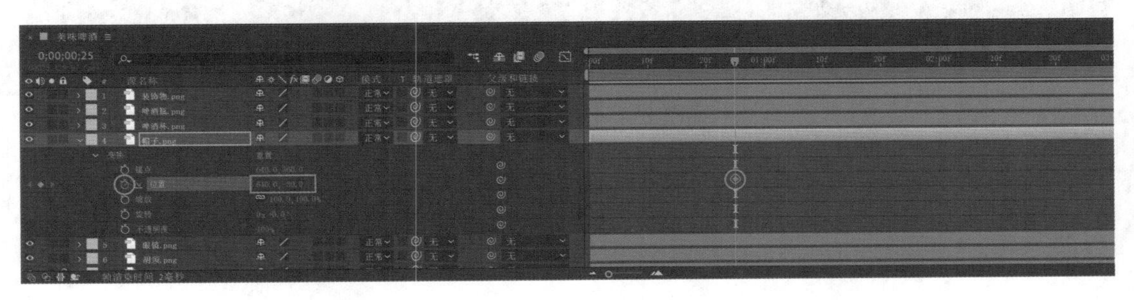

图3-26　设置第一个关键帧

将时间指针拖动至第1秒5帧处，修改“位置”属性的参数为“640.0，382.0”，这样就设置好了第二个关键帧（图3-27）。

图3-27　设置第二个关键帧

继续将时间指针拖动至第1秒12帧处，将“位置”参数修改为“640.0，340.0”，设置第三个关键帧（图3-28）。

图3-28　设置第三个关键帧

将时间指针拖动至第1秒17帧处，修改“位置”参数为“640.0，360.0”，设置第四个关键帧（图3-29）。

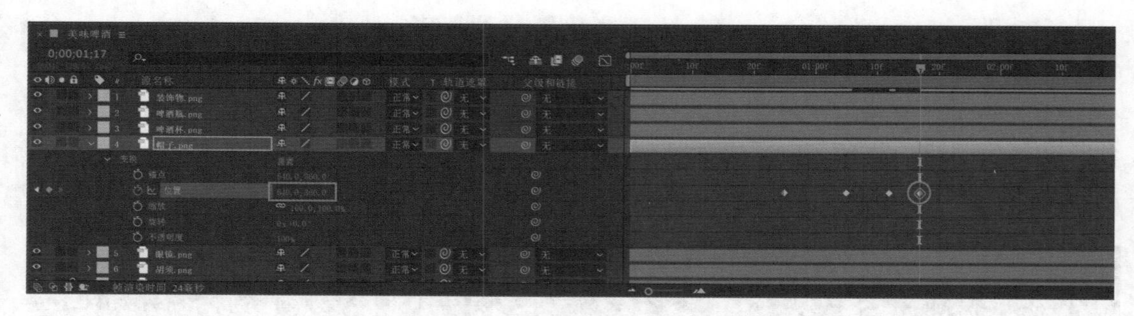

图3-29　设置第四个关键帧

同样，将设置好的四个关键帧设置为“缓动”方式，此时播放动画就可以预览到“帽子”的动画也制作完成了（图3-30）。

图3-30　制作完成后的帽子动画

折叠起“帽子”图层，展开“啤酒杯”图层，继续制作“啤酒杯”图层的动画，为了不使画面运动方式显得单调，将“啤酒杯”和“啤酒瓶”两个图层的动画制作为缩放动画，首先将“啤酒杯”图层的“锚点”和“位置”两个属性参数都设置为“450.0，500.0”，这样可以将其锚点设置在自身的中心位置，才能够以自身中心为基准点进行缩放，具体设置如图3-31所示。

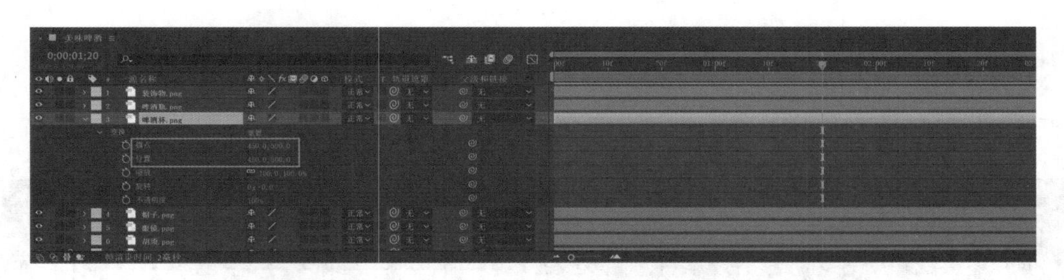

图3-31　设置“锚点”和“位置”参数

将时间指针拖动至第1秒20帧处，点击“啤酒杯”图层“缩放”属性左侧的秒表图标，并将“缩放”属性的参数设置为“0.0，0.0%”，这样就为该属性添加了第一个关键帧（图3-32）。

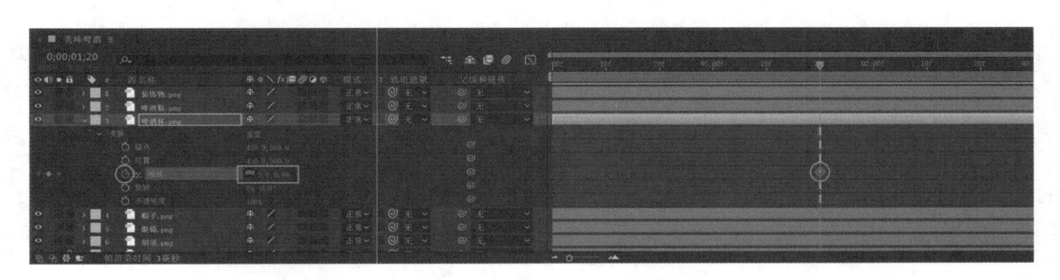

图3-32　添加“缩放”属性第一个关键帧

将时间指针拖动至第1秒28帧处，将“缩放”属性的参数修改为“110.0，110.0%”，设置第二个关键帧（图3-33）。

图3-33　设置第二个关键帧

继续将时间指针拖动至第2秒5帧处，修改“缩放”属性的参数为“90.0，90.0%”，设置第三个关键帧（图3-34）。

图3-34　设置第三个关键帧

继续将时间指针拖动至第2秒10帧处，修改“缩放”属性的参数为“100.0，100.0%”，设置第四个关键帧（图3-35）。

图3-35　设置第四个关键帧

将这四个关键帧设置为“缓动”方式，此时播放动画就可以预览到“啤酒杯”的缩放动画制作完成了（图3-36）。

折叠起“啤酒杯”图层，展开“啤酒瓶”图层，继续制作“啤酒瓶”图层的缩放动画。同之前一样，先将“啤酒瓶”图层的“锚点”和“位置”两个属性参数都设置为“230.0，435.0”，将其锚点设置在自身的中心位置，才能够以自身中心为基准点进行缩放，具体设置如图3-37所示。

图3-36　制作完成后的啤酒杯动画

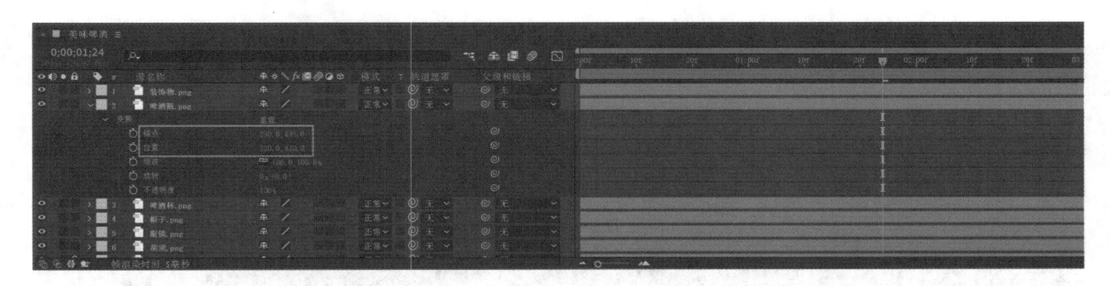
图3-37　设置锚点和位置参数

将时间指针拖动至第1秒25帧处，点击“啤酒瓶”图层“缩放”属性左侧的秒表图标，并将“缩放”属性的参数设置为“0.0，0.0%”，为该属性添加第一个关键帧（图3-38）。

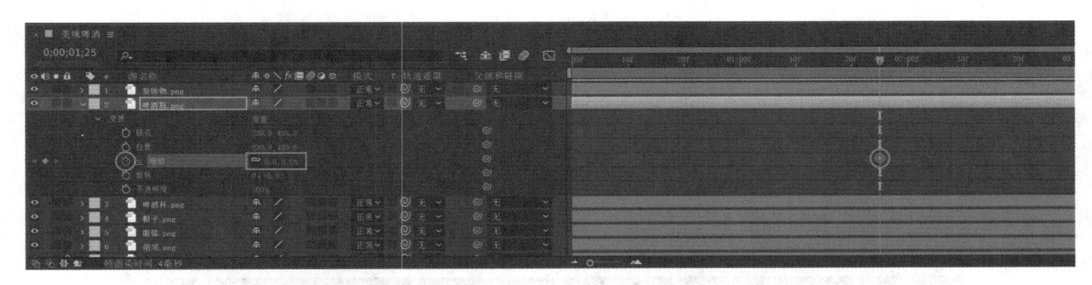
图3-38　添加“缩放”属性第一个关键帧

将时间指针拖动至第2秒3帧处，修改“缩放”属性的参数为“110.0，110.0%”，设置第二个关键帧（图3-39）。

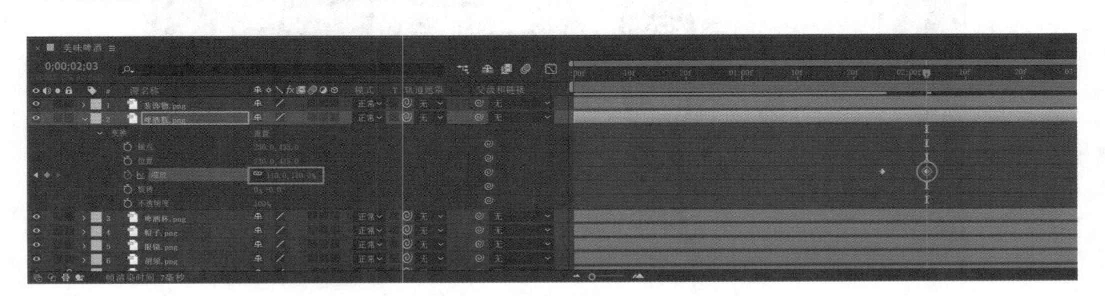
图3-39　设置第二个关键帧

继续将时间指针拖动至第2秒10帧处，修改“缩放”属性的参数为“90.0，90.0%”，设置第三个关键帧（图3-40）。

图3-40　设置第三个关键帧

继续将时间指针拖动至第2秒15帧处，修改“缩放”属性的参数为“100.0，100.0%”，设置第四个关键帧（图3-41）。

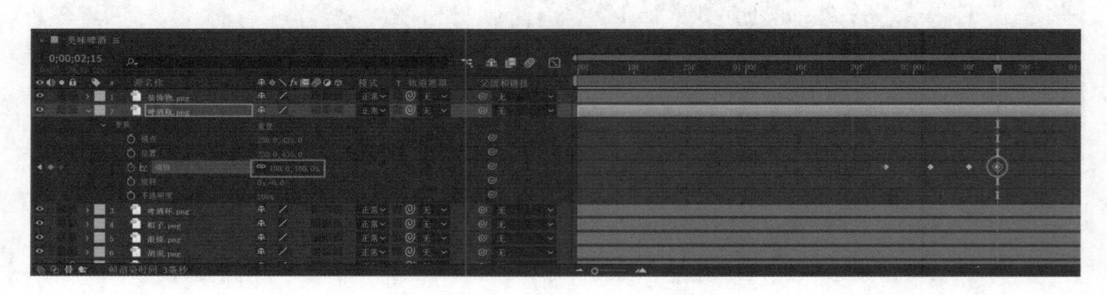

图3-41　设置第四个关键帧

选中这四个关键帧，执行快捷键“F9”，将之设置为“缓动”方式，此时播放动画进行预览就可以看到“啤酒瓶”图层的动画也制作完成了（图3-42）。

折叠起“啤酒瓶”图层，展开“装饰物”图层，为这个小装饰物也制作一段动画，同样先将其“锚点”和“位置”属性的参数均设置为“440.0，160.0”，将中心点设置到其自身中央（图3-43）。

图3-42　制作完成后的啤酒瓶动画

图3-43　设置锚点和位置参数

将时间指针拖动至第2秒15帧处，点击“装饰物”图层“位置”属性左侧的秒表图标，并将“位置”属性的参数设置为“-130.0，160.0”，这样就为该属性添加了第一个关键帧（图3-44）。

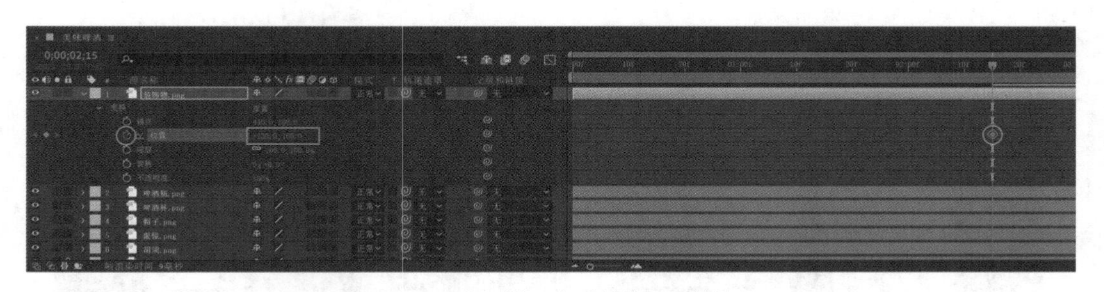

图3-44　添加“位置”属性第一个关键帧

将时间指针拖动至第2秒25帧处，修改“位置”属性的参数为“440.0，160.0”，设置第二个关键帧，并选中这个关键帧，执行快捷键“F9”将其设置为“缓动”方式（图3-45）。

图3-45　设置第二个关键帧

将时间指针拖动至第2秒15帧处，点击“旋转”属性左侧的秒表图标，为该属性添加第一个关键帧（图3-46）。

图3-46　添加“旋转”属性第一个关键帧

将时间指针拖动至第3秒5帧处，修改“旋转”属性的参数为“1x+0.0° ”，设置第二个关键帧，并将该关键帧的方式设置为“缓动”(图3-47)。

图3-47　设置第二个关键帧

至此，“美味啤酒”案例动画就全部制作完成了，点击“播放/停止”按钮，即可预览整段动画，效果如图3-48所示。

图3-48　案例最终效果

本章小结

本章主要讲解了After Effects中关键帧动画的实现原理和基础知识，通过对本章的学习，使读者理解关键帧的基本概念，并掌握了关键帧的基本操作方法。本章实战案例这一小节的内容详细讲解了关键帧动画的制作方法和技巧。实际上，如果读者自仔细观察就可以发现，除了图层“变换”选项下方的五种基本属性，还有很多效果及其他属性，均带有秒表图标，也就是说，凡是带有秒表图标的属性均可以制作关键帧动画，读者可以大胆尝试为素材的各种属性制作关键帧动画，加深对关键帧的理解。

第四章 文字动画

在影视后期制作的过程中，文字动画是非常重要的一个环节，它的应用十分广泛，包括但不仅限于动画标题、下沿字幕、演职员表滚动字幕和动态排版等。在After Effects中，文字主要是以文本图层的形式来创建的。用户可以为整个文本图层的属性或单个字符的属性设置动画，如文字的颜色、大小和位置等；也可以使用文字动画器属性和选择器创建文字动画。需要注意的是，文本图层是矢量图层。与形状图层和其他矢量图层一样，文本图层也是始终连续地栅格化，因此，在缩放图层或改变文字大小时，它会保持清晰、不依赖于分辨率的高低。此外，After Effects能自动识别并加载用户电脑中所安装的字体，因此，用户可以下载并安装各种字体来创建出更加具有视觉表现力的文字动画。

第一节 文字的创建

在After Effects中，文字以文本图层的形式存在，文本图层其实就是图层的一种，根据之前已经学习过图层的相关知识，图层必须创建在合成之内，因此，在创建图层之前需要新建一个合成。

创建文本图层的方法主要有以下两种。

方法一：执行【图层】—【新建】—【文本】，即可新建一个文本图层（默认情况下这种方式创建的文字位于合成画面的正中央），此时通过键盘输入需要的文字即可完成文本图层的创建（图4-1）。

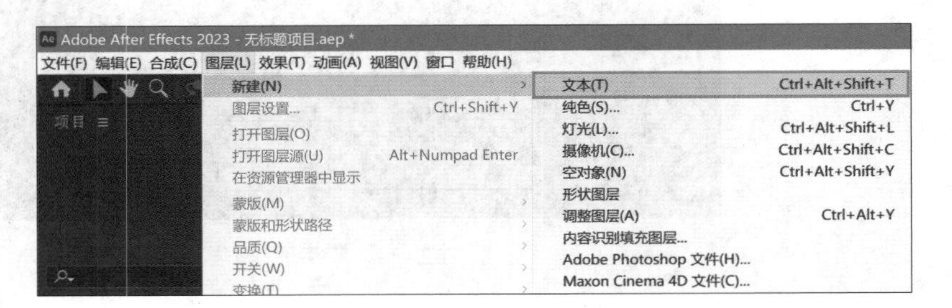

图4-1 新建文本图层

方法二：点击切换到工具栏中的“文字工

具”，然后在合成面板的视频画面中需要创建文字的位置处单击鼠标左键，即可创建一个文本图层，接着输入需要的文字即可，这种方法可以由用户自由配置文字的位置（图4-2）。

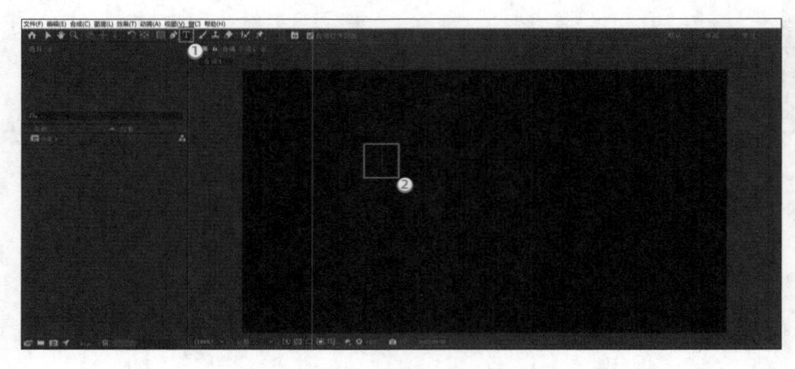

图4-2　使用文字工具创建文本图层

小提示一：文字输入完成后，可以点击切换到工具栏中的“选取工具”以结束文字输入状态。此外，使用“选取工具”可以在合成画面中自由拖拽文字，调整其位置（图4-3）。

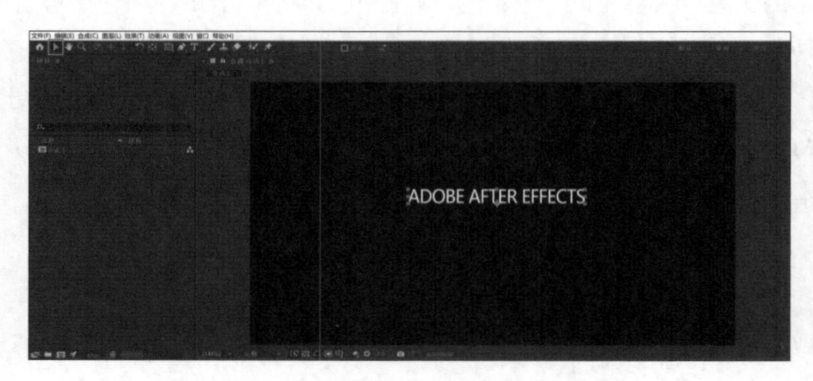

图4-3　使用选取工具移动文字位置

小提示二：“文字工具”有两种，一种是“横排文字工具”，另一种是“直排文字工具”，鼠标左键长按“文字工具”图标即可弹出下拉列表进行切换（图4-4）。

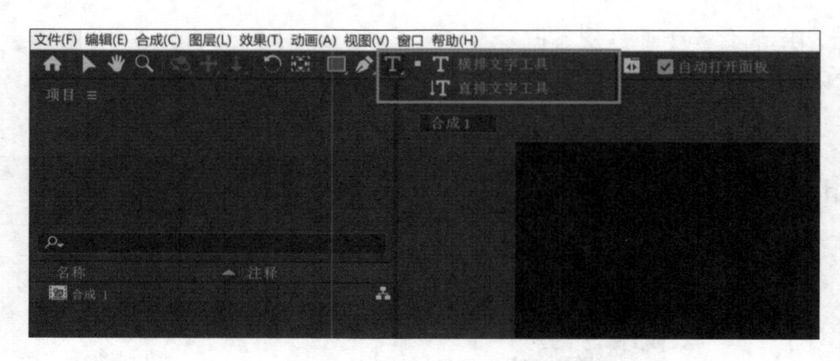

图4-4　文字工具下拉列表

第二节　文字的编辑

创建好文字后，往往需要对文字进行一些调整，才能使文字的内容或者外观符合用户的需求，因此需要对文字进行编辑。

一、“字符”面板

创建一个文本图层并输入文字后，工作界面右侧的活动面板区会自动切换到“字符”面板。通过“字符”面板，可以完成对文字基本属性的编辑或修改。

（一）“字体”属性

选中文本图层后，该属性显示当前文字所使用的字体，点击字体名称后方的“∨”字形图标即可打开字体下拉列表，然后单击所需字体，即可完成字体的切换（图4-5）。

（二）“颜色”属性

选中文本图层后，点击“填充颜色”即可打开“文字颜色”对话框，在该对话框中选择所需要的颜色后点击“确定”，就可以改变文字的颜色（图4-6）。

（三）“大小”属性

选中文本图层后，点击“设置字体大小”，输入所需数值，即可改变文字的大小，该数值的单位为“像素”（图4-7）。

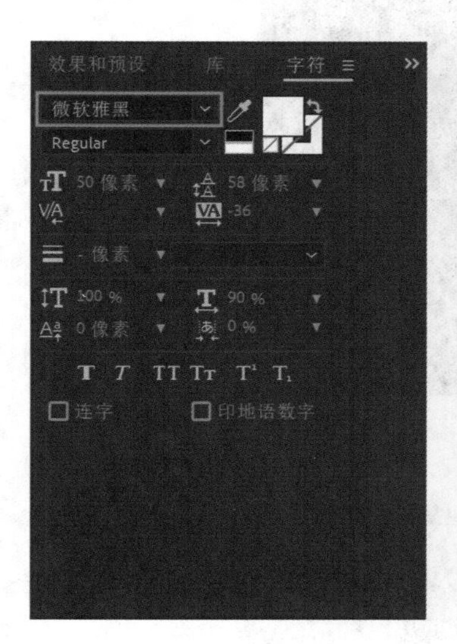

图4-5　切换字体

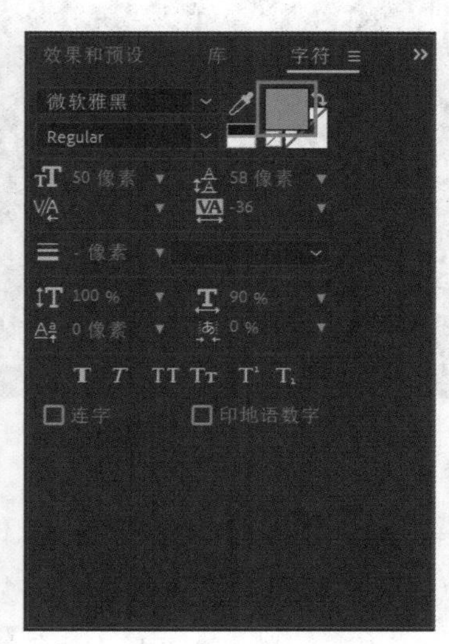

图4-6　改变文字颜色

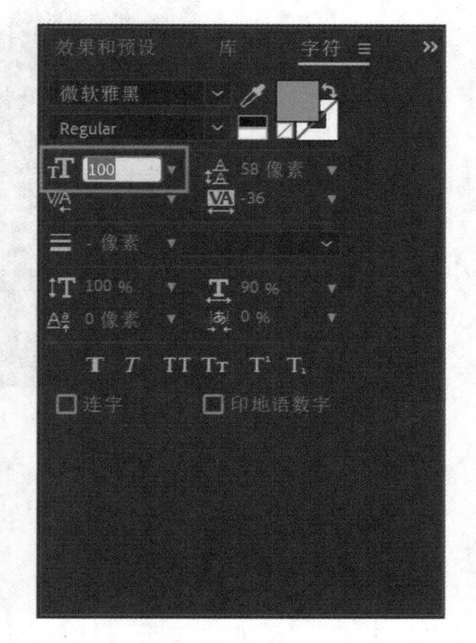

图4-7　改变文字大小

除了以上几种基本属性，在“字符”面板还可以设置诸如“字符间距”“行间距”等属性，这些属性的设置方法和其他文字排版软件的设置方法基本一致，此处不再赘述。

二、 修改文字内容

结束文字的创建后，想要再次修改文字的内容，可以使用“文字工具”在合成面板中单击文字，即可再次进入文字编辑状态，对文字进行修改（图4-8）。

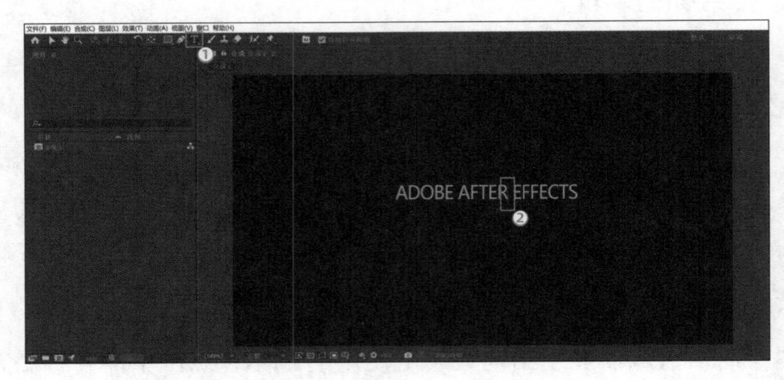

图4-8 使用文字工具修改文本

此外还有一种方法可以快速进入文字编辑状态。使用鼠标双击文本图层，即可实现对文字内容的再次编辑，只不过双击图层的方式将会选中该图层中的所有文字（图4-9）。

图4-9 双击文本图层修改文本

After Effects中文字内容的编辑方式与其他文字排版类软件相似，同样使用“Backspace”键删除文字，使用“Enter”键换行，也可以在其他允许复制文字的程序中使用快捷键“Ctrl+C”复制文字后，切换到After Effects的文本图层中执行快捷键“Ctrl+V”进行粘贴。

三、 文字的样式

After Effects为用户提供了强大的图层样式功能，这些样式也可以作用于文字，因为文字图层也是图层的一种，它也可以拥有自己的图层样式属性。这些样式种类很多，但大部分与Adobe公司旗下的其他图像处理软件相同，如Adobe Photoshop和Adobe Illustrator等，因此，只要拥有这些图像处理软件的基础，再学习After Effects，对于图层样式的使用方法是非常容易理解和掌握的。下面，以“描边”这一图层样式为例，讲解After Effects中图层样式的使用方法。

新建一个合成，并在该合成中创建一个文本图层，输入一段文字（图4-10）。

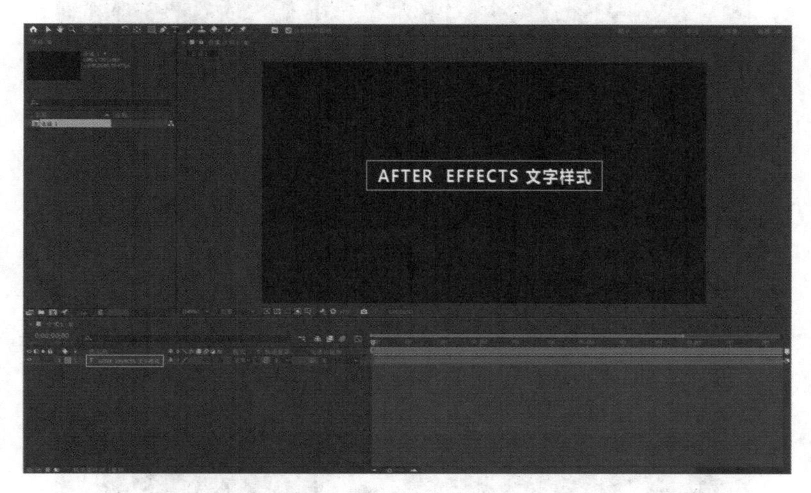

图4-10 创建一段文字

使用鼠标右键单击该文本图层，并在弹出的右键菜单中执行【图层样式】—【描边】（图4-11）。

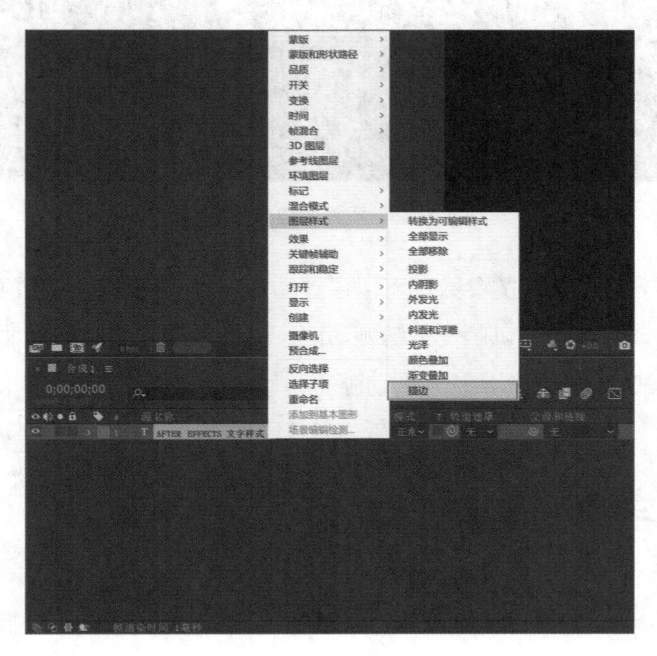

图4-11 执行右键菜单描边命令

此时就可以在时间轴面板中文本图层的下方看到添加的“描边”属性。同时，在合成预览区，可以看到文字已经拥有了描边效果（图4-12）。

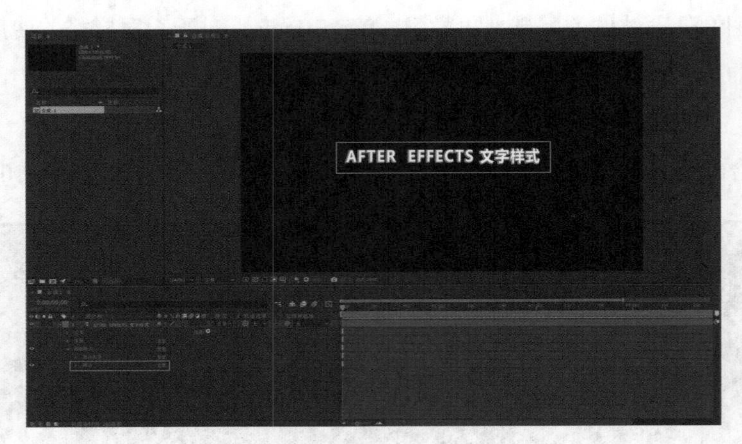

图4-12　描边后的效果

点击该文本图层“描边”属性前方的“>”形图标，可以展开“描边”属性的参数，通过设置这些参数就可以完成对“描边”属性的调整或修改（图4-13）。

图4-13　设置描边属性参数

小提示：大部分图层样式的参数都可以设置动画，只要图层样式某项属性的前方有秒表状的图标，就表示该项属性可以制作关键帧动画，关键帧动画的制作方法之前已经讲过，读者可以自己动手尝试制作一段图层样式的动画。

第三节　文字动画制作工具

在After Effects中，制作文字动画有两种思路，一种是将文字当作普通图层来进行动画制作，这种方法和之前讲过的动画制作方法一致，都是通过图层的“变换”属性来进行关键帧设置。另一种是使用“文字动画制作工具”进行制作，这种方法可以逐字进行动画制作，而且功能更加强大，制作出的文字动画也更具表现力。由于图层的动画制作方法已经在本书第三章中详细讲解过了，因此，本章将重点讲授使用“文字动画制作工具”制作文字动画的方法。

一、 为文字添加文字动画制作工具

在创建出一段文字后，点击该文本图层前方的“>”形图标展开图层属性，就可以看到在“文本”属性后方的“文字动画制作工具”选项了（图4-14）。

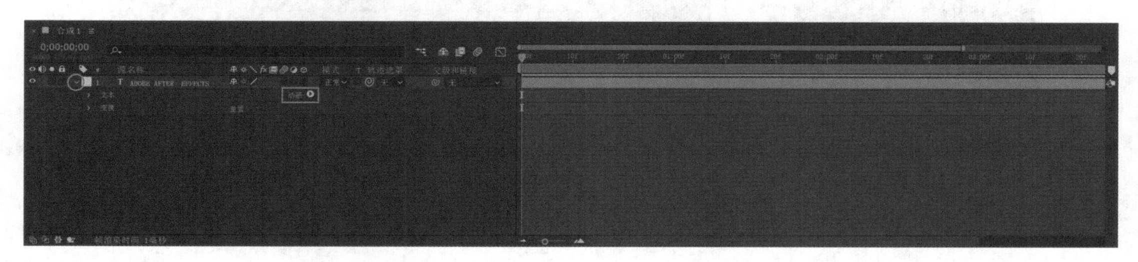

图4-14 文本动画制作工具图标

点击“文字动画制作工具”选项后方的三角形按钮，可以打开其属性列表（图4-15）。

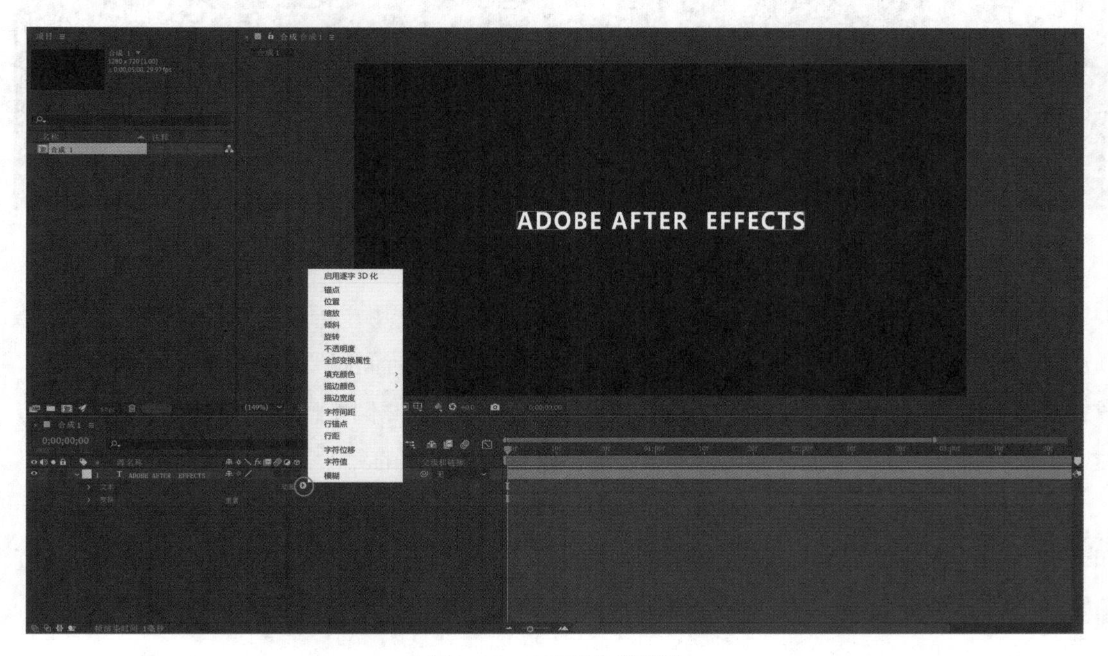

图4-15 点击三角形按钮

在打开的“文字动画制作工具”列表中点击需要添加的动画属性，就可以为文字添加该动画属性了（图4-16）。

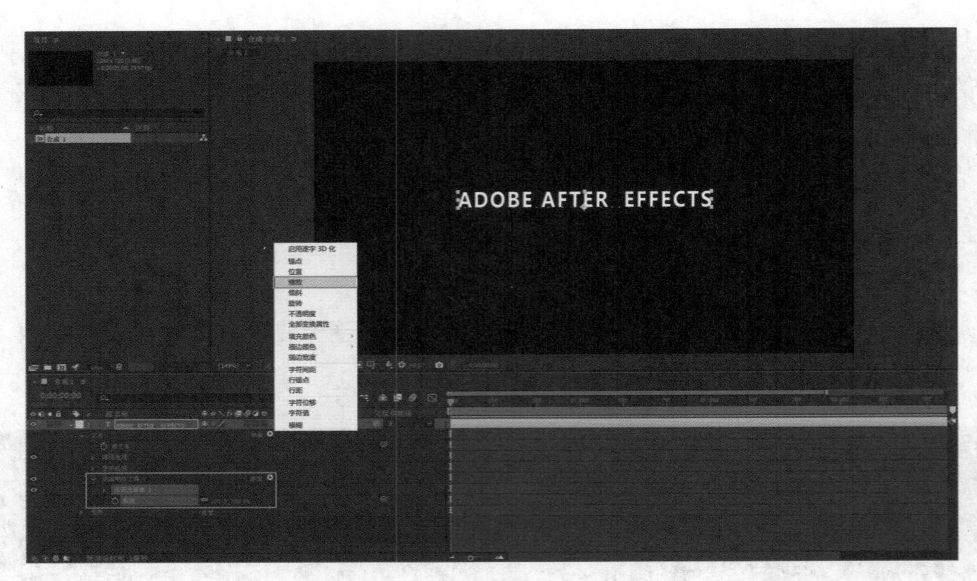

图4-16　添加动画属性

如果需要添加多个动画属性，点击“文字动画制作工具1”后方的“添加”三角形按钮，在弹出的列表中执行【属性】—【所要添加的动画属性】即可（图4-17）。

图4-17　再次添加动画属性

“文字动画制作工具”提供的文字动画方式有很多种，用户可以对文字的“位置”“缩放”“旋转”“不透明度”，甚至“填充颜色”“字符间距”“行间距”等属性进行动画的制作，需要注意的是，这里的“位置”“旋转”“不透明度”等属性不同于图层“变换”中的属性，“文字动画制作工具”中的这些属性是可以逐字进行动画制作的。

小提示：点击“文字动画制作工具”列表中的“启用逐字3D化”命令，可以使该文字中的每个文字都具备3D属性，除了横向的*X*坐标和竖向的*Y*坐标之外，还拥有屏幕内外纵深方向的*Z*坐标，能够为文字制作基于三维空间的动画。

二、 使用文字动画制作工具制作文字动画

为文字添加了“文字动画制作工具”中的某项动画属性后，就可以为文字制作基于该属性的动画了。如果需要制作逐字动画，那么就要结合“文字动画制作工具”中的“范围选择

器”来对文字进行动画设置。下面以“填充颜色”属性为例，讲解如何使用“文字动画制作工具”为文字制作逐字变色的动画。

新建一个合成，并在合成中创建一个文本图层，输入一段文字（图4-18）。

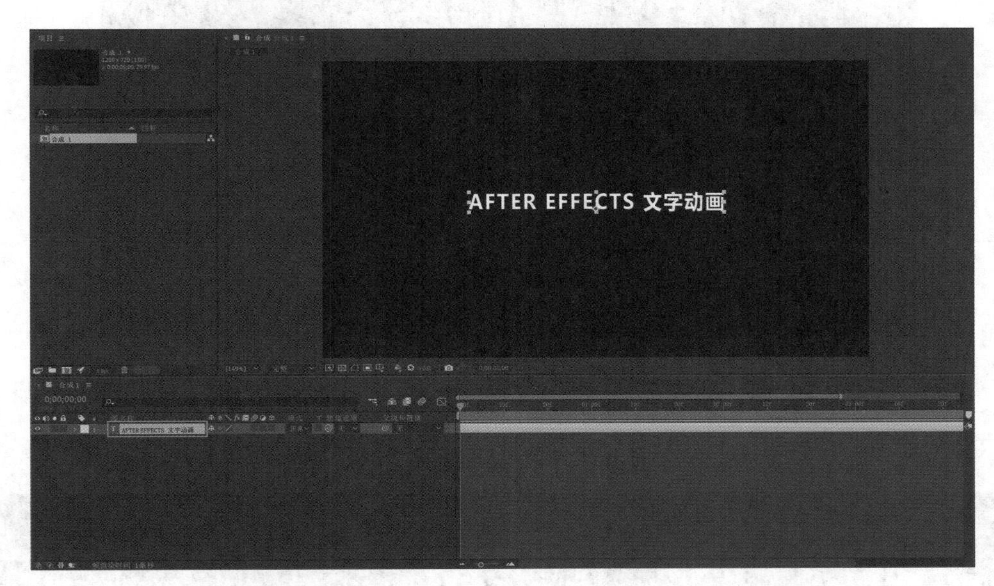

图4-18　创建一段文字

点击该文本图层的“文字动画制作工具”后方的三角形按钮，执行【填充颜色】—【RGB】，为其添加“填充颜色”动画属性（图4-19）。

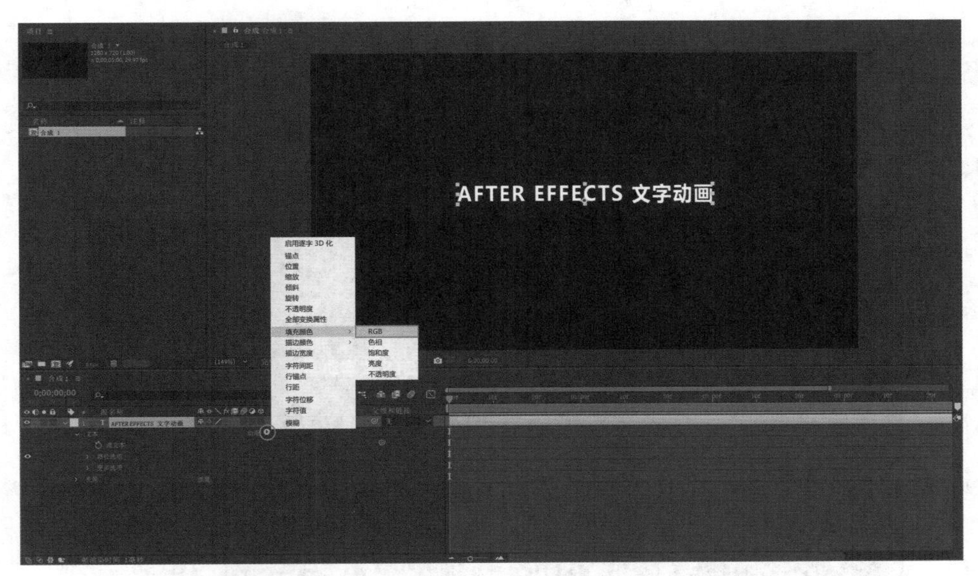

图4-19　添加“填充颜色”属性

点击“填充颜色”属性后方的颜色图标，打开“填充颜色”面板，选择需要设置的颜色之后点击“确定”，即可改变文字的填充颜色（图4-20）。

图4-20　设置填充颜色

点击“范围选择器1”前方的“>”形图标，展开范围选择器（图4-21）。

图4-21　展开范围选择器

将时间指针移动到第0帧处，点击“结束”属性前方的秒表图标，为“结束”属性设置第一个关键帧，同时，将“结束”属性的参数值设置为“0%”，此时可以看到，文字恢复到没有设置填充色之前的原始颜色（图4-22）。

图4-22　为“结束”属性设置第一个关键帧

接下来，将时间指针移动到第2秒处，设置“结束”属性参数值为“100%”，设置第二个关键帧（图4-23）。

图4-23 设置第二个关键帧

此时点预览控制台面板中的“播放/停止”按钮，即可预览整段动画，可以看到，文字的颜色从左至右逐字发生了改变。至此，文字逐字变色的动画效果就制作完成了（图4-24）。

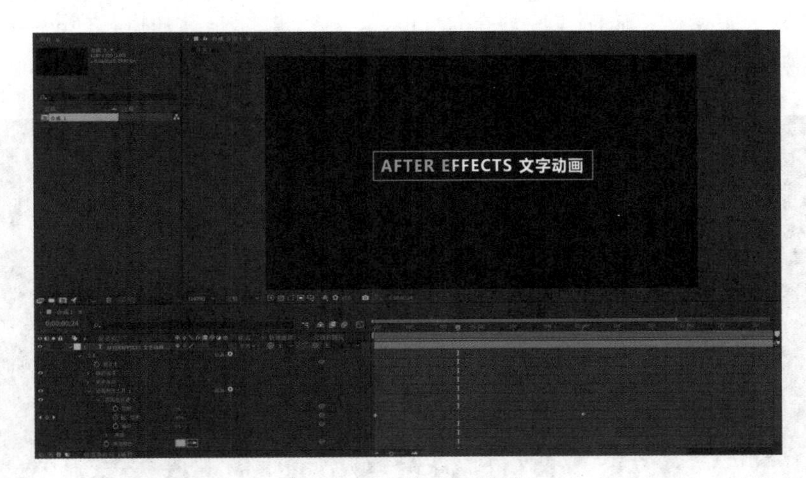

图4-24 动画制作完成

第四节 实战案例之旅游宣传片

在掌握了使用“文字动画制作工具”制作文字动画的方法后，下面进行实战案例的操作练习。

执行【文件】—【导入】—【文件】，在弹出的窗口中找到“旅游宣传片背景.mp4”素材文件，选中后点击“导入”，将素材文件导入After Effects中，素材文件的目录为“《After

Effects影视后期特效实战教程》素材文件/第4章/4.4实战案例之旅游宣传片”（图4-25）。

此时就可以在项目面板中看见刚才导入的素材了（图4-26）。

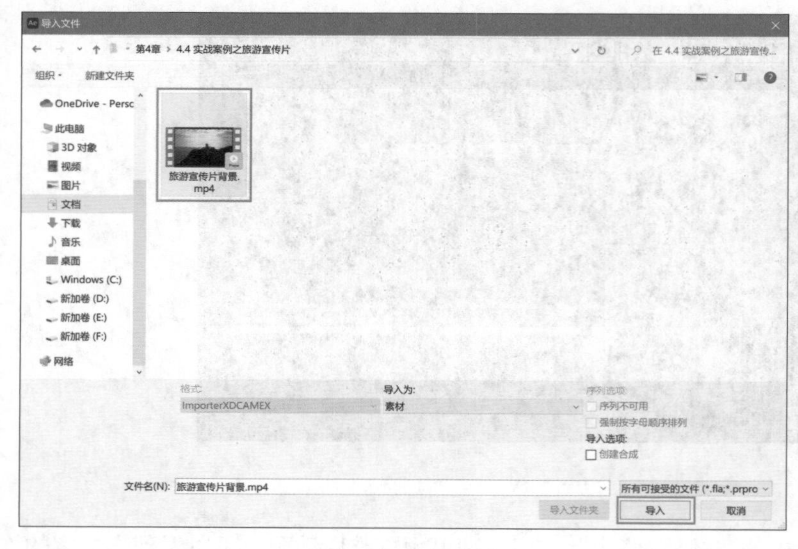

图4-25　导入素材

图4-26　项目面板中的素材

在项目面板选中素材“旅游宣传片背景.mp4”，按下鼠标左键并将其拖动至“新建合成”按钮后松开鼠标左键，新建一个合成（图4-27）。

图4-27　新建合成

在时间轴面板左侧区域空白处单击鼠标右键，并在弹出的右键菜单中执行【新建】—【文本】，新建一个文本图层（图4-28）。

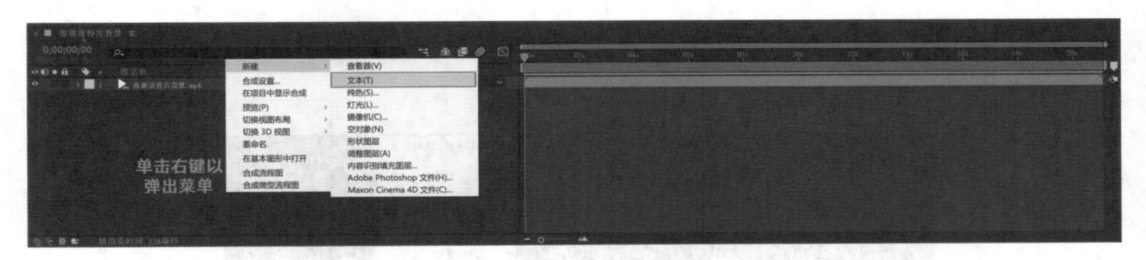

图4-28 新建文本图层

新建文本图层后输入“美丽海湾 度假天堂”即可完成文字层的创建，可以根据自己的喜好调整文字大小、颜色和字体等外观属性。为便于之后参数设置的讲解，请确保工作界面右下角“段落”面板中的文字对齐方式为“左对齐文本”（图4-29）。

图4-29 输入文字

在时间轴面板选中“美丽海湾 度假天堂”文本图层，点击该文本图层前方的“>”形图标，展开图层属性。接着点击“变换”属性前方的“>”形图标，展开“变换”属性的参数。将“位置”属性参数调节为“1250.0，950.0”（注意：因读者所设置的文字大小或字体类型可能有所不同，这里的位置参数仅作一个参考，只需确保文字位置大致处于画面右下角即可）（图4-30）。

图4-30 调节文字位置参数

点击该文本图层的“文字动画制作工具”后方的三角形按钮，在弹出的菜单中执行【位置】，为其添加“位置”动画属性（图4-31）。

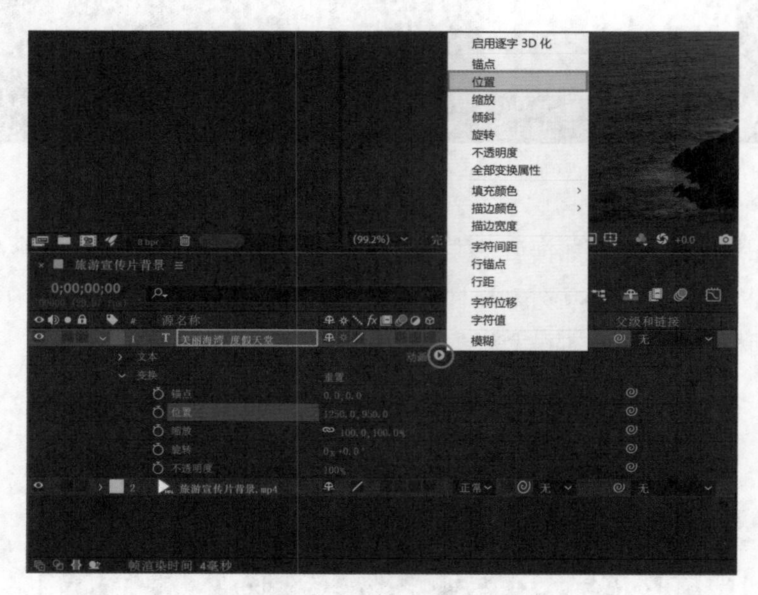

图4-31　添加“位置”动画属性

此时文本图层下方就有了一个“动画制作工具1”，并且在该工具选项下方就包含了刚才为文本图层添加的“位置”动画属性。点击“动画制作工具1”后方的“添加”三角按钮，分别执行【属性】—【缩放】和【属性】—【不透明度】两个命令，为文本图层再次添加“缩放”动画属性和“不透明度”动画属性（图4-32）。

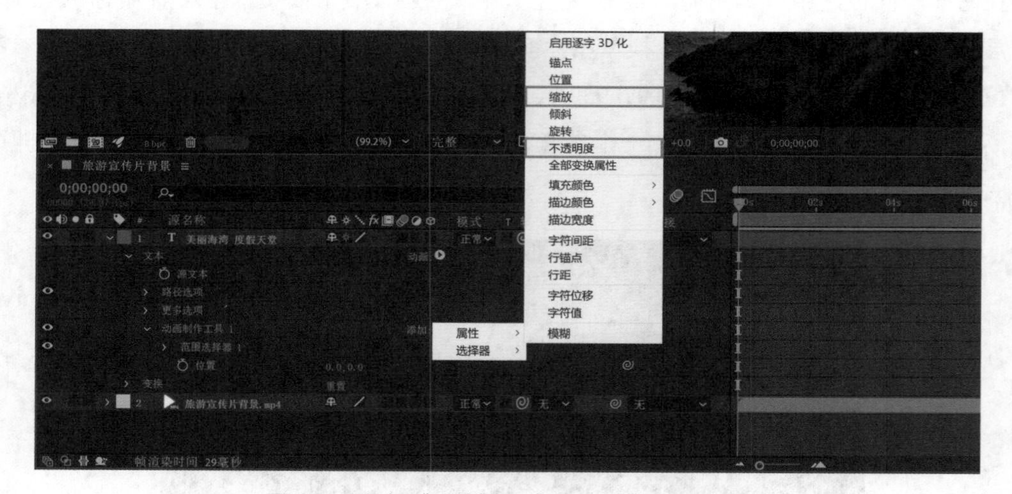

图4-32　添加“缩放”和“不透明度”动画属性

接着设置这三个动画属性的参数。设置“位置”动画属性参数为“500.0，0.0”，设置“缩放”动画属性参数为“0.0，0.0%”，调节“不透明度”动画属性参数为“0%”（图4-33）。

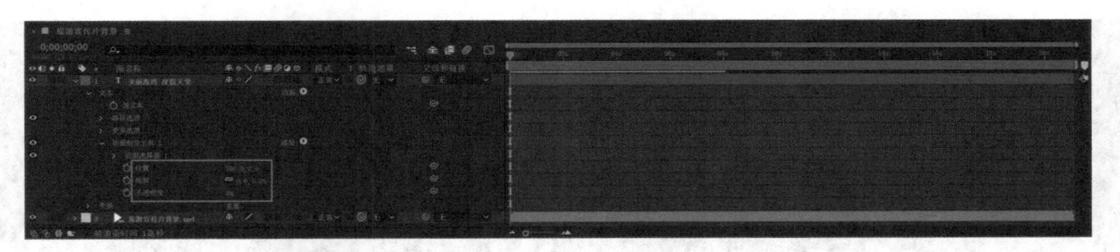
图4-33　调节三个属性参数

点击“范围选择器1”前方的“>”形图标，展开范围选择器（图4-34）。

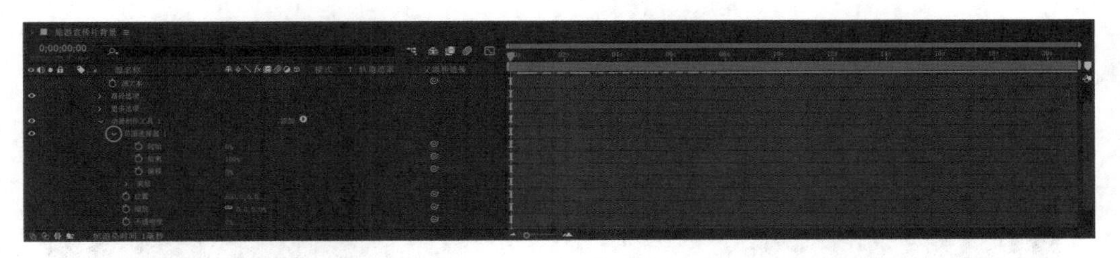
图4-34　展开范围选择器

将时间指针拖动至第1秒处，点击“偏移”属性前方的秒表图标，为“偏移”属性设置一个关键帧，同时，将“偏移”属性的参数值设置为“-100%”（图4-35）。

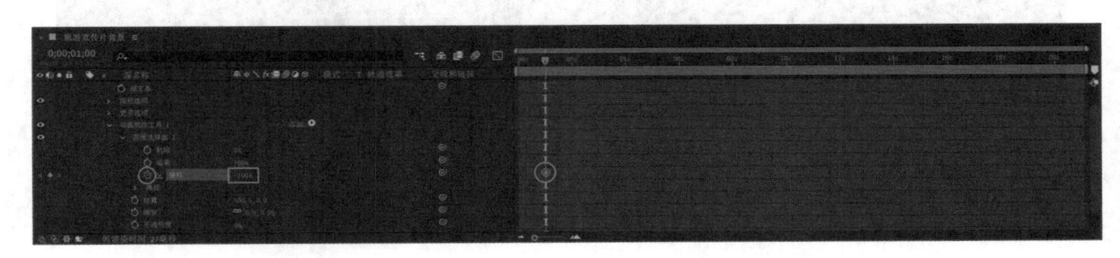
图4-35　添加第一个偏移关键帧

将时间指针移动到第2秒处，设置“偏移”属性参数值为“100%”，设置第二个关键帧（图4-36）。

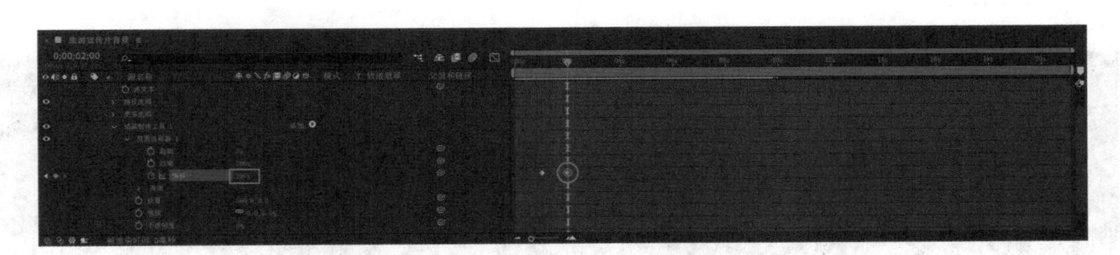
图4-36　添加第二个偏移关键帧

此时文字就已经产生了逐字飞入的动画效果，但为了使动画更加流畅自然，可以点击“高级”属性前面的“>”形按钮，展开“高级”属性，设置“形状”的类型为“上斜坡”（图4-37）。

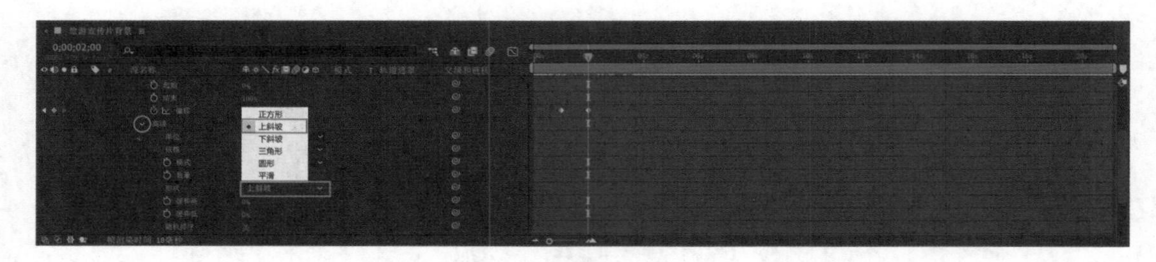

图4-37　打开高级属性设置形状为“上斜坡”

点击预览控制台面板的“播放/停止”按钮对合成进行预览，即可看到“美丽海湾 度假天堂”这几个文字从右侧逐字飞入画面的动画效果（图4-38）。

图4-38　预览文字出现动画

为了保证旅游宣传片的完整性，还要将“美丽海湾 度假天堂”文字离开画面的动画也做出来，和上述步骤一样，只需调节“偏移”关键帧即可。将时间指针移动至第6秒处，点击“偏移”属性前方的“在当前时间添加或移除关键帧”按钮，设置第三个关键帧，这样就可以保持“偏移”属性参数值不变而添加一个关键帧，以确保文字飞入画面后能够稍作停留再离开画面（图4-39）。

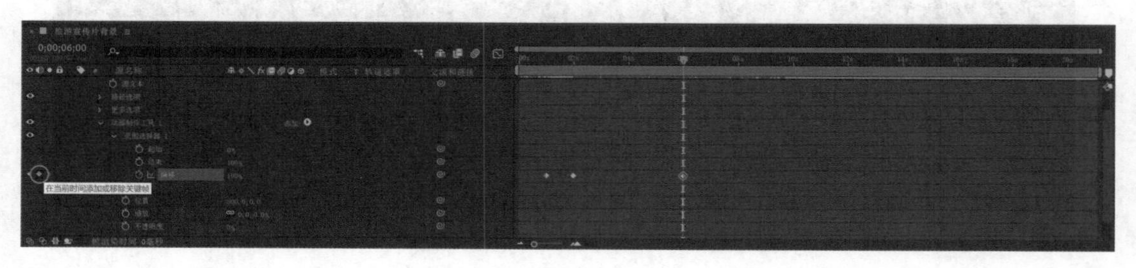

图4-39　添加第三个偏移关键帧

继续将时间指针移动到第7秒处，设置“偏移”属性参数值为“-100%”，设置第四个关键帧（图4-40）。

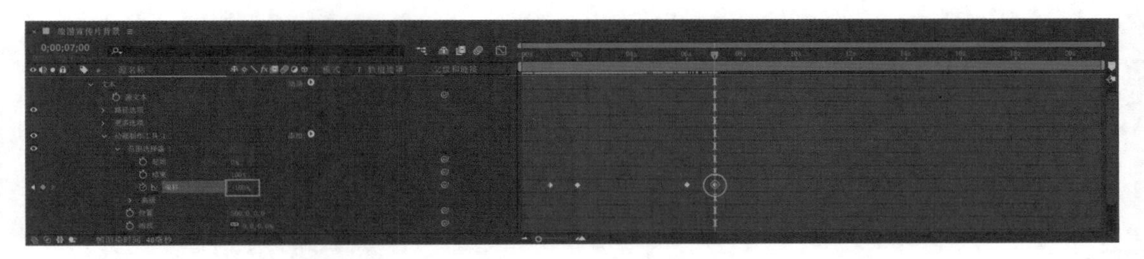

图4-40　添加第四个偏移关键帧

至此，整个案例就制作完成了，可以点击预览控制台面板的“播放/停止”按钮对合成就行预览，在合成面板观看合成的最终效果（图4-41）。

图4-41　案例完成效果

本章小结

本章主要讲解了使用“文字动画制作工具”制作文字动画的方法，“文字动画制作工具”实现文字动画效果的核心就在于“范围选择器”。为文字设置的各种动画属性，其作用范围均受到“范围选择器”的控制，只要合理运用“范围选择器”，就能够制作出各种有趣的文字动画效果。在实际工作当中，往往需要结合图层动画和“文字动画制作工具”等多种手段制作文字动画，这样制作出来的文字动画才能够活泼生动、富于变化，因此，读者需要不断加强练习，才能将各种动画制作方法融会贯通，灵活运用。

第五章 遮罩

遮罩技术是影视后期制作中最为常见的技术，通过遮罩，可以创建出许多令人难以置信的画面，实现真实拍摄所无法实现的效果，这也是影视后期制作者最为依赖的技术之一。熟练掌握并能够灵活运用遮罩技术，是一位合格影视后期工作者必须具备的技能。本章将详细讲解遮罩的原理及After Effects中常用的遮罩操作方法，希望通过本章的学习，使读者快速掌握遮罩的相关知识和操作方法。

第一节　遮罩的概念

遮罩是一个图层或图层的任何通道，用于定义该图层或其他图层的透明区域。通常我们使用白色定义不透明区域，黑色定义透明区域。也就是说，可以通过遮罩，使图层中的某些区域透明化。举个例子，当拍摄了一组水果，但拍摄到的背景并非理想的效果，此时，就需要针对背景的部分使用遮罩将其透明化，这样，就可以为这组水果合成另外一个背景了。

其具体过程如下。

原图为白色背景的水果（图5-1）。

为该图像绘制遮罩，其中，水果的部分不透明，因此遮罩需要使用白色；背景的部分透明，因此遮罩需要使用黑色（图5-2）。

执行遮罩后，原图中的背景就变为透明了，只留下了水果的部分（图5-3）。

图5-1　白色背景的水果

图5-2　绘制遮罩

图5-3　背景变透明

在原图的下方图层处放置一个新的背景（图5-4）。

由于原图背景的部分已经透明化，因此，原图背景的部分就显示出了下方图层的内容，也就是新的背景（图5-5）。

图5-4　新的背景

图5-5　背景处显示新的背景

遮罩的类型有多种，最常用的主要有蒙版和轨道遮罩。二者的区别在于，蒙版不是独立的图层，它只能依附在已有的图层上而存在，而轨道遮罩则是独立存在的图层。

第二节　蒙版

直接在需要进行遮罩的图层上绘制一个闭合的路径，这个闭合的路径就称为蒙版。这是一种十分便捷的遮罩方式，不需要手动设置黑色和白色来区分透明区域和不透明区域，默认情况下，蒙版的内部是不透明区域，而蒙版的外部即透明区域，当然，这个设定是可以更改的。

一、蒙版的创建

蒙版的创建方式较为简单，可以使用矩形工具（或圆角矩形工具、椭圆工具、多边形工具、星形工具）和钢笔工具等形状绘制工具，直接在需要进行遮罩的图层上绘制即可，需要注意的是，绘制的路径必须是封闭的图形才能进行遮罩。

创建蒙版的具体步骤如下。

在时间轴面板选中需要创建蒙版的图层（图5-6）。

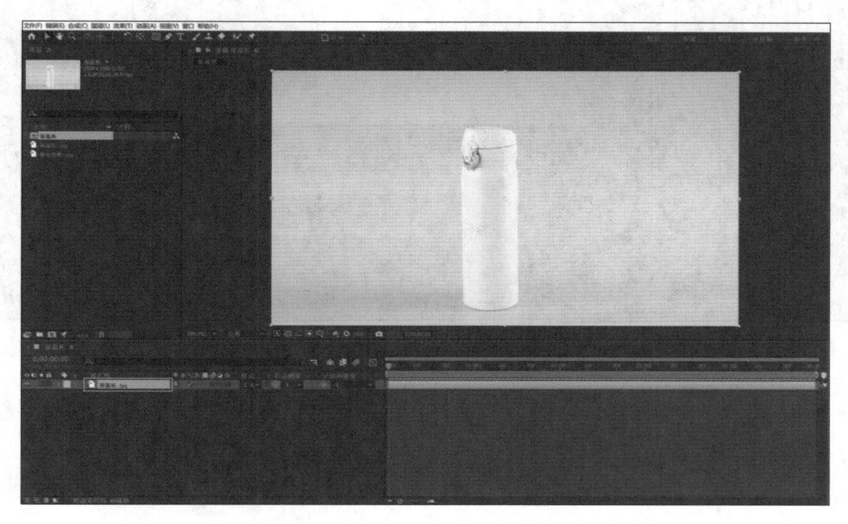

图5-6　选中图层

使用钢笔工具，在合成面板的视频画面中绘制一个闭合的路径，当绘制完成后，蒙版就会自动产生，此时就可以看到路径外部的区域变透明了，同时，可以在图层下方看到蒙版的属性信息，这样，蒙版就创建完成了（图5-7）。

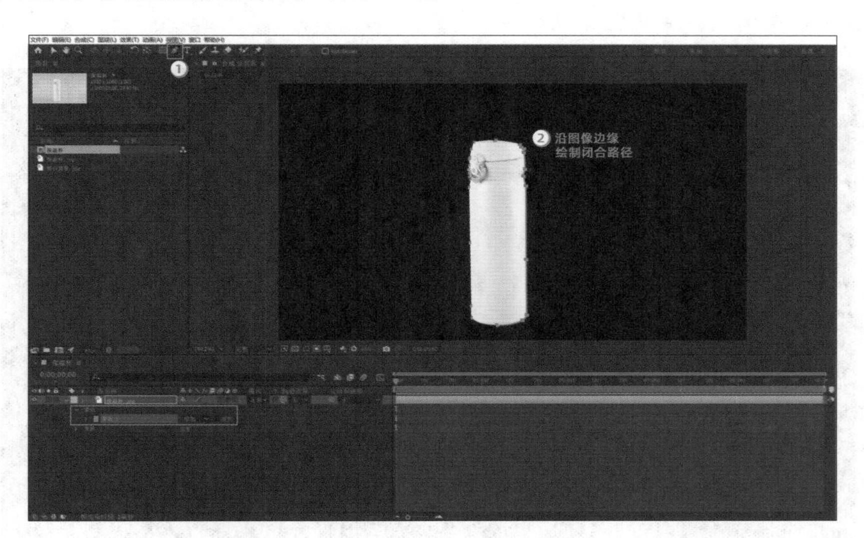

图5-7　绘制路径

拖动新的背景素材到该图层下方，此时就可以发现蒙版外部的区域已经透明化，能够看到下方的新背景了（图5-8）。

图5-8　新背景效果

二、 蒙版的编辑

删除蒙版：蒙版的删除方式比较简单，在时间轴面板图层属性处选中需要删除的蒙版，执行“Delete”键即可删除。

反转蒙版：当创建好蒙版后，发现需要透明化的区域是蒙版的内部，而非默认情况下蒙版的外部，那么这个时候可以在图层属性处找到该蒙版的“反转”选项，勾选后即可反转蒙版的透明区域和不透明区域（图5-9）。

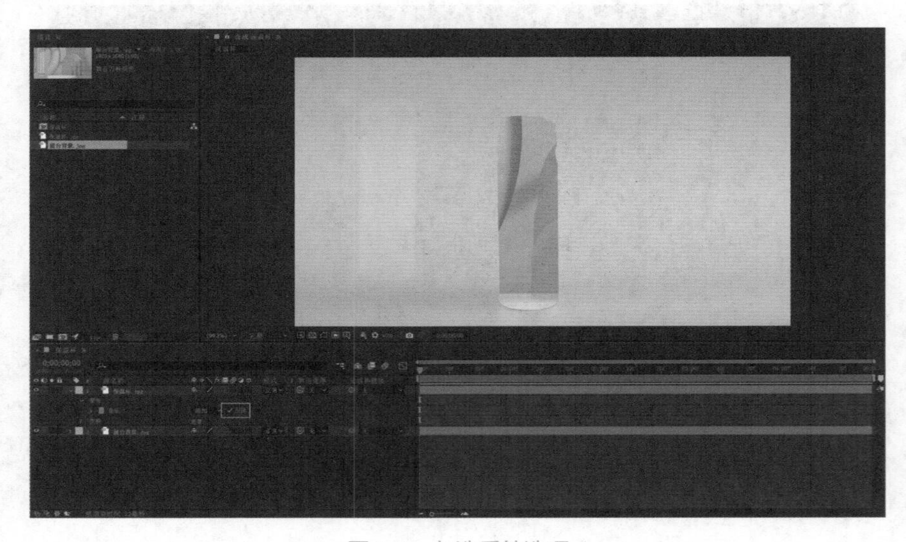

图5-9　勾选反转选项

蒙版的属性：创建好蒙版后，在时间轴面板点击蒙版左侧的“>”形图标即可展开蒙版属性，蒙版具有“蒙版路径”“蒙版羽化”“蒙版不透明度”“蒙版扩展”四种属性，通过调整这些属性的参数，可以实现对蒙版的精确编辑。下面对这四种属性参数进行简要介绍。

蒙版路径参数可以改变路径的形状（图5-10）。

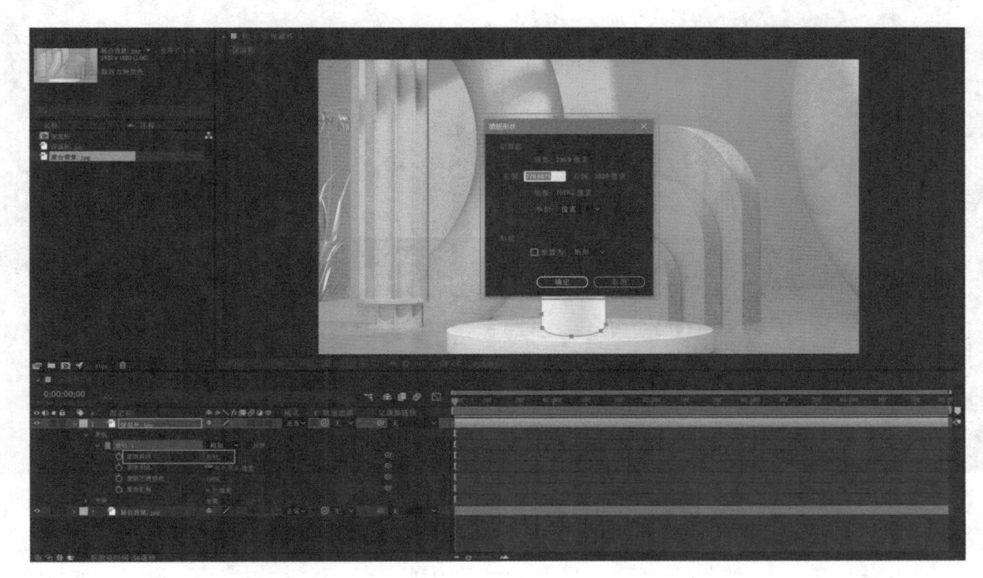

图5-10　蒙版路径

蒙版羽化参数可以羽化蒙版的边缘（图5-11）。

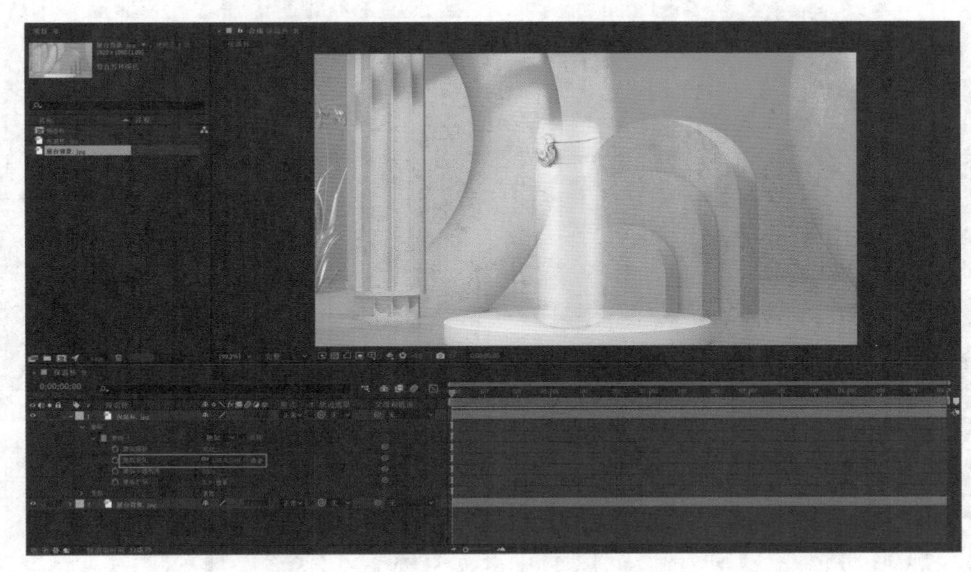

图5-11　蒙版羽化

蒙版不透明度参数可以控制蒙版的不透明度，0%为完全透明，100%为完全不透明，通过这组参数可以实现遮罩效果半透明化（图5-12）。

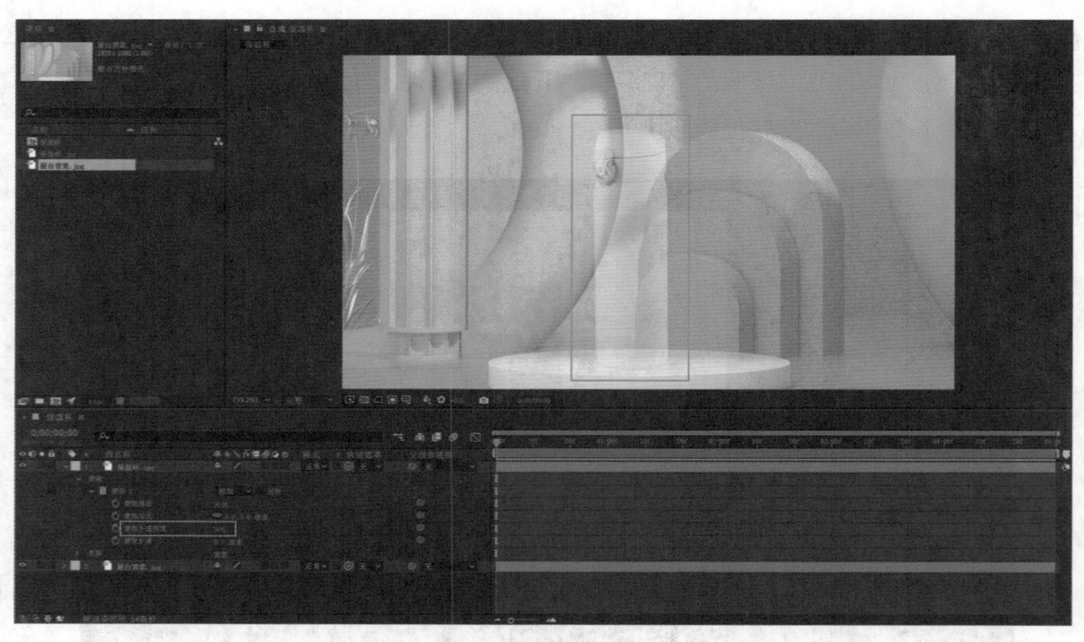

图5-12　蒙版不透明度

蒙版扩展参数可以控制蒙版边缘向外扩展或向内收缩，参数为正值时蒙版边缘向外部扩展，参数为负值时蒙版边缘向内部收缩（图5-13、图5-14）。

图5-13　蒙版边缘向外部扩展

图5-14 蒙版边缘向内部收缩

第三节 轨道遮罩

轨道遮罩需要使用一个图层的像素信息来控制另一个需要进行遮罩的图层，也就是说，需要两个图层来实现遮罩效果，相较于蒙版虽然稍微复杂一些，但如果使用得巧妙，轨道遮罩往往能制造出一些令人惊奇的效果。

轨道遮罩有两种模式，Alpha遮罩和亮度遮罩。

Alpha遮罩指使用图层A的不透明度来控制图层B的不透明度，图层A中的透明区域可以使图层B中对应的区域透明化。也就是说，图层A必须具备Alpha通道的不透明度信息，通过这种方式，可以使用一个带有Alpha通道的不透明度信息的图层去遮罩另一个没有Alpha通道的不透明度信息的图层。

亮度遮罩指使用图层A的图像亮度来控制图层B的不透明度，即利用图层A中的黑白灰像素来控制图层B中对应区域的不透明度。图层A中白色区域使图层B的对应区域完全不透明，图层A中黑色区域使图层B的对应区域完全透明，图层A中灰色区域使图层B的对应区域半透明。

轨道遮罩的设置方法如下（以亮度遮罩为例）。

将素材图片“向日葵.jpg”置入合成（图5-15）。

置入素材图片“卡通背景.jpg”，使其处于“向日葵”图层的上方（图5-16）。

继续置入素材图片“黑白灰.jpg”，并使其处于“卡通背景”图层的上方（图5-17）。

图5-15　置入向日葵图片素材

图5-16　置入卡通背景图片素材

图5-17　置入黑白灰图片素材

点击“卡通背景”图层后方轨道遮罩处的“无”下拉列表，在展开的列表中选择“1.黑白灰.jpg”，这样就将“卡通背景”图层的遮罩层指定为“黑白灰”图层了（图5-18）。

图5-18 设置轨道遮罩

轨道遮罩默认情况下为“Alpha遮罩”模式，但在这个案例中，由于使用的是黑白灰信息进行遮罩，因此需要切换轨道遮罩的模式为“亮度遮罩”模式，点击“卡通背景”图层后方的“切换轨道遮罩模式”图标，将其切换为“亮度遮罩”模式。此时即可在合成面板预览到“卡通背景”图层对应区域出现了透明化的效果，其透明区域和透明程度受到了“黑白灰”图层的控制（图5-19）。

图5-19 切换亮度遮罩

小提示：设置轨道遮罩时，被遮罩的图层必须位于遮罩图层的下方，也就是说，从图层排列关系上看，只能是上面一个图层遮罩下面一个图层，这种图层排列关系必须牢牢记住，不能出错。

第四节　实战案例之美食栏目包装

通过之前学习的遮罩知识，来实际制作一个“美食栏目包装”的合成，并从中学习到关于遮罩在实际应用中的一些技巧。具体操作步骤如下。

执行【文件】—【导入】—【文件】，在弹出的窗口中找到“美食烹饪.mp4”“水墨晕染.mov”2个素材文件，全部选中后点击“导入”，将素材文件导入After Effects中，素材文件的目录为“《After Effects影视后期特效实战教程》素材文件/第5章/5.4 实战案例之美食栏目包装”（图5-20）。

此时就可以在项目面板中看见刚才导入的素材了（图5-21）。

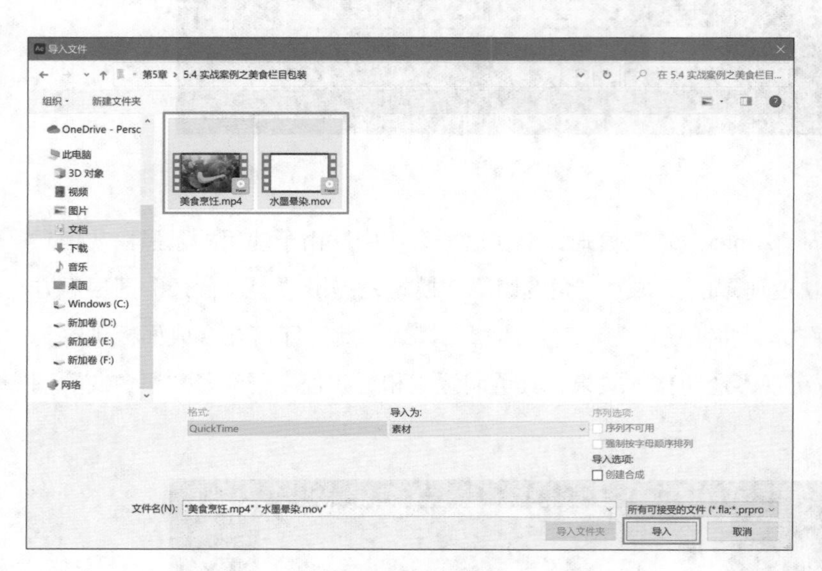

图5-20　导入素材

图5-21　项目面板中的素材

在项目面板中选中“美食烹饪.mp4”素材，按下鼠标左键并将其拖动至“新建合成”按钮后松开鼠标左键，即可创建一个基于该素材属性的合成（图5-22）。

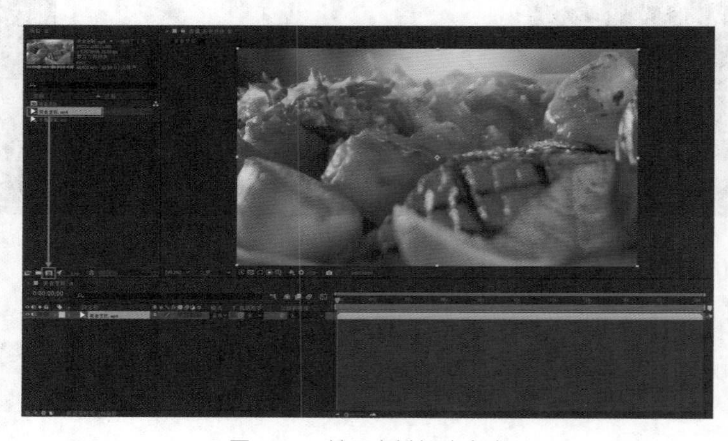

图5-22　基于素材新建合成

在项目面板中选中“水墨晕染.mov”素材，并将其拖动至时间轴面板，使其位于“美食烹饪.mp4”图层的上方（图5-23）。

图5-23　拖动素材至时间轴面板

点击“美食烹饪.mp4”图层后方轨道遮罩处的“无”下拉列表，在展开的列表中选择“1.水墨晕染.mov”，这样就将“水墨晕染”图层指定为“美食烹饪”图层的遮罩图层了（图5-24）。

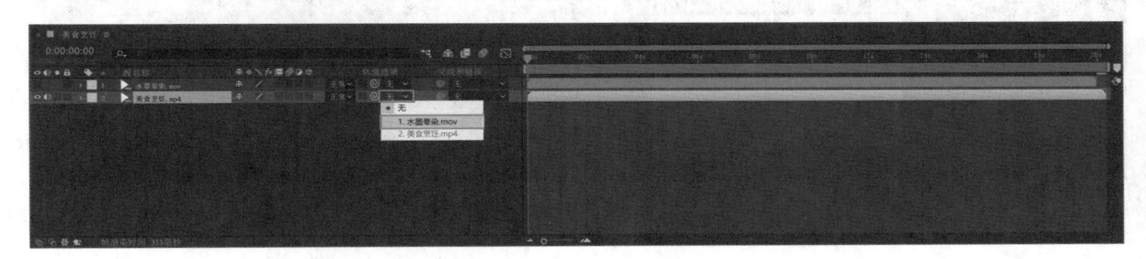

图5-24　设置轨道遮罩图层

本案例中，“水墨晕染”是一段由黑白灰信息构成的视频素材，因此，需要将轨道遮罩的类型设置为“亮度遮罩”模式。点击“美食烹饪”图层后方的“切换轨道遮罩模式”图标，将其切换为“亮度遮罩”模式（图5-25）。

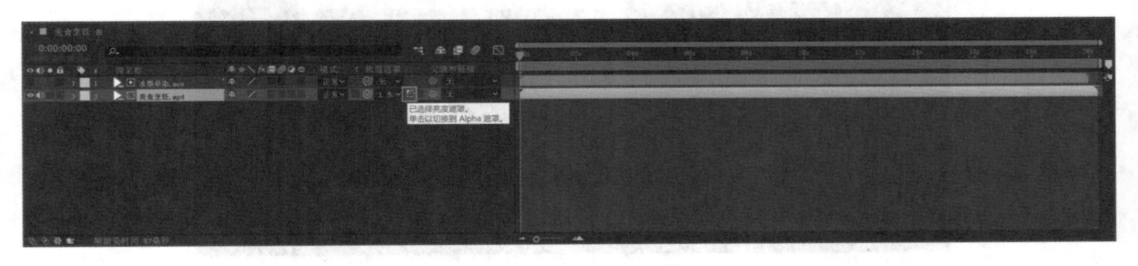

图5-25　切换亮度遮罩模式

此时点击合成面板下方的“切换透明网格”按钮，然后播放视频，会发现“美食烹饪”图层已受到“水墨晕染”图层的遮罩控制，产生了透明过渡的动画效果（图5-26）。

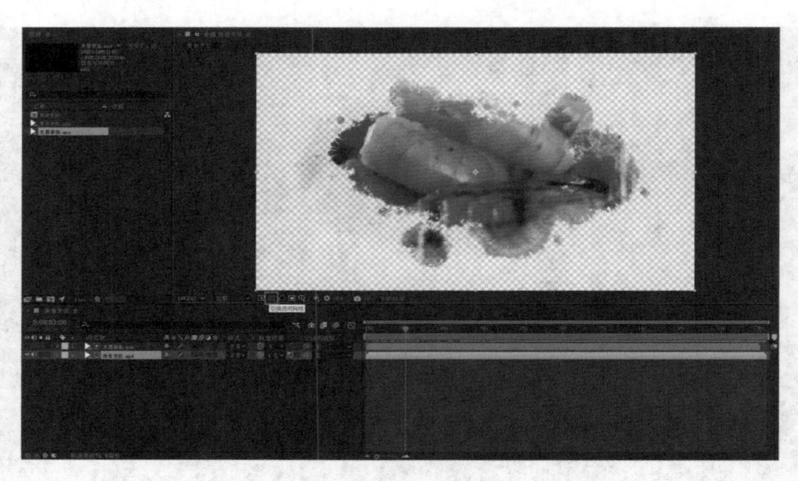

图5-26　遮罩产生透明效果

由于透明化的部分默认情况下输出视频后呈黑色，为了使合成的视频更美观，需要为其添加一个背景。在时间轴面板空白处单击鼠标右键，并在弹出的右键菜单中执行【新建】—【纯色】，新建一个纯色层作为背景（图5-27）。

图5-27　新建纯色层

在弹出的“纯色设置”面板中，点击“颜色”属性的颜色框，并在弹出的面板中将颜色设置为白色，之后点击“确定”（图5-28）。

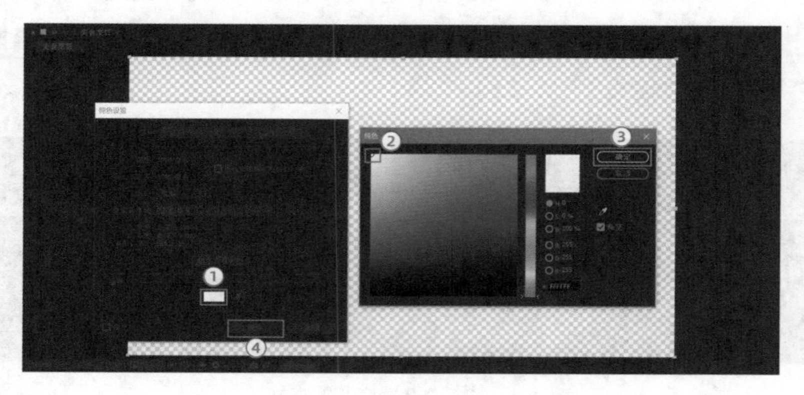

图5-28　设置纯色层为白色

将刚才新建的白色纯色层拖动至所有图层的最下方，这样就将合成的背景设置为白色（图5-29）。

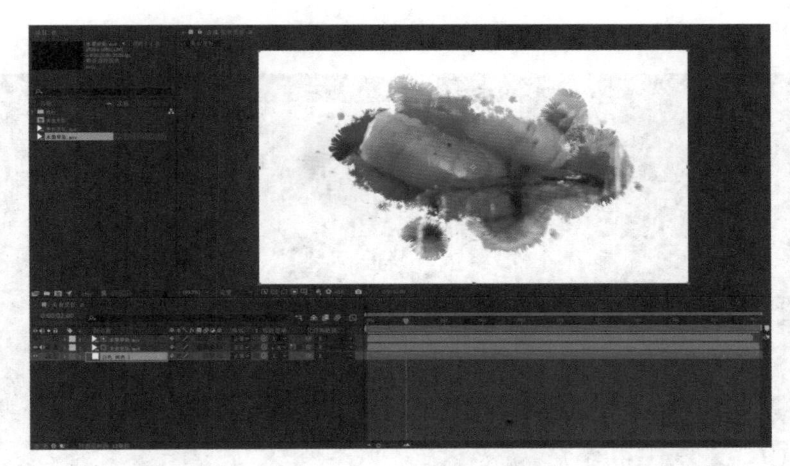

图5-29　将白色背景置于最下方

接下来制作文字动画的部分，在时间轴面板空白处单击鼠标右键，执行【新建】—【文本】，新建一个文本图层（图5-30）。

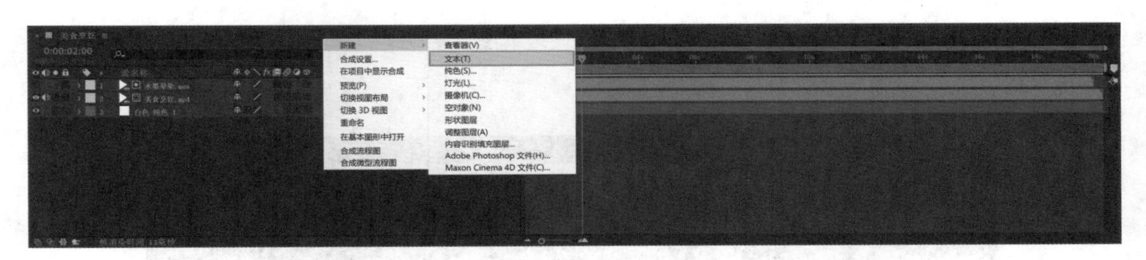

图5-30　新建文本图层

新建文本图层之后输入“深夜美食汇”，然后将字体类型设置为“微软雅黑”、字体样式设置为“Bold”、字体颜色设置为白色、字体大小设置为“80像素”，并将段落对齐方式设置为“左对齐文本”（图5-31）。

图5-31　输入并编辑文字

点击“深夜美食汇”文本图层前方的“>”形按钮，展开属性面板，继续点击“变换”属性前方的“>”形图标，展开“变换”属性的参数。将“位置”属性参数设置为“1100.0，700.0”（图5-32）。

图5-32 调节深夜美食汇位置属性

第一个文本图层位置调节好后，再新建一个文本图层，并输入文字“每晚22：00整播出”（图5-33）。

图5-33 新建第二个文本图层

选中“每晚22：00整播出”文本图层，展开其属性面板，将“位置”属性参数调节为“1100.0，785.0”（图5-34）。

在时间轴面板选中“每晚22：00整播出”文本图层，然后在“字符”面板设置字体样式为“Regular”、设置文字大小为“65像素”（图5-35）。

图5-34　调节第二个文本图层位置

图5-35　调节第二个文本图层字体大小

默认情况下创建文本图层后，“字符”面板、“段落”面板会自动打开，如果被不小心关闭了，可以在“菜单栏”的“窗口”中打开（图5-36）。

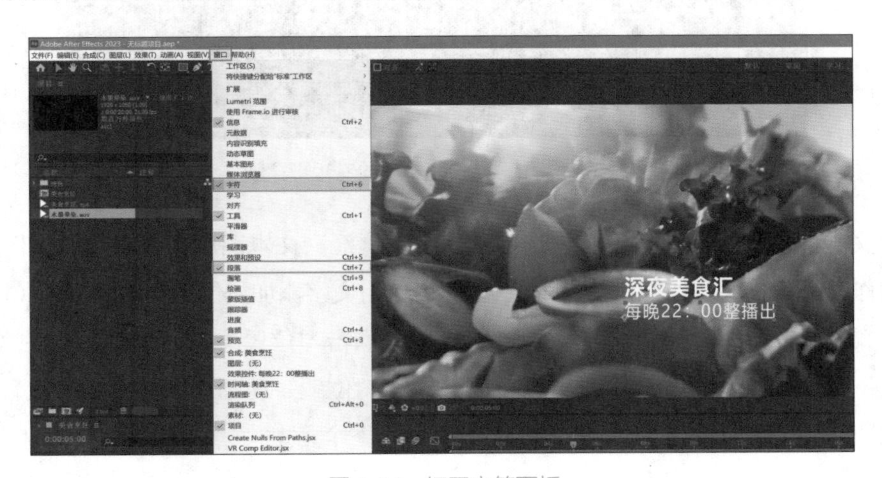

图5-36　打开字符面板

文本图层创建好后制作文字动画。选中“深夜美食汇”文本图层，在工具栏选中“矩形工具”，然后在合成面板中的“深夜美食汇”文字处画出一个矩形蒙版，注意蒙版不要过大，刚好能将文字完整地包含在矩形蒙版内即可（图5-37）。

图5-37　为文字绘制矩形蒙版

用相同的方法选中“每晚22：00整播出”文本图层，也为其画一个矩形蒙版，同样，注意蒙版不要过大，刚好能将文字完整地包含在矩形蒙版内即可（图5-38）。

图5-38　为第另一组文字绘制矩形蒙版

两个文本图层的蒙版画好后，先选中“深夜美食汇”文本图层，点击该文本图层的“文字动画制作工具”三角形按钮，执行【位置】。为这组文字添加“位置”动画属性（图5-39）。

在时间轴面板中将时间指针移动到第5秒处，点击“位置”动画属性前方的秒表图标，为“位置”动画属性设置第一个关键帧，同时，将“位置”动画属性的参数值设置为“0.0，100.0”（图5-40）。

图5-39　为文字添加“位置”动画属性

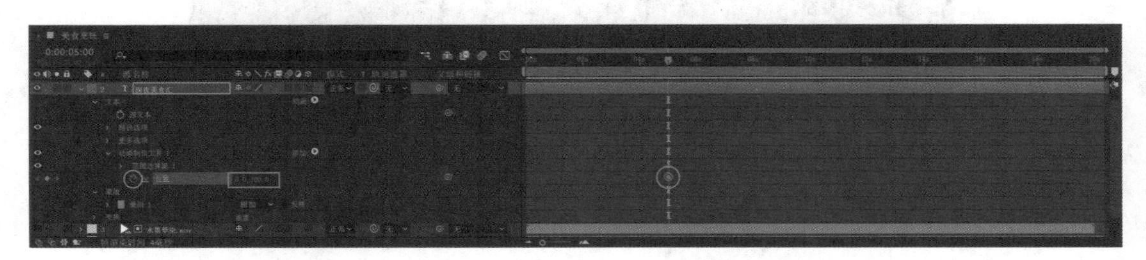

图5-40　添加第一个关键帧

此时，可以在合成面板看到“深夜美食汇”几个字已经向下方移动到了蒙版的外部，由于处于透明状态，所以消失不见了（图5-41）。

图5-41　添加第一个关键帧后画面效果

将时间指针移动到第5秒15帧处，修改“位置”动画属性参数值为“0.0，0.0”，即可设置第二个关键帧（图5-42）。

此时，可以在合成面板看到“深夜美食汇”几个字向上移动进入蒙版的内部，出现在画面之中（图5-43）。

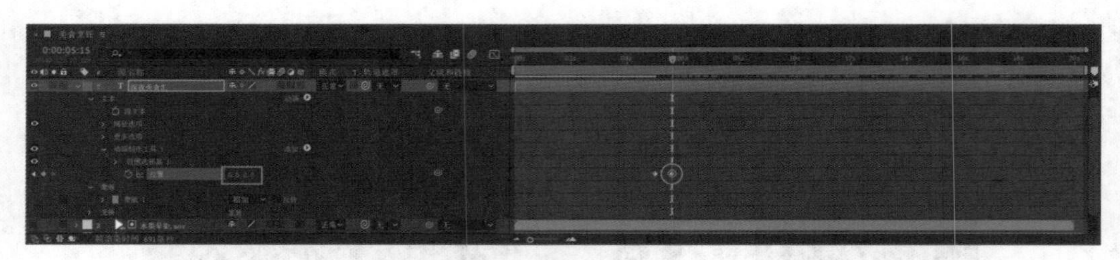

图5-42　添加第二个关键帧

图5-43　添加第二个关键帧后画面效果

至此，“深夜美食汇”文字的出现动画已经做好，接下来继续制作文字消失的动画。将时间指针移动到第10秒处，点击“位置”动画属性前方的“在当前时间添加或移除关键帧”按钮，设置第三个关键帧，这样就可以保持“位置”动画属性参数值不变而添加一个关键帧，以确保文字在画面中停留一段时间，便于观众观看（图5-44）。

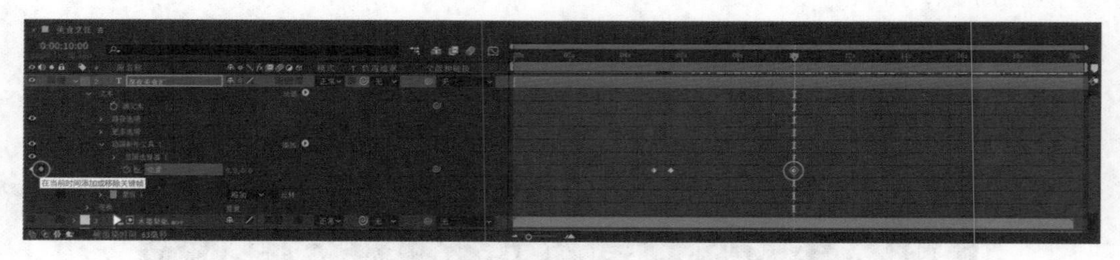

图5-44　添加第三个关键帧

将时间指针移动到第10秒15帧处，设置“位置”动画属性参数值为“0.0，100.0”，即可添加第四个关键帧（图5-45）。

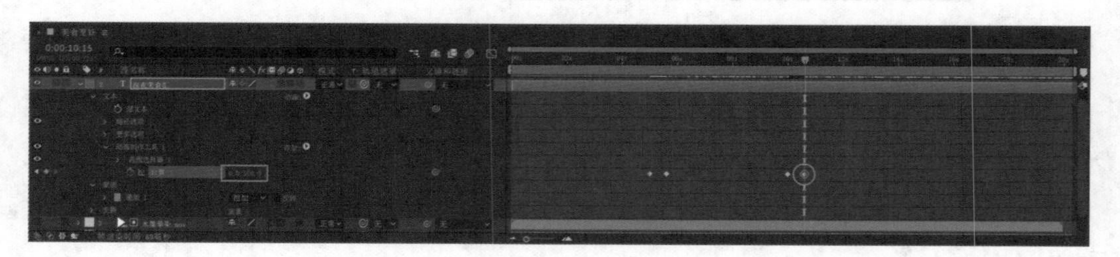

图5-45　添加第四个关键帧

此时，可以在预览区看到“深夜美食汇”几个字再次向下方移动到了蒙版的外部，消失不见，至此，“深夜美食汇”文字出现和消失的动画就制作完成了（图5-46）。

图5-46　添加第四个关键帧后画面效果

和上述步骤一样，为“每晚22：00整播出”这组文字也添加一个“位置”动画属性。在时间轴面板中将时间指针移动到第5秒处，点击“位置”动画属性前方的秒表图标，为“位置”动画属性设置第一个关键帧，并将第一帧的“位置”动画属性参数设置为“0.0，-90.0”（图5-47）。

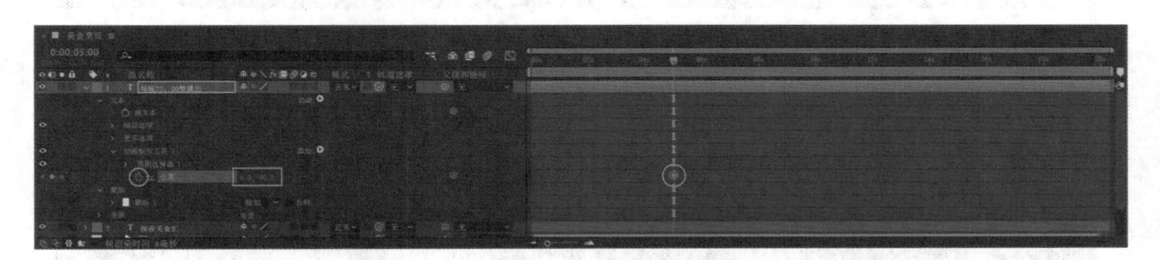

图5-47　为另一组文字添加第一个关键帧

此时，可以在预览区看到“每晚22：00整播出”几个字也已经向下方移动到了蒙版的外部，由于处于透明状态，所以消失不见了（图5-48）。

图5-48　添加第一个关键帧后画面效果

将时间指针移动到第5秒15帧处，设置“位置”动画属性参数值为“0.0，0.0”，即可添加第二个关键帧。可以在预览区看到“每晚22：00整播出”几个字向上移动进入蒙版的内部，出现在画面之中（图5-49）。

图5-49　添加第二个关键帧

继续将时间指针移动到第10秒处，点击“位置”动画属性前方的“在当前时间添加或移除关键帧”按钮，在保持文字位置不变的情况下设置第三个关键帧（图5-50）。

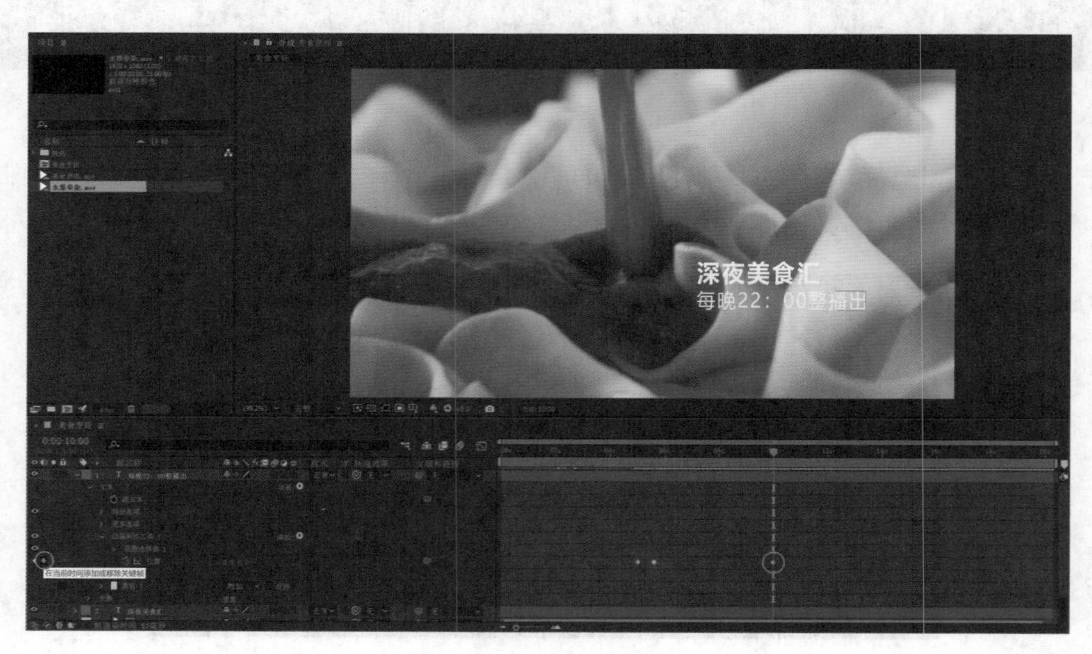

图5-50　添加第三个关键帧

将时间指针移动到第10秒15帧处，设置“位置”动画属性参数值为“0.0，-90.0”，即可添加第四个关键帧。同时在合成面板看到“每晚22：00整播出”几个字再次向下方移动到了蒙版的外部，消失不见（图5-51）。

图5-51　添加第四个关键帧

至此，整个案例就制作完成了，可以点击预览控制台面板的“播放/停止”按钮对合成进行预览，在合成面板观看合成的最终效果（图5-52）。

图5-52　案例最终效果

本章小结

本章主要讲解了使用“蒙版”和“轨道遮罩”两种方式来实现遮罩效果的方法，这两种遮罩方式都非常常用，读者需要多加练习，务必扎实掌握两种遮罩的使用方法。可以说，遮罩技术是影视后期制作最重要的核心技术之一，因此需要深入地进行探索、练习，并充分激发自身的想象力，才能够真正发挥出遮罩技术的强大力量，进而创造出具备视觉冲击力的画面效果。

第六章

抠像技术

抠像技术其实是遮罩技术的一种衍生，也是影视后期制作中常见的一种合成类特效，应用非常广泛。在影视制作过程中，考虑到危险性、成本控制或者艺术表现效果，某些镜头实际上是拍摄没有演员的空镜头，而演员部分的画面则是在摄影棚内拍摄，最后将演员合成到这些镜头中。这个时候，就需要将拍摄演员的画面中非必要的背景去除，只留下演员等必要的图像信息，这样才能将演员合成到其他镜头中，整个过程离不开抠像技术的支持。抠像的方法有很多种，本章主要讲授After Effects中最常用的颜色键抠像的方法。

第一节　抠像的概念

在After Effects中，抠像指按图像中特定的颜色值或亮度值定义透明度，如果用户指定某个值，则颜色值或亮度值与该值类似的所有像素将变为透明。通过抠像可轻松替换背景，在影视制作中常常应用这种技术将演员合成到其他场景中（图6-1、图6-2）。

图6-1　实拍影像

图6-2　合成后的影像

第二节　颜色键抠像

颜色键抠像是一种很有代表性的抠像技术，它的原理是指定某个颜色，在图像中凡是和指定颜色接近的颜色都会透明化，其实就是为图像添加了一种特殊的遮罩，只不过这种遮罩的生成方式是通过色彩识别得到的。抠出颜色一致的背景的技术通常称为蓝幕抠像或绿幕抠像，但实际上不是必须使用蓝色或绿色的背景，可以使用任何纯色作为背景。当抠像主体物是人类演员时，由于人的肤色中含有红色信息，因此需要采用不包含红色信息的绿色或蓝色作为背景。而红色背景通常用于拍摄不包含红色信息的非人类对象，例如，白色的汽车和灰色的宇宙飞船模型。需要注意的是，如果采用绿色背景时，演员身上应尽量避免穿着绿色或与绿色接近的服饰，防止在抠像时这些服饰也连同背景一起被透明化。

在After Effects中，最常用的颜色键抠像工具是Keylight，这是一款非常强大的抠像插件，广泛支持Fusion、NUKE、Shake和Final Cut Pro等专业影视后期制作软件，在当前的版本中，Keylight已经被捆绑在After Effects软件中，用户不需要再单独安装Keylight插件。

Keylight功能强大，但使用方法却非常简单，如果背景颜色足够纯净，那么几乎可以实现一键抠像。下面通过一个小案例来学习如何使用Keylight进行抠像。

选中需要抠像的素材图层，执行【效果】—【Keying】—【Keylight（1.2）】，为素材图层添加Keylight（1.2）效果（图6-3）。

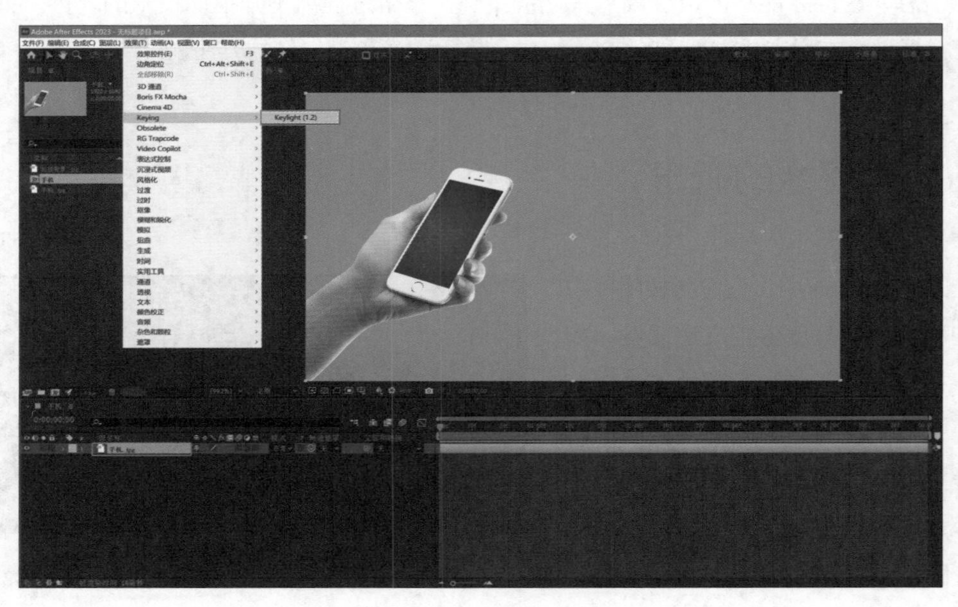

图6-3　添加Keylight效果

添加Keylight（1.2）后，就可以在效果控件面板看到Keylight（1.2）的参数了，找到Screen Colour选项，点击Screen Colour后方的吸管图标，此时光标会变成吸管的形状，然后在合成面板视频画面中的绿色背景处单击鼠标左键拾取屏幕颜色（图6-4）。

此时可以看到，Screen Colour后方的颜色框已经变成了刚才拾取的绿色，同时，画面中绿色的背景就已经透明化了。点击合成面板底部的“切换透明网格”按钮，可以更方便地看到绿色背景透明化的效果（图6-5）。

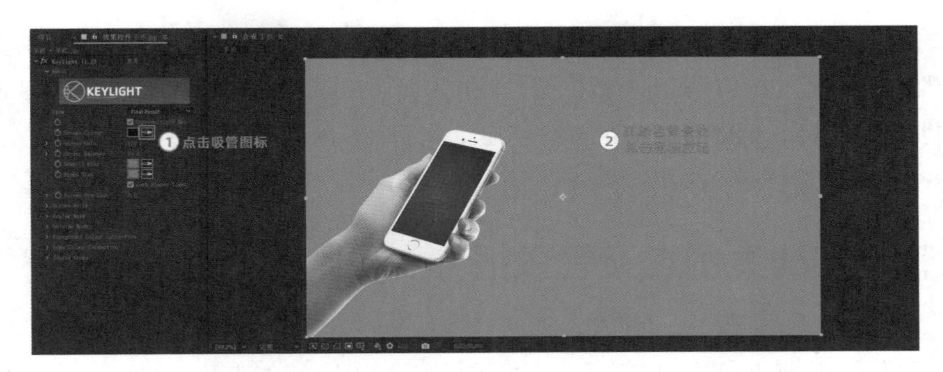

图6-4 拾取屏幕色

图6-5 背景颜色已经透明化

到这里实际上抠像就已经完成了，可以将另外一个背景素材置入合成中，就可以实现对原素材绿色背景的替换（图6-6）。

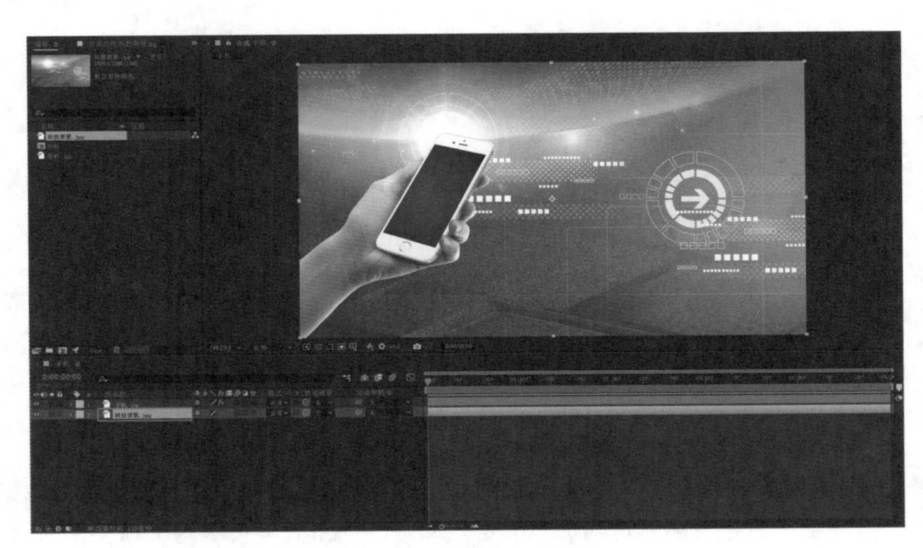

图6-6 合成新的背景

小提示：如果需要使用Keylight抠像，那么前期拍摄素材时需要尽可能保证拍摄到的画面拥有纯净的背景颜色，同时演员尽量避免穿着白色等浅色的服装，因为浅色的服装容易接收背景颜色的反射，使服装上泛绿光，会影响抠像时泛绿光的部分。也就是说，只有前期拍摄到较为理想的画面，才可能实现一键抠像，但如果前期拍摄到的画面背景颜色包含杂色或者阴影，也可以通过Keylight的内置功能进行修正，得到较好的抠像效果。

第三节　实战案例之天气预报

掌握了使用Keylight抠像的方法后，下面进行实战案例的操作练习，本案例将重点学习如何处理背景颜色不够纯净的图像。

执行【文件】—【导入】—【文件】，在弹出的窗口中找到“绿幕人物.mov”“气象图.mp4”“字幕栏.png”3个素材文件，全部选中后点击“导入”，将素材文件导入After Effects中，素材文件的目录为“《After Effects影视后期特效实战教程》素材文件/第6章/6.3 实战案例之天气预报”（图6-7）。

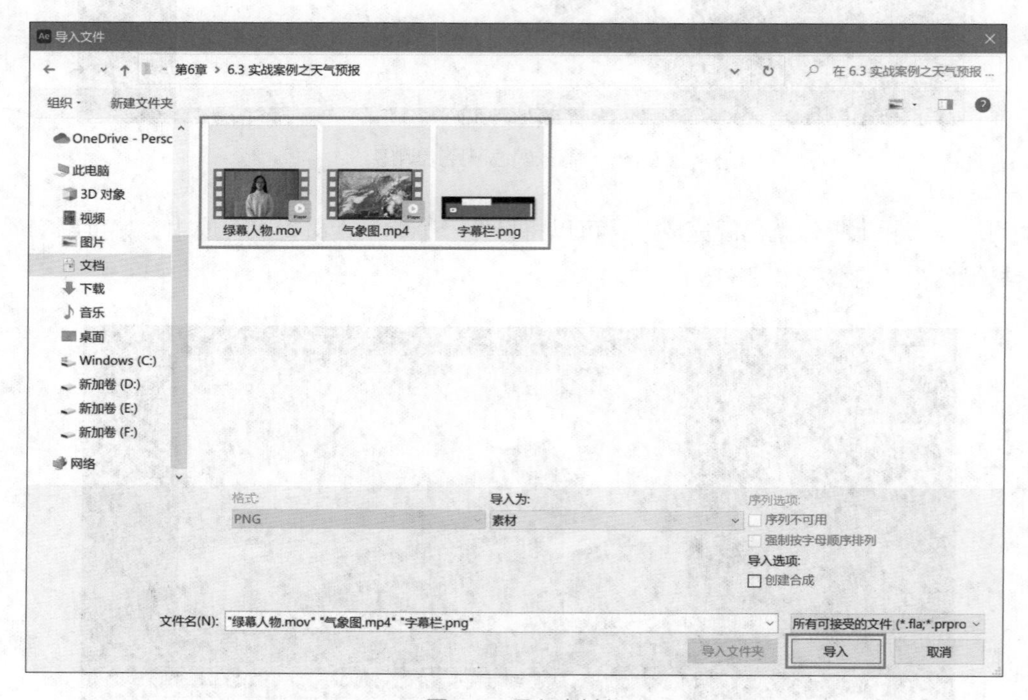

图6-7　导入素材

此时就可以在项目面板中看见刚才导入的素材了，选中素材“绿幕人物.mov”，按下鼠标左键并将其拖动至“新建合成”按钮后松开鼠标左键，即可基于该素材的属性信息新建一个合成（图6-8）。

选中“绿幕人物.mov”图层，执行【效果】—【Keying】—【Keylight（1.2）】，为素材图层添加Keylight（1.2）效果（图6-9）。

图6-8 新建合成

图6-9 添加Keylight效果

在效果控件面板找到Screen Colour选项，点击Screen Colour后方的吸管图标，此时光标会变成吸管的形状，然后在视频画面中演员附近的位置单击鼠标左键拾取屏幕颜色（图6-10）。

图6-10 拾取屏幕颜色

小提示：在这个案例中，由于拍摄时的光线不理想，造成背景颜色明暗差别较大，因此，在拾取屏幕色（Screen Colour）时不要选择最亮的部分，也不要选择最暗的部分，应尽量选择明暗部的中间色。

此时可以看到，Screen Colour选项后方的颜色框已经变成了刚才拾取的绿色，而画面中大部分绿色的背景也被去掉了。到这里，抠像就初步完成了，但仍需继续处理和完善细节（图6-11）。

图6-11　背景已经抠除

此时仔细观察视频画面，会发现仍有部分绿布折痕及暗部噪点残留在画面中没有清除干净（图6-12）。

图6-12　尚有许多杂色未能彻底去除

为了看得更清楚，可以在效果控件面板的效果属性参数中点击View后方的下拉菜单，切换到Screen Matte模式（图6-13）。

图6-13　切换到Screen Matte模式

此时，在Screen Matte模式下，合成面板中视频画面显示的背景杂色清晰可见，用户可以更好地观察哪些地方没有抠干净（图6-14）。

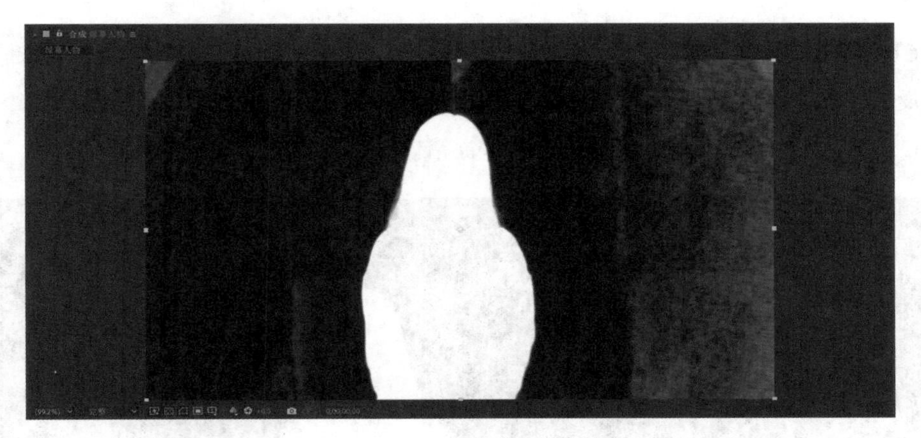

图6-14　Screen Matte模式下杂色清晰可见

在效果控件面板找到Screen Matte参数，点击它前方的“>”形按钮，展开Screen Matte的属性参数（图6-15）。

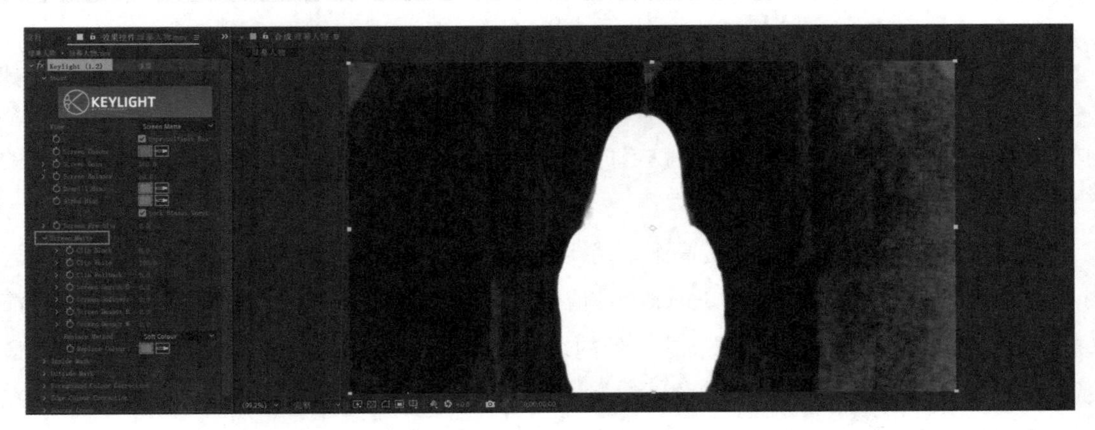

图6-15　展开Screen Matte参数面板

将Clip Black参数值设置为“30.0”，提高这个参数的数值可以去除大量未抠除干净的杂色（图6-16）。

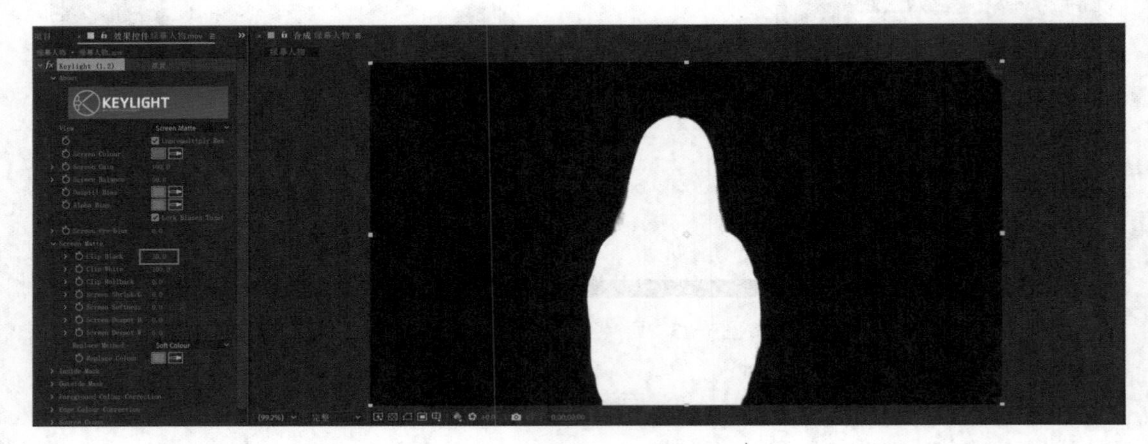

图6-16　修改Clip Black参数

将Clip White的参数值设置为“85.0”，本案例中，演员穿着白色的衣服，导致衣服上有部分绿色反光，由于刚才提高了Clip Black参数值可能会导致这部分衣服也被抠除掉，因此，适当降低Clip White的参数值可以找回部分这些被错误抠除的图像（图6-17）。

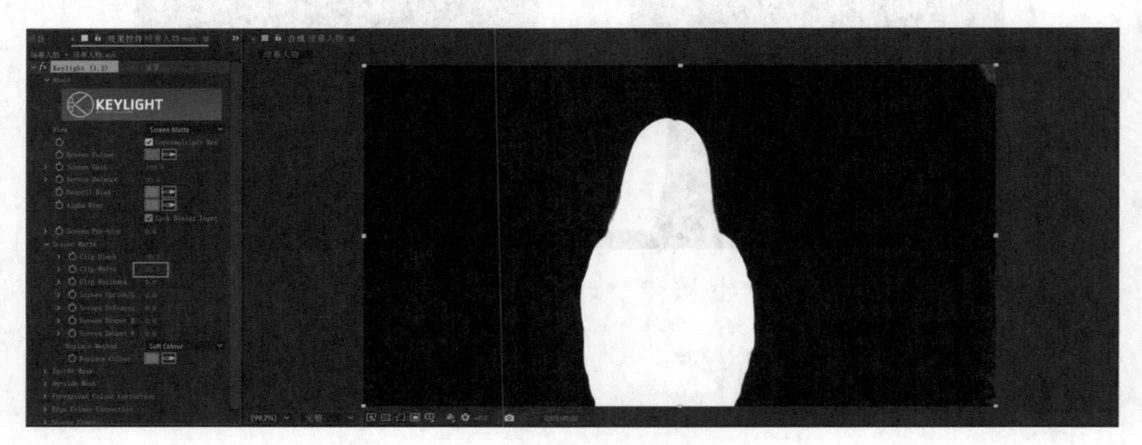

图6-17　修改Clip White参数

参数设置完毕后，可以看到画面中的大部分杂色都已经抠除了。此时如果仔细观察画面边角会发现，右侧边角处尚有些许杂色，这是由于拍摄到的视频边角处过暗造成的（图6-18）。

由于Clip Black参数值已经提高了，继续提高该参数将会使演员身上泛绿光的部分被错误抠除，因此不能再继续提高Clip Black参数值。为了将背景右侧边角处的杂色去掉，可以为演员绘制一个蒙版，使用蒙版遮罩将边角处的杂色透明化。将时间指针拖动到演员动作幅度最大的地方（大约第7秒处），选中“绿幕人物.mov”图层，然后选择工具栏的“矩形工具”，在合成面板的视频中画出一个足以将人物动作全部包含在内的矩形蒙版（图6-19）。

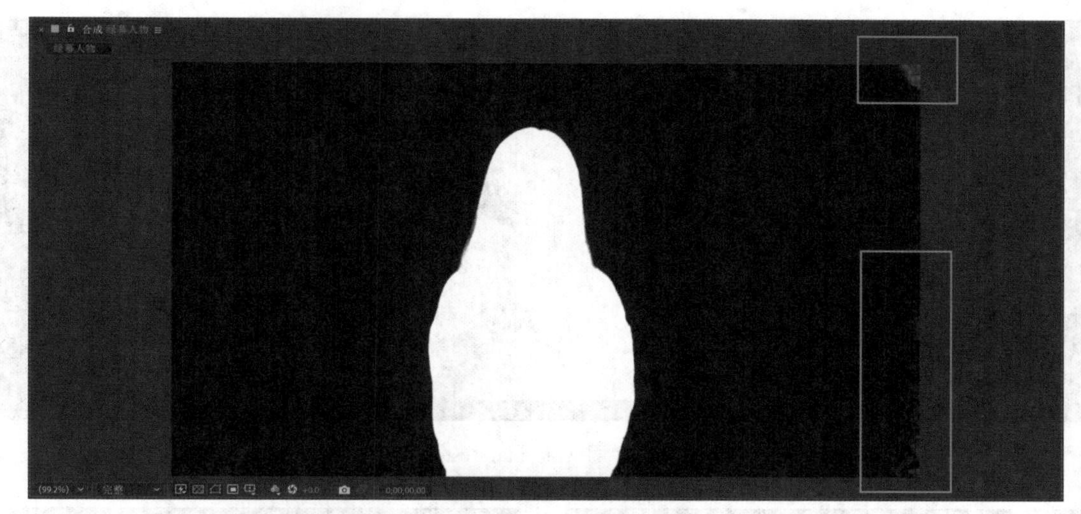

图6-18　右侧边角处尚有些许杂色

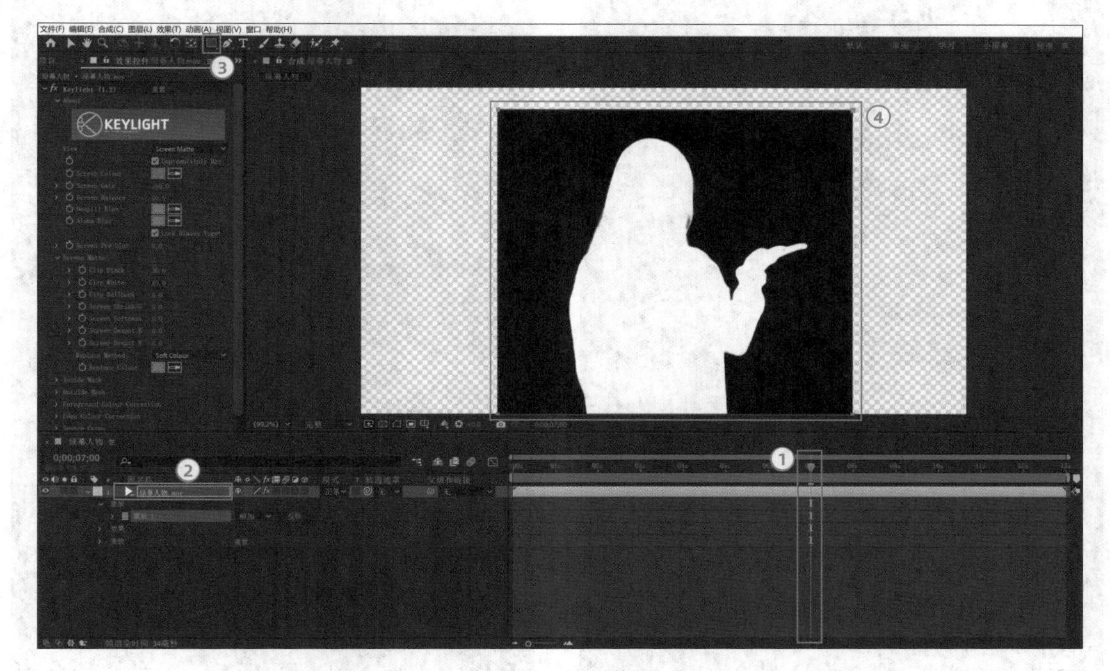

图6-19　绘制蒙版

回到效果控件面板，将View选项的模式切换回Final Result模式（图6-20）。

由于该视频拍摄时演员穿着白色的衣服，而白色是非常容易受环境色影响的颜色，因此演员衣服在视频中显得整体有些偏绿，可以在效果控件面板找到Foreground Colour Correction属性参数，将其展开，勾选其中的第一个属性Enable Colour Correction选项（图6-21）。

将Saturation参数修改为“130.0”，这样就可以将视频的颜色调整到偏暖色，从而修复人物偏绿的问题，至此，视频抠像的部分就完成了（图6-22）。

图6-20 切换回Final Result模式

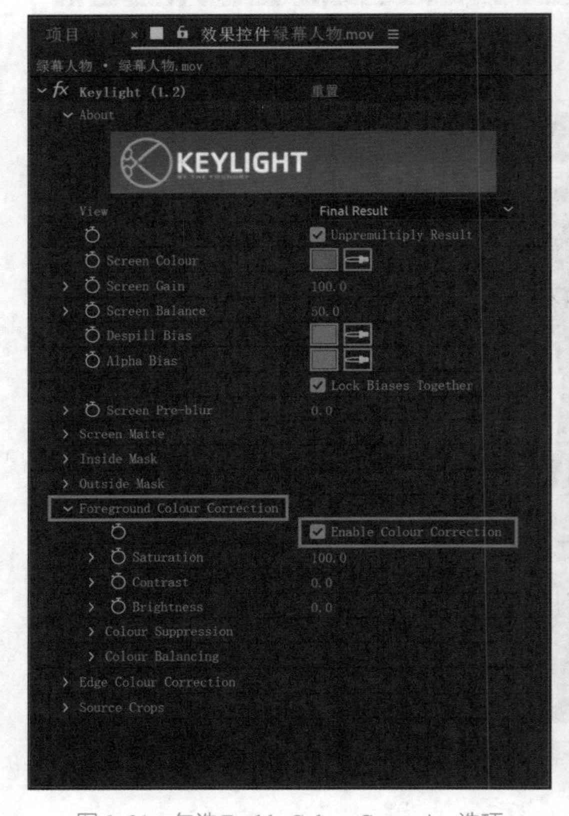

图6-21 勾选Enable Colour Correction选项

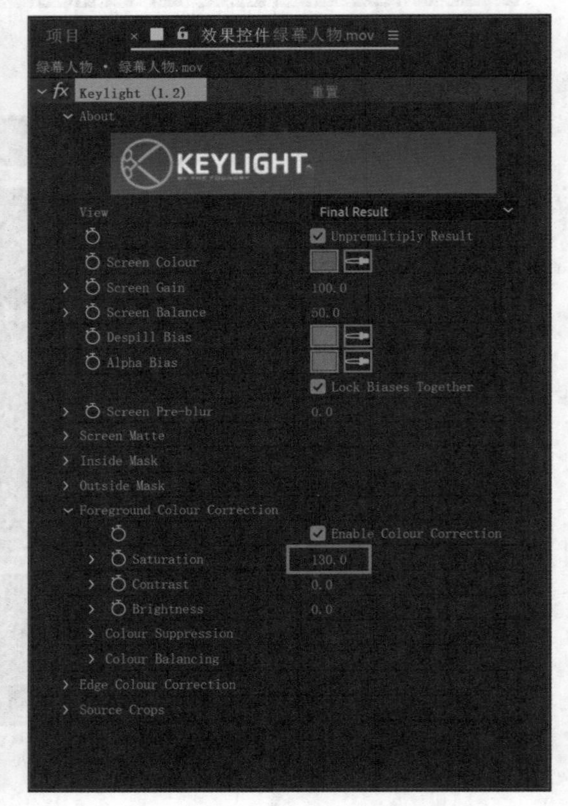

图6-22 修改Saturation参数

接下来，在项目面板中选中“气象图.mp4”素材，并将其拖动至时间轴面板。放置在“绿幕人物.mov”图层的下方（图6-23）。

可以看到，“气象图.mp4”素材的尺寸太小，因此，需要放大该图层的尺寸。选中“气象图.mp4”图层，执行【图层】—【变换】—【适合复合】（图6-24）。

此时可以在合成面板看到该素材已经缩放到合适的尺寸了（图6-25）。

图6-23　添加气象图素材图层

图6-24　调整图层大小

图6-25　图层大小已适配

播放视频检查抠像与合成效果会发现，当播放至背景颜色为白色的时候，演员衣服边缘还有些许绿色反光，虽然大部分时候不易察觉，但为了追求细节品质，还需要进行一些调整（图6-26）。

图6-26　演员衣服边缘还有绿色反光

回到效果控件面板，选中“绿幕人物.mov图层”以显示其效果参数，然后将Screen Matte属性下的Screen Shrink/Grow参数修改为“-1.0”。此参数值为正值时，抠像的边缘向外部扩展；为负值时则向内部收缩。在本案例中，通过收缩抠像的边缘可以将演员衣服边缘的绿色抠除（图6-27）。

图6-27　修改Screen Shrink / Grow参数

此时观察视频画面，演员衣服边缘的绿色反光被消除了（图6-28）。

图6-28　衣服边缘绿色完全消除

点击“绿幕人物.mov”图层前方的“>”形按钮，展开属性参数，找到“变换”属性继续将其展开，然后将“位置”属性的参数修改为“540.0，540.0”（图6-29）。

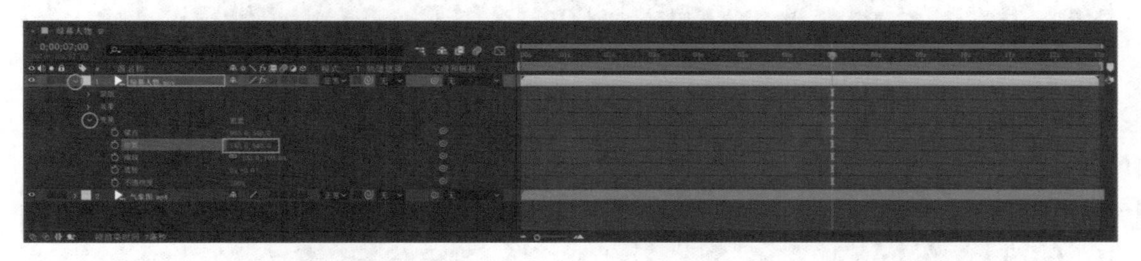

图6-29　修改位置参数

视频中，演员的位置被移到了画面左侧（图6-30）。

图6-30　演员位置移动到画面左侧

在项目面板中选中“字幕栏.png”素材，并将其拖动至时间轴面板。放置在所有图层的最上方（图6-31）。

图6-31　添加字幕栏素材图层

展开“字幕栏.png”图层的“缩放”属性，将参数设置为“40.0，40.0%”（图6-32）。

图6-32　修改缩放参数

接着将其“位置”属性的参数改为“1350，880”（图6-33）。

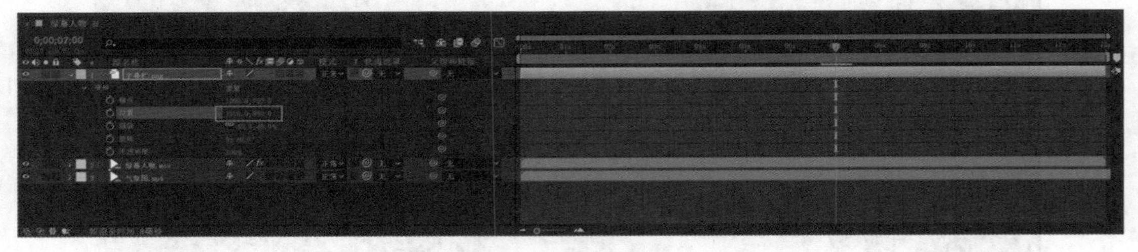

图6-33　修改位置参数

至此，“字幕栏.png”图层的调整就完成了（图6-34）。

图6-34　字幕栏图层调整完成

在时间轴面板空白处点击鼠标右键，并在弹出的右键菜单中执行【新建】—【文本】，创建一个文本图层（图6-35）。

图6-35　新建文本层

在新建的文本图层中输入“天气预报”完成文字层的创建（图6-36）。

图6-36　输入文字

选中“天气预报”文本图层中的文字，在“字符”面板中点击字体的颜色设置框，并在弹出的颜色对话框中，将文字颜色设置为红色，设置完成后点击“确定”（图6-37）。

图6-37 修改文字颜色

继续将其字体大小参数设置为“40像素”（图6-38）。

回到时间轴面板，点击“天气预报”文本图层前面的“>”形按钮，展开其“变换”属性，将“位置”属性参数设置为“1170.0，840.0”（图6-39）。

此时“天气预报”四个字已经被移到字幕栏的白色框内了（图6-40）。

接下来是字幕栏红色框内的文字动画部分，在时间轴面板空白处点击鼠标右键，执行【新建】—【文本】，再新建一个文本图层（图6-41）。

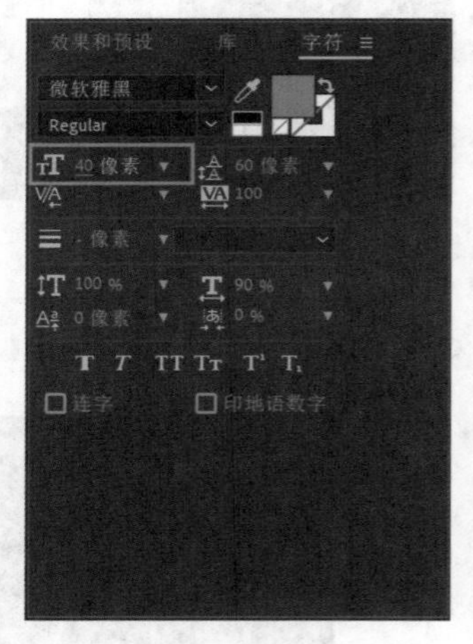

图6-38 修改文字大小

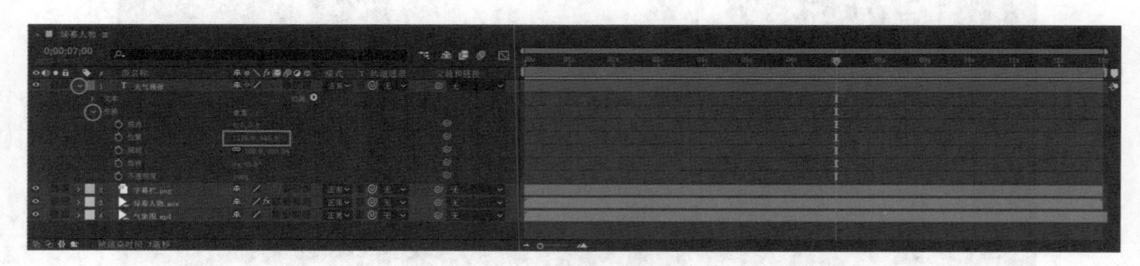

图6-39 修改文字位置

图6-40 文字调整完成

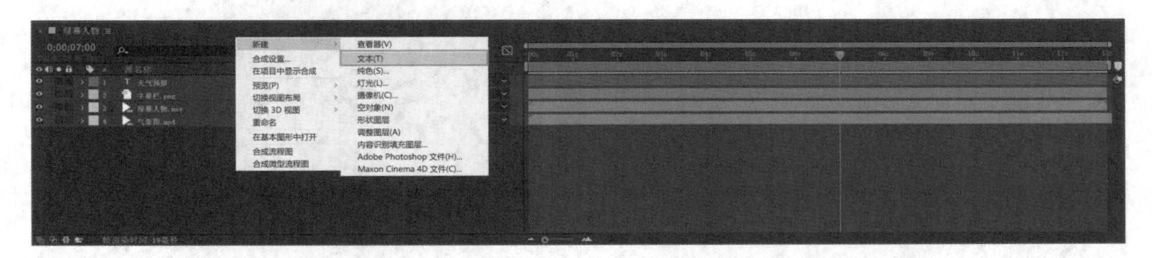

图6-41 新建另一个文本图层

在新建的文本图层中输入“未来24小时美国东部地区以多云天气为主”，完成文字层的创建（图6-42）。

图6-42 输入文字

选中“未来24小时美国东部地区以多云天气为主”文本图层中的文字，在“字符”面板中点击字体的颜色设置框，并在弹出的对话框中，将颜色修改为白色。修改完成之后点击“确定”（图6-43）。

图6-43　修改文字颜色

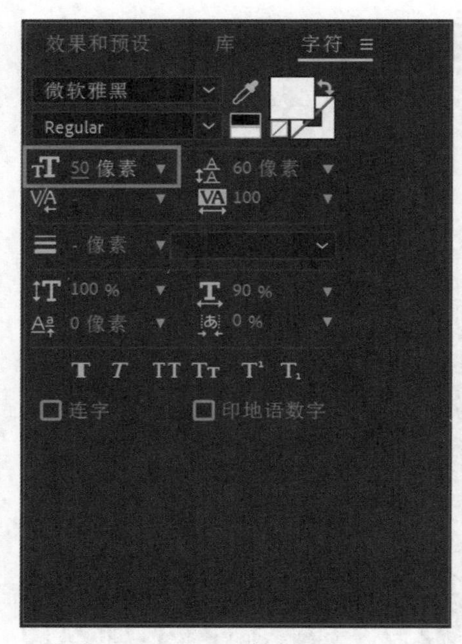

图6-44　修改文字大小

接着将其字体大小参数修改为“50像素”（图6-44）。

回到时间轴面板，点击“未来24小时美国东部地区以多云天气为主”文本图层前面的“>”形按钮，展开其“变换”属性，将“位置”属性的参数设置为“1735.0，920.0”（图6-45）。

此时观察合成面板中的视频画面，可以看到“未来24小时美国东部地区以多云天气为主”等文字的位置移动到了字幕框右侧（图6-46）。

选中“未来24小时美国东部地区以多云天气为主”文本图层，选择工具栏中的“矩形工具”，然后在视频画面中为该文字层绘制一个矩形蒙版，注意矩形蒙版须位于字幕栏的红色框内，这样，就将文字层的显示范围控制在了这个红色框之内（图6-47）。

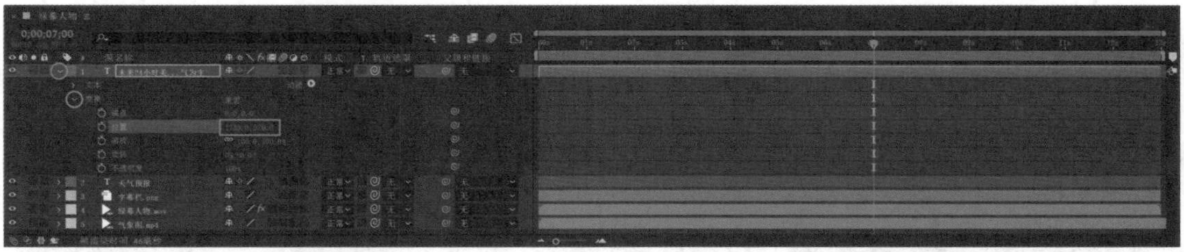

图6-45　修改文字位置

图6-46　文字处于字幕框右侧

图6-47　在字幕框内部绘制蒙版

点击该文本图层的“文字动画制作工具”三角形按钮，执行【位置】，为这组文字添加“位置”动画属性（图6-48）。

图6-48　添加位置属性

将时间指针移动到第0秒，点击“位置”动画属性前方的秒表图标，为“位置”动画属性设置第一个关键帧（图6-49）。

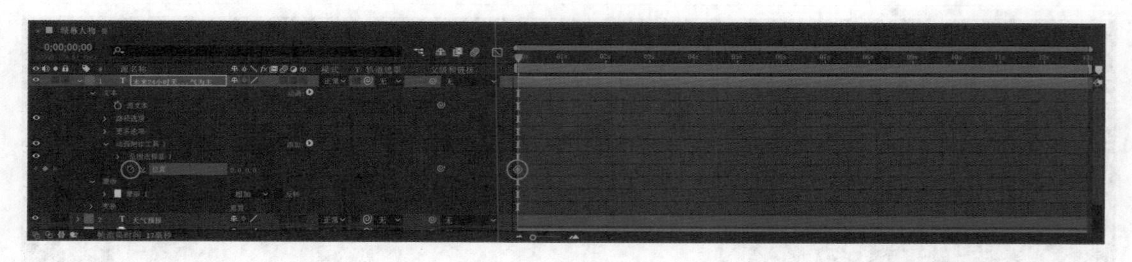

图6-49　添加关键帧

将时间指针移动到第12秒处，将“位置”动画属性的参数值设置为“-1570.0，0.0”，即可为其添加第二个关键帧（图6-50）。

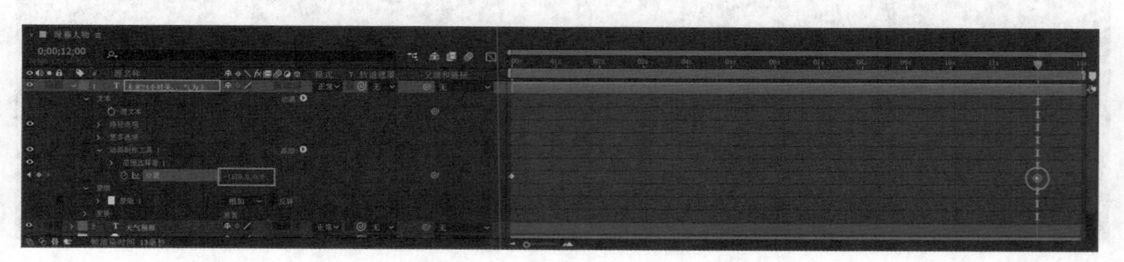

图6-50　添加第二个关键帧

至此，案例就全部制作完成了，可以点击预览控制台面板的“播放/停止”按钮对合成进行预览，在合成面板观看合成的最终效果（图6-51）。

图6-51　案例制作完成

本章小结

本章主要讲解了影视后期制作中抠像的相关知识，重点讲解了在After Effects中使用Keylight进行抠像的方法。抠像是影视后期中极为常用的一种技术，实现抠像的方法有很多种，有时候在面对复杂视频素材时需要结合多种技术才能实现较为理想的抠像效果。为了使抠像更加完美，前期拍摄时需要尽量控制好灯光、背景等影响因素，才能使后期抠像工作更加顺利。读者可以尝试自己在不同环境条件下进行视频素材拍摄后抠像，锻炼自身应对复杂抠像情况的能力。

第七章 跟踪技术

本章主要讲解使用After Effects进行跟踪的相关知识和具体方法。跟踪技术常应用于合成类的特效制作，当需要使多个素材在一个画面中实现同步运动时，就需要用到跟踪技术。除此之外，跟踪技术还能实现对画面晃动的修正，以及通过对画面的分析反求出摄影机的运动信息，这是一项非常强大的功能。

第一节 跟踪技术简介

跟踪技术主要指通过分析画面中的某些关键像素信息，来实现对这些像素信息变化的跟踪。在After Effects中，跟踪技术主要体现在四个方面，即稳定运动、跟踪运动、变形稳定器和跟踪摄像机。软件通过智能分析画面中的关键像素，计算出这些像素信息的变化数据，并将这些数据匹配至其他元素。如在电影《哈利·波特》中，主角哈利·波特手中的魔杖会发光，这个“光”实际上就是通过跟踪魔杖的运动信息，将电脑制作的“光”匹配到魔杖上的（图7-1）。

图7-1 影视作品中跟踪技术的运用

After Effects将跟踪相关的功能整合在了“跟踪器”面板中，可以在该面板找到常用的跟踪命令（图7-2）。

图7-2　跟踪器面板

第二节　稳定运动

稳定素材使画面中的运动对象保持相对固定，以便检查运动中的对象如何随着时间的推移而变化，这在影视合成工作中非常有用。很多时候，由于拍摄时摄像机难以避免会产生一些晃动，因此拍摄到的画面也会产生晃动，这种画面晃动可能会影响观众的观影感受，可以通过稳定运动将画面晃动进行一定程度的修正，让画面尽量保持稳定。稳定运动的方法如下。

点击“窗口”菜单，在弹出的列表中勾选“跟踪器”，打开跟踪器面板（图7-3）。

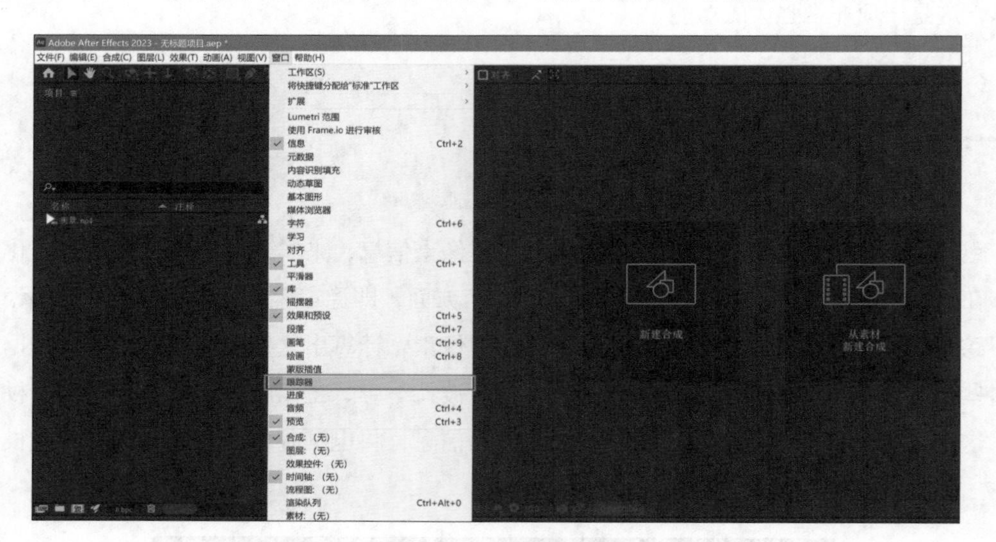

图7-3　打开跟踪器面板

选中需要进行画面稳定的图层，然后点击跟踪器面板中的“稳定运动”按钮（图7-4）。

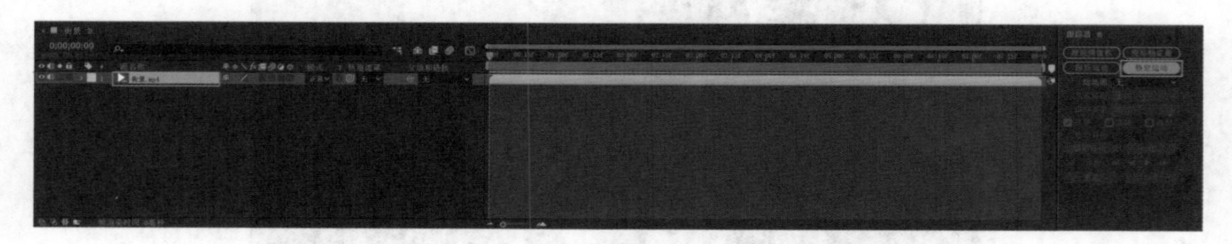

图7-4　点击稳定运动

此时，可以看到合成面板已自动切换至素材图层预览窗口，并且在画面中添加了一个

"跟踪点1"（图7-5）。

图7-5　跟踪点

小提示：跟踪点包含三个部分，即附加点、特性区域和搜索区域。

附加点是中央"+"形状的点，附加点指定目标的附加位置（图层或效果控制点），以便与跟踪图层中的运动特性同步。

特性区域是内部矩形范围区，特性区域定义图层中要跟踪的元素。特性区域应当围绕一个与众不同的可视元素，最好是现实世界中的一个对象。不管光照、背景和角度如何变化，After Effects在整个跟踪持续期间都必须能够清晰地识别被跟踪对象的特性。

搜索区域是外部矩形范围区，搜索区域定义After Effects为查找跟踪特性而要搜索的区域。被跟踪特性只需要在搜索区域内与众不同，不需要在整个帧内与众不同。将搜索限制到较小的搜索区域可以节省搜索时间并使搜索过程更为轻松，但存在的风险是所跟踪的特性一旦在帧与帧之间的运动超出搜索区域，就可能出现跟踪失败的情况。

本案例由于采用的是手持设备拍摄，因此画面晃动十分明显，为了使画面整体尽量稳定，在跟踪时需要选择画面中始终固定不动且便于识别的物体进行跟踪。因此选择画面左侧的交通信号灯（红灯）作为跟踪目标，将跟踪点移动至红灯处，并调整跟踪点的大小，将红灯包括在内（图7-6）。

图7-6　调整跟踪点

调整好跟踪点后，点击跟踪器面板中的“向前分析”按钮（图7-7）。

此时，软件将开始自动分析图像，合成面板底部会出现绿色进度条来提示当前分析的进度（图7-8）。

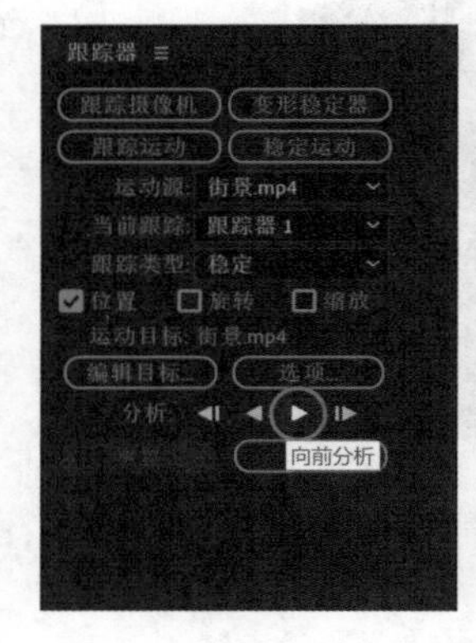

图7-7　点击向前分析按钮

图7-8　自动分析图像

当分析完成后，点击跟踪器面板中的“应用”按钮（图7-9）。

在弹出的对话框中点击“确定”，将跟踪信息应用于图像，稳定运动就完成了，此时播放合成可以看到画面的晃动程度相对之前明显减弱了（图7-10）。

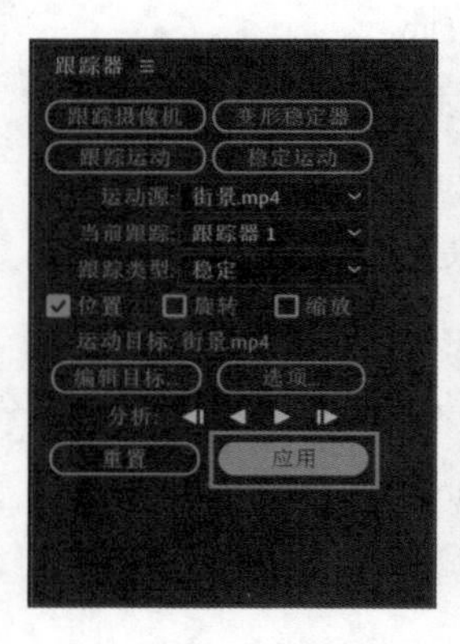

图7-9　点击应用按钮

图7-10　点击确定

第三节　跟踪运动

After Effects 通过将来自某个帧中的选定区域的图像数据与后续帧中的图像数据进行匹配来跟踪运动。通过运动跟踪，可以跟踪对象的运动，然后将该运动的跟踪数据应用于另一个对象（例如另一个图层或效果控制点），这样就可以实现两个对象同步跟随运动的效果。

跟踪运动的方法与稳定运动大致相同，只不过一般情况下会将跟踪信息应用于其他图层，因此，在进行跟踪运动时一般需要准备两个或两个以上的图层，一个作为跟踪对象图层，其余作为应用跟踪信息的图层。具体方法如下。

选中需要跟踪运动的图层，点击跟踪器面板中的“跟踪运动”按钮（图7-11）。

图7-11　点击跟踪运动

此时，可以看到合成面板已自动切换至素材图层预览窗口，且在画面中添加了一个“跟踪点1”（图7-12）。

图7-12　跟踪点

本案例需要跟踪的对象是飞机，将跟踪点移动至飞机右翼引擎处，调整跟踪点的大小，将飞机的右引擎置于跟踪点范围内（图7-13）。

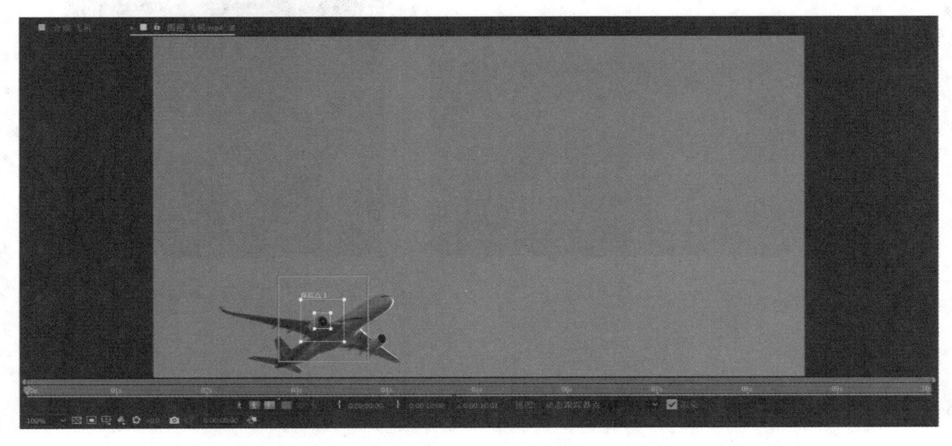

图7-13　调整跟踪点

调整好跟踪点后，点击跟踪器面板中的“向前分析”按钮（图7-14）。

稍等片刻，待分析完成后，点击跟踪器面板中的“编辑目标”按钮（图7-15）。

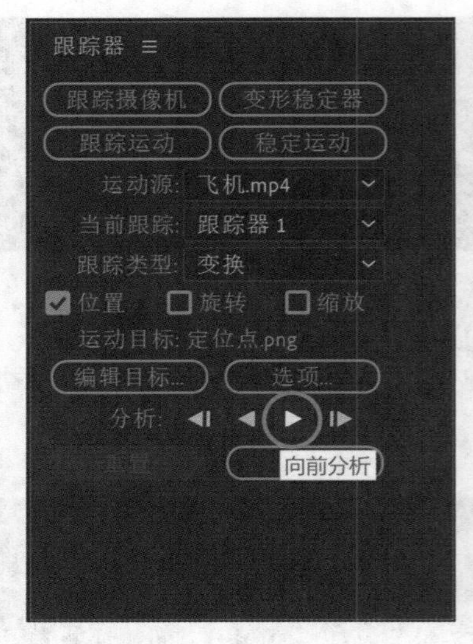

图7-14　点击向前分析按钮

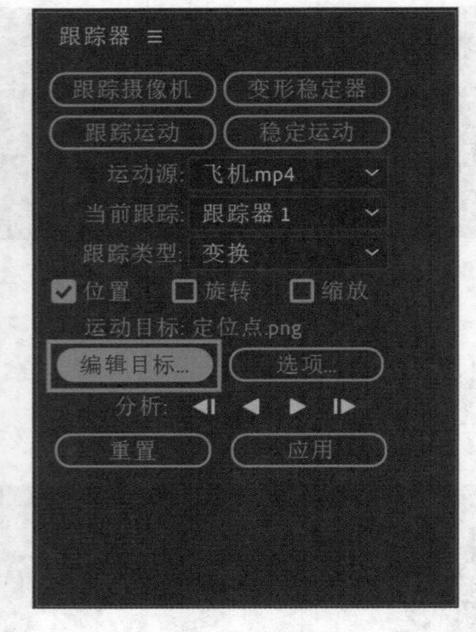

图7-15　点击编辑目标按钮

在弹出的对话框中，选择需要应用跟踪信息的目标图层，这里选择“1.定位点.png”素材图层，然后点击“确定”。注意，如果只存在两个图层，系统会自动识别到该图层，但如果存在三个或三个以上的图层，需要用户手动指定目标图层（图7-16）。

指定好目标层后，回到跟踪器面板，点击“应用”按钮（图7-17）。

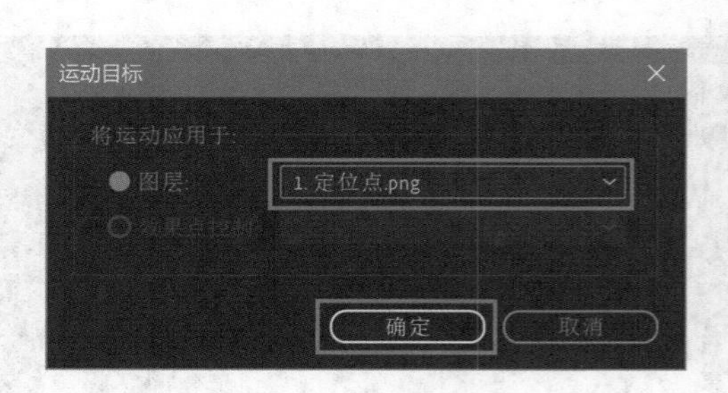

图7-16　选择图层

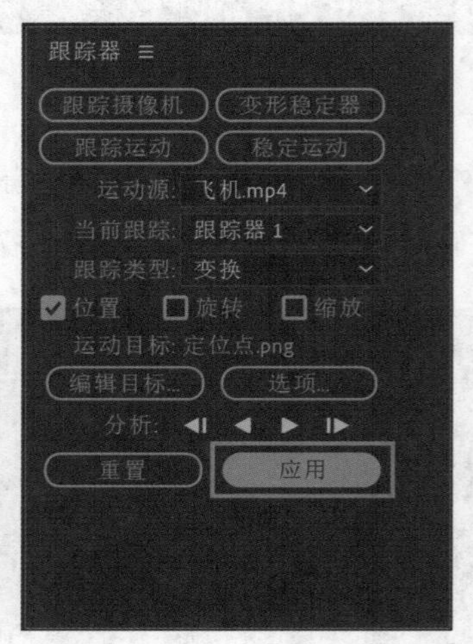

图7-17　点击“应用”按钮

在弹出的对话框中点击“确定”（图7-18）。

至此，跟踪运动就完成了，播放视频可以看到“定位点”就跟随着飞机同步运动了（图7-19）。

图7-18　点击“确定”

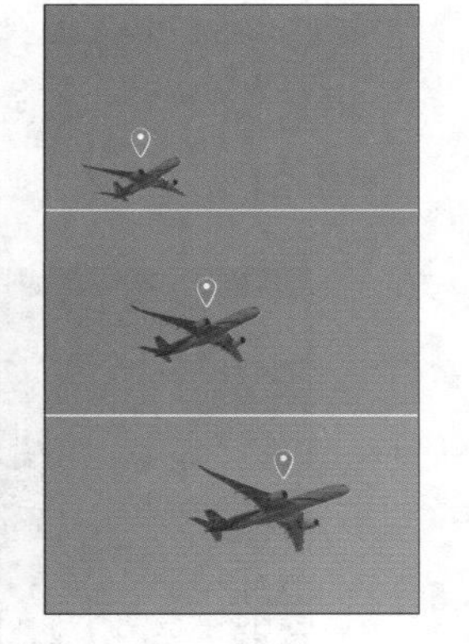

图7-19　跟踪完成效果

第四节　实战案例之智能手机

掌握了使用跟踪器进行稳定运动和运动跟踪的方法后，下面进行实战案例的操作练习，学习如何使用多点跟踪进行图像的合成。

执行【文件】—【导入】—【文件】，在弹出的窗口中找到“蛋糕.mp4”“手机.mov”2个素材文件，将其全部选中后点击“导入”，将素材文件导入After Effects中，素材文件的目录为“《After Effects影视后期特效实战教程》素材文件/第7章/7.4实战案例之智能手机”（图7-20）。

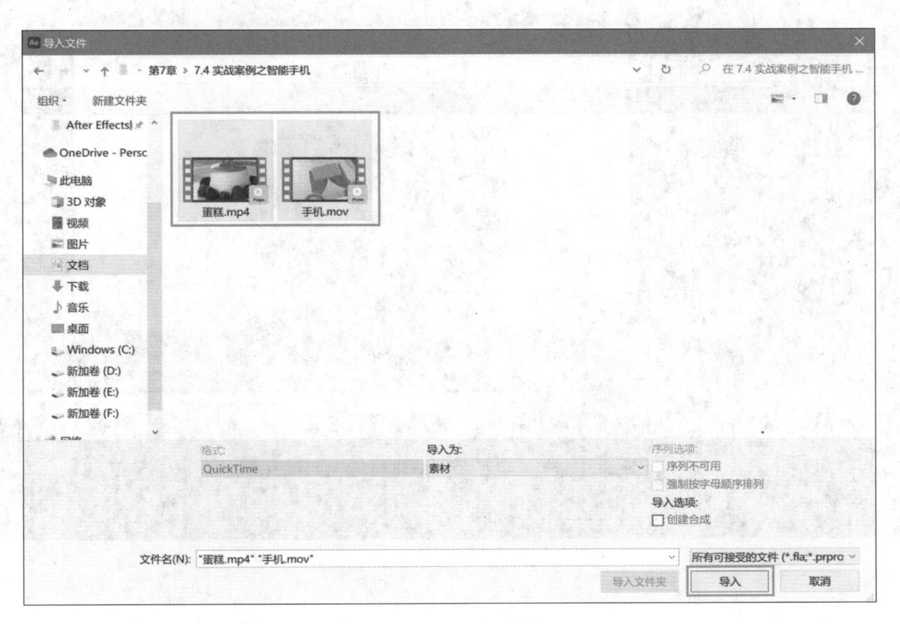

图7-20　导入素材

此时就可以在项目面板中看见刚才导入的素材了，选中“手机.mov”，按下鼠标左键并将其拖动至“新建合成”按钮后松开鼠标左键，即可创建一个基于该素材属性的合成（图7-21）。

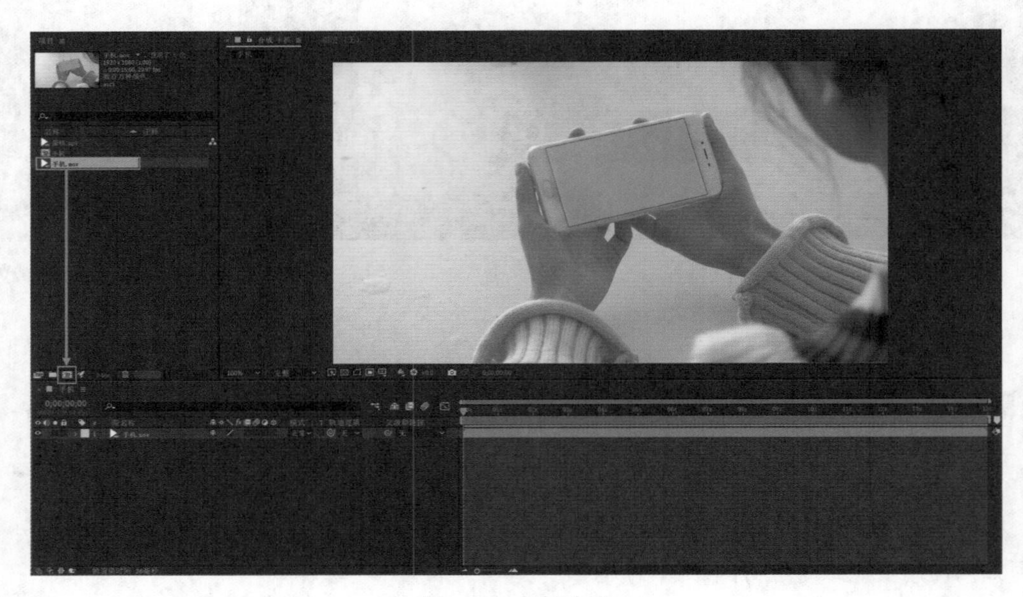

图7-21　新建合成

在项目面板选中“蛋糕.mp4”素材，并将其拖动至时间轴面板，放置在“手机.mov”图层的上方（图7-22）。

图7-22　添加蛋糕图层

在“菜单栏”点击“窗口”命令，并在弹出的列表中勾选“跟踪器”，打开跟踪器面板（图7-23）。

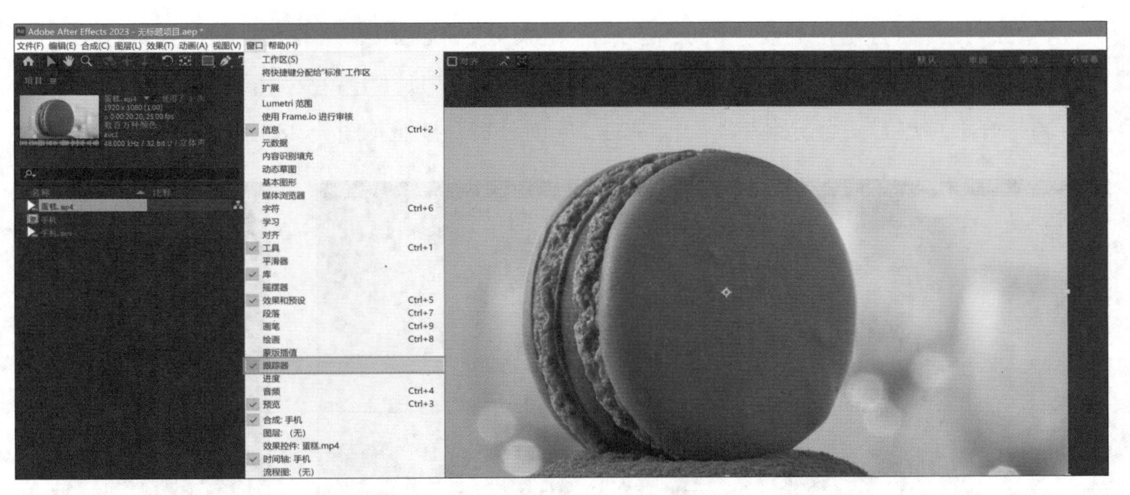

图7-23 打开跟踪器面板

在时间轴面板选中“手机.mov”图层，然后点击跟踪器面板中的“跟踪运动”按钮（图7-24）。

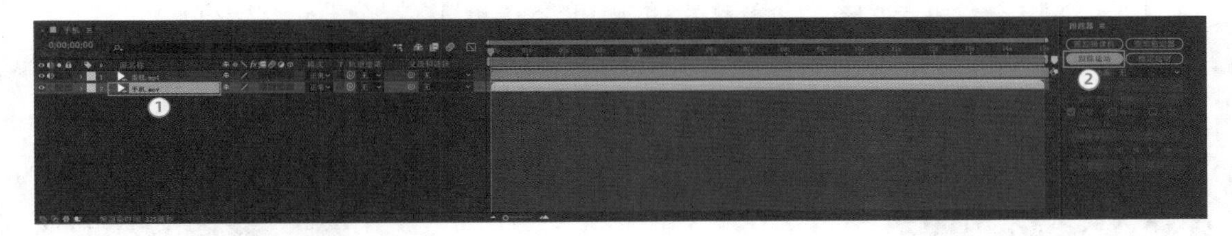

图7-24 点击跟踪运动按钮

展开跟踪器面板中“跟踪类型”的下拉列表，选择“透视边角定位”跟踪类型（图7-25）。

此时，可以看到合成面板已自动切换至素材图层预览窗口，且在画面中的跟踪点变为四个（图7-26）。

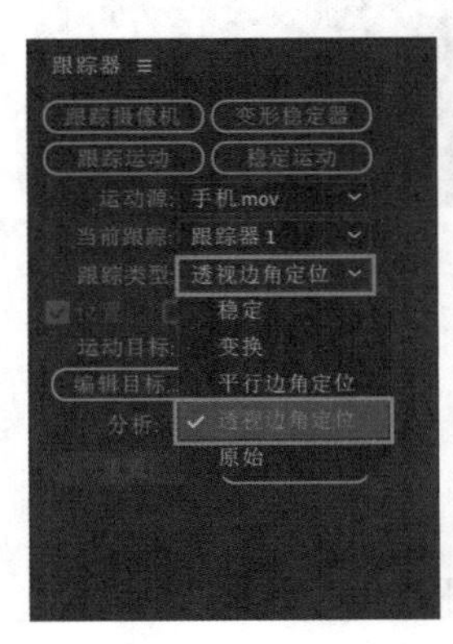

图7-25 切换跟踪类型

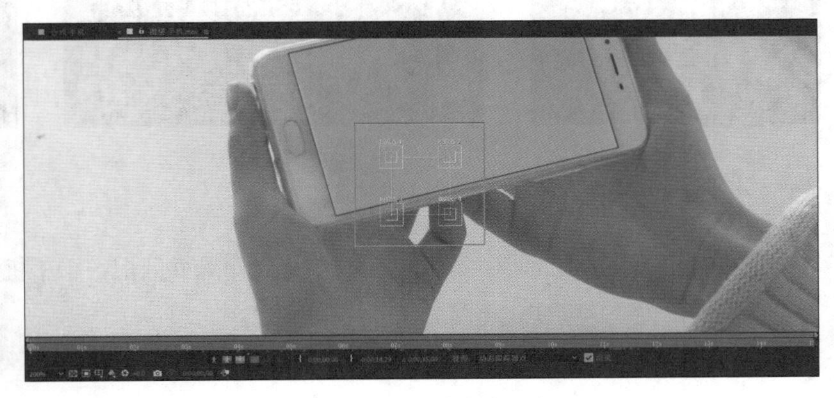

图7-26 跟踪点变为四个

将四个跟踪点分别移动至手机屏幕的四个边角处，调整跟踪点的大小和位置。注意，需要将手机屏幕刚好置于跟踪点围成的矩形区域内（图7−27）。

调整好跟踪点后，点击跟踪器面板中的“向前分析”按钮（图7−28）。

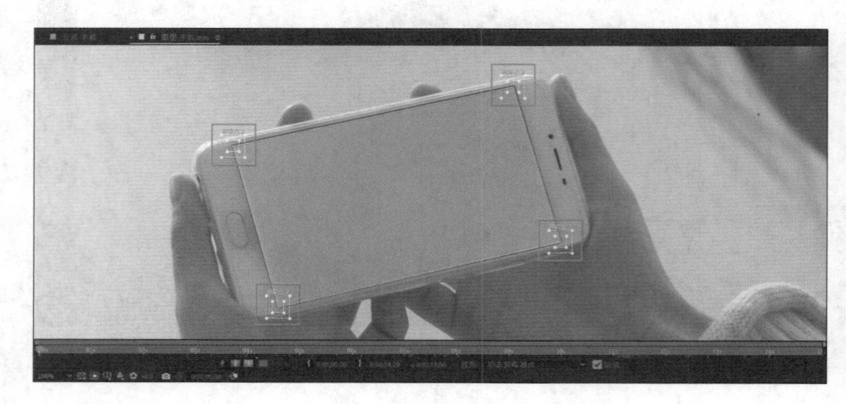

图7−27　调整跟踪点

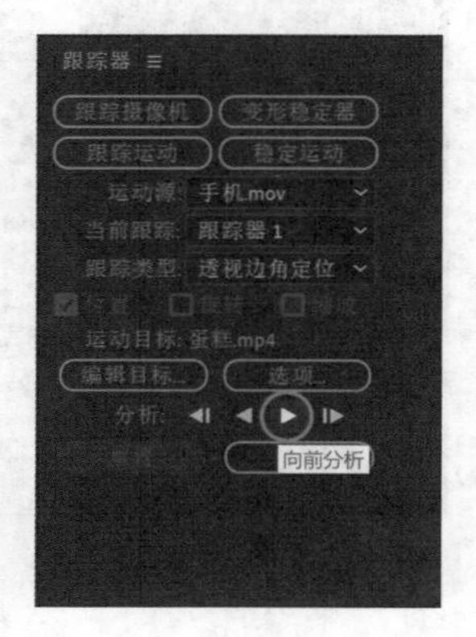

图7−28　点击“向前分析”按钮

稍等片刻，待分析完成后，点击跟踪器面板中的“编辑目标”按钮（图7−29）。

在弹出的对话框中，选择图层为“1. 蛋糕.mp4”，然后点击“确定”（图7−30）。

回到跟踪器面板，点击“应用”按钮，即可将刚才分析好的跟踪信息应用到“蛋糕.mp4”图层（图7−31）。

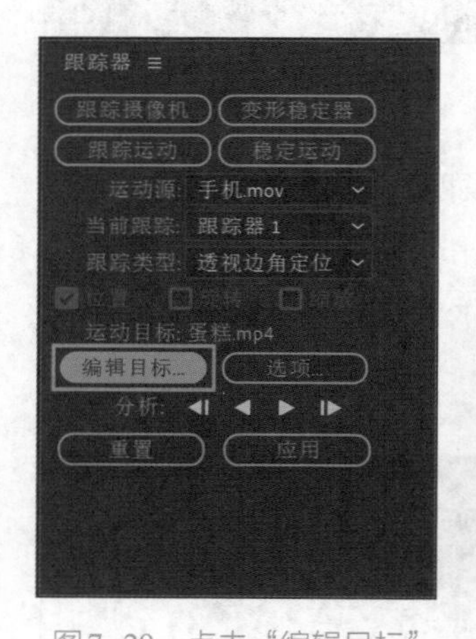

图7−29　点击“编辑目标”按钮

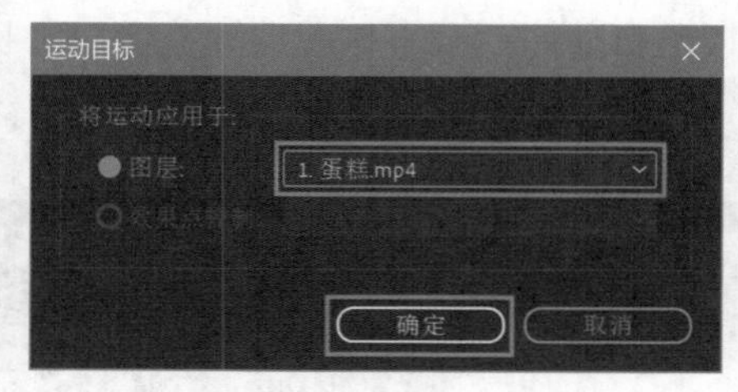

图7−30　选择蛋糕图层

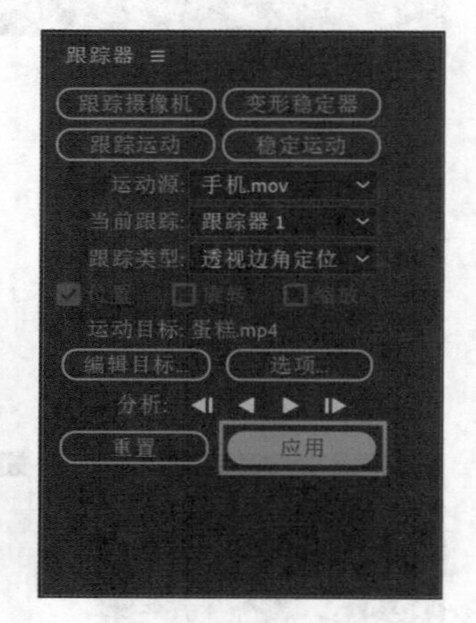

图7−31　点击“应用”按钮

现在就可以在合成面板中看到“蛋糕”视频跟踪并匹配到了手机屏幕的内部，并且一直随着手机的位置变化而变化（图7−32）。

现在我们播放视频并仔细观察会发现，在第8秒前后，视频人物的手指被“蛋糕”图层遮挡住了。为解决这一问题，需要回到时间轴面板，将“蛋糕.mp4”图层与“手机.mov”图层交换位置，使“手机.mov”在上方，“蛋糕.mp4”在下方（图7−33）。

图7-32　跟踪完成

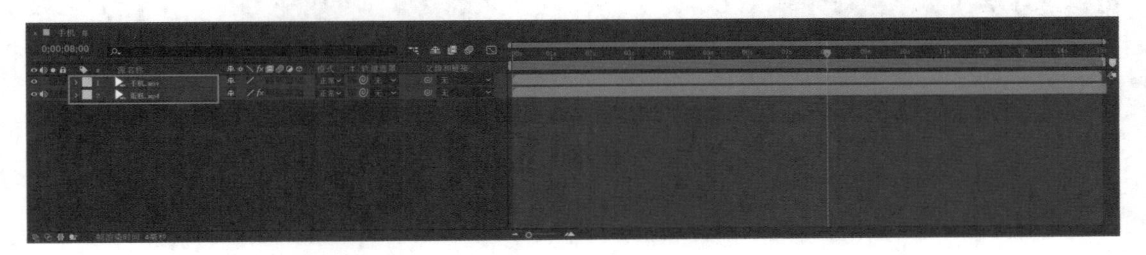

图7-33　调整图层顺序

此时“蛋糕”图层被遮挡住了，为使其能够显示出来，可以将“手机”的绿色屏幕部分进行抠像。选中“手机.mov”图层，执行【效果】—【Keying】—【Keylight（1.2）】，为素材图层添加Keylight（1.2）效果（图7-34）。

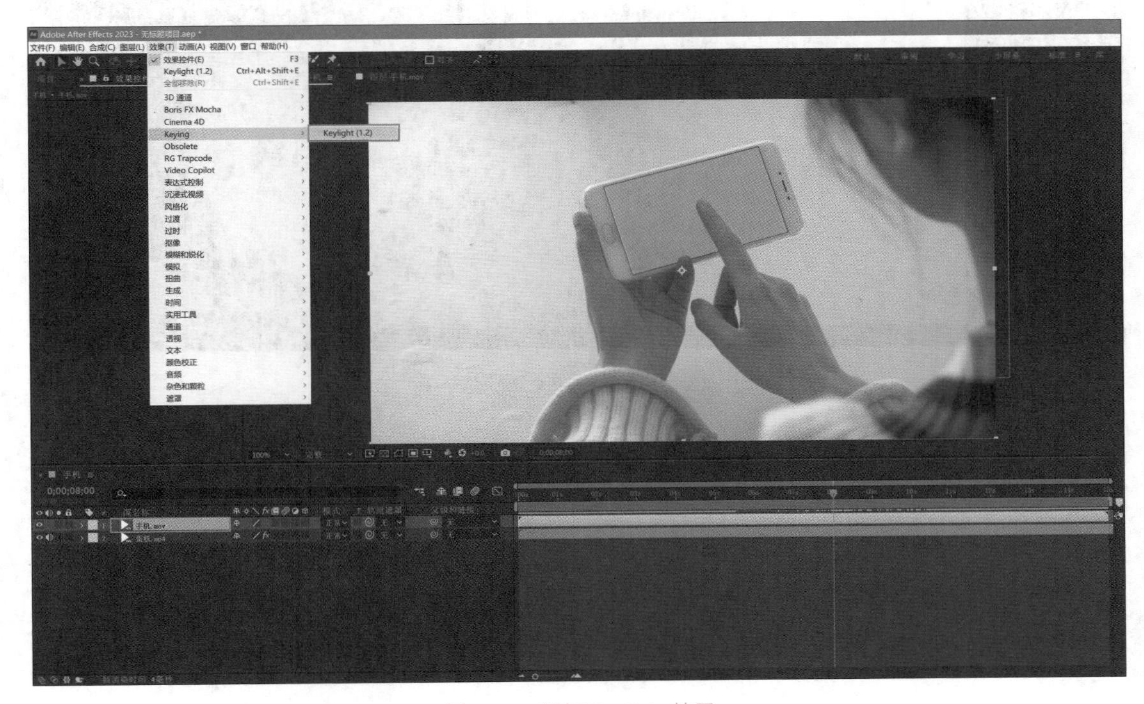

图7-34　添加Keylight效果

在效果控件面板找到Screen Colour选项，点击Screen Colour后方的吸管图标，然后在合成面板手机绿色屏幕的位置单击鼠标左键拾取屏幕颜色（图7-35）。

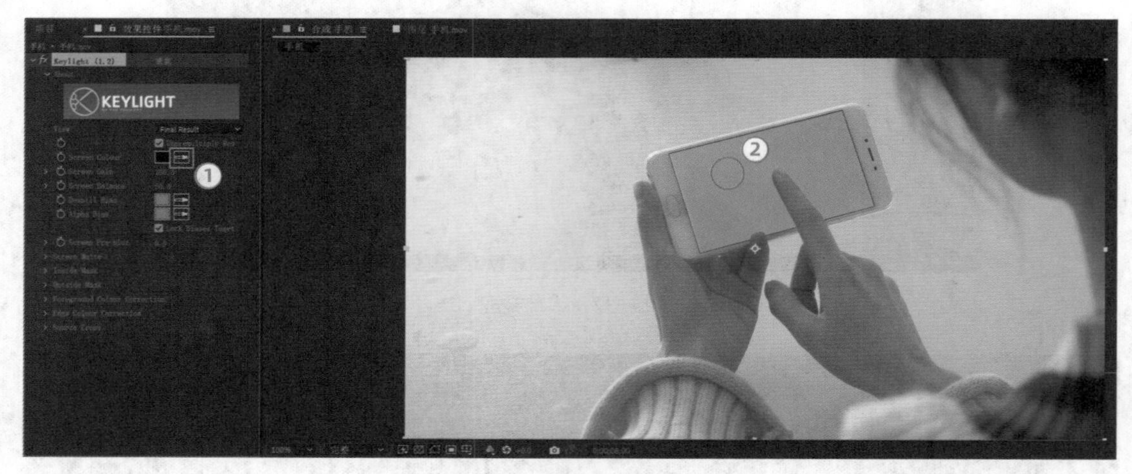

图7-35　拾取屏幕色

此时画面中手机屏幕绿色的部分被抠除干净了，完整显示出下方“蛋糕”视频，人物手指的遮挡关系也正确了（图7-36）。

图7-36　屏幕色已经抠除

接下来制作一段人物的手指点击手机屏幕后开始播放视频的动画。在菜单栏点击执行【图层】—【新建】—【纯色】(图7-37)。

在弹出的“纯色设置”对话框中，点击“颜色”选择框，将颜色设置为纯黑色。设置完毕后点击“确定”(图7-38)。

继续点击菜单栏执行【图层】—【新建】—【形状图层】，新建一个形状图层（图7-39）。

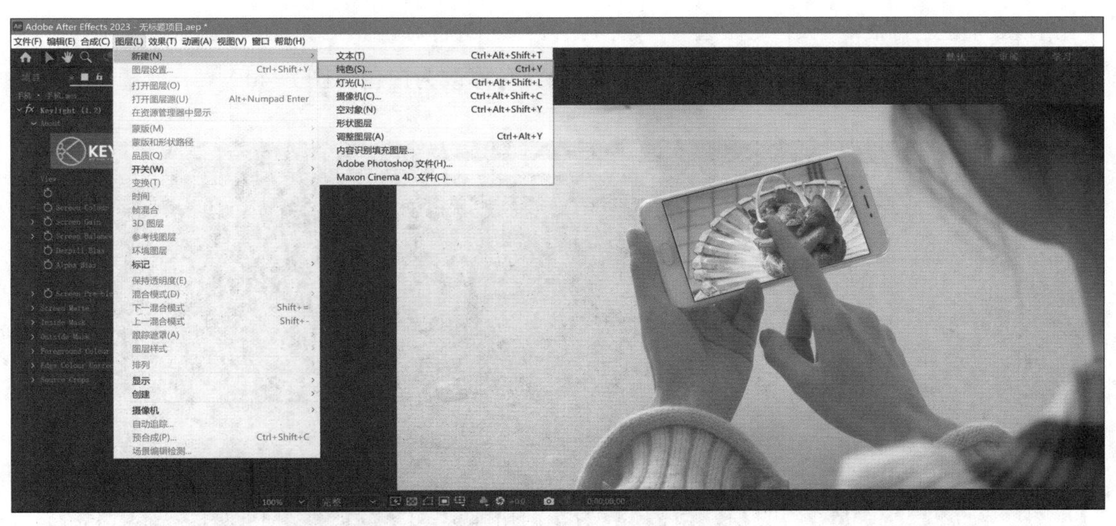

图7–37　新建纯色图层

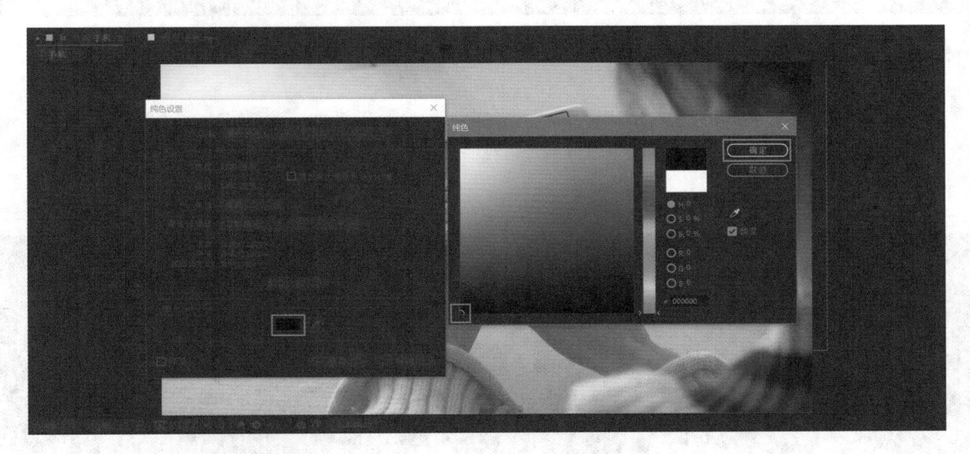

图7–38　将纯色层颜色设置为黑色

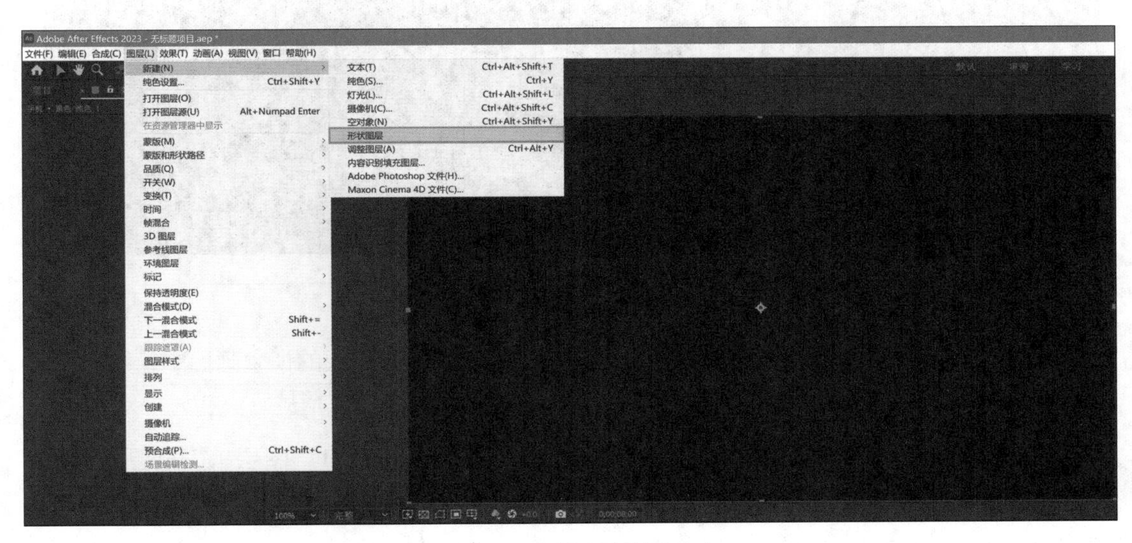

图7–39　新建形状图层

形状图层建好后，在工具栏选中“钢笔工具”，随后点击其后方的“填充”属性的颜色框，在弹出的“形状填充颜色”对话框中，将填充色修改为白色（图7-40）。

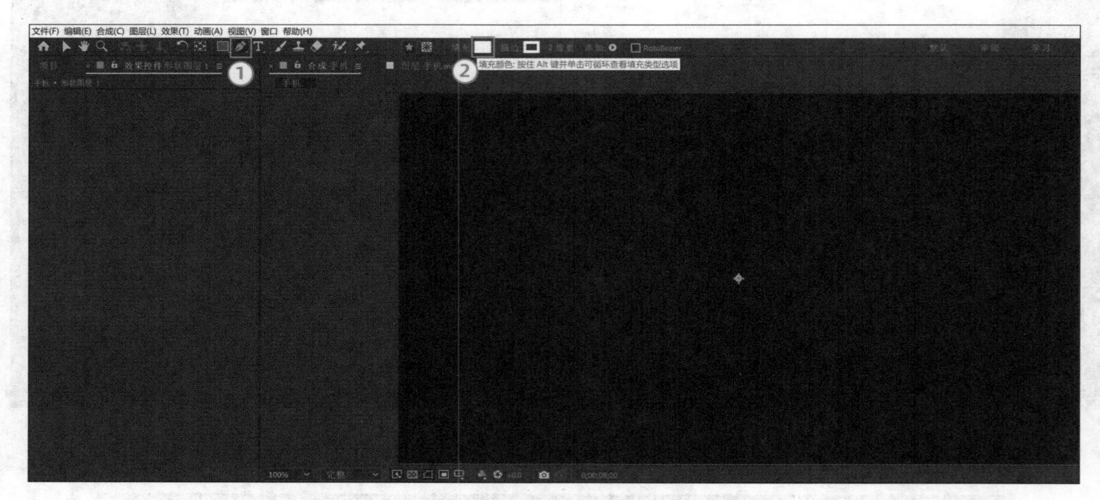

图7-40　将填充色改为白色

接着点击填充色后方的“描边”二字，在弹出的对话框中，把描边类型改为“无”，完成后点击“确定”（图7-41）。

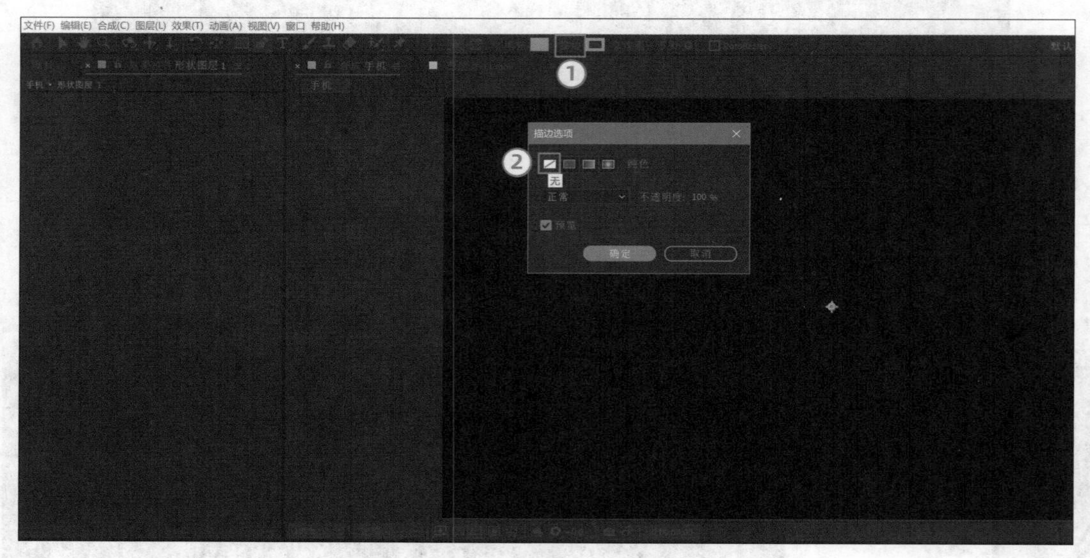

图7-41　将描边改为无

“钢笔工具”的参数设置完毕后，使用“钢笔工具”在合成面板的视频画面中绘制出一个三角形播放图标（图7-42）。

选中之前创建的两个图层（“黑色 纯色1”图层、“形状图层1”图层），并使用快捷键“Ctrl + Shift + C”，把这两个图层转换为一个预合成，在弹出的预合成设置对话框中选择“将所有属性移动到新合成...”这一选项。最后点击“确定”（图7-43）。

图7-42　绘制一个三角形播放图标

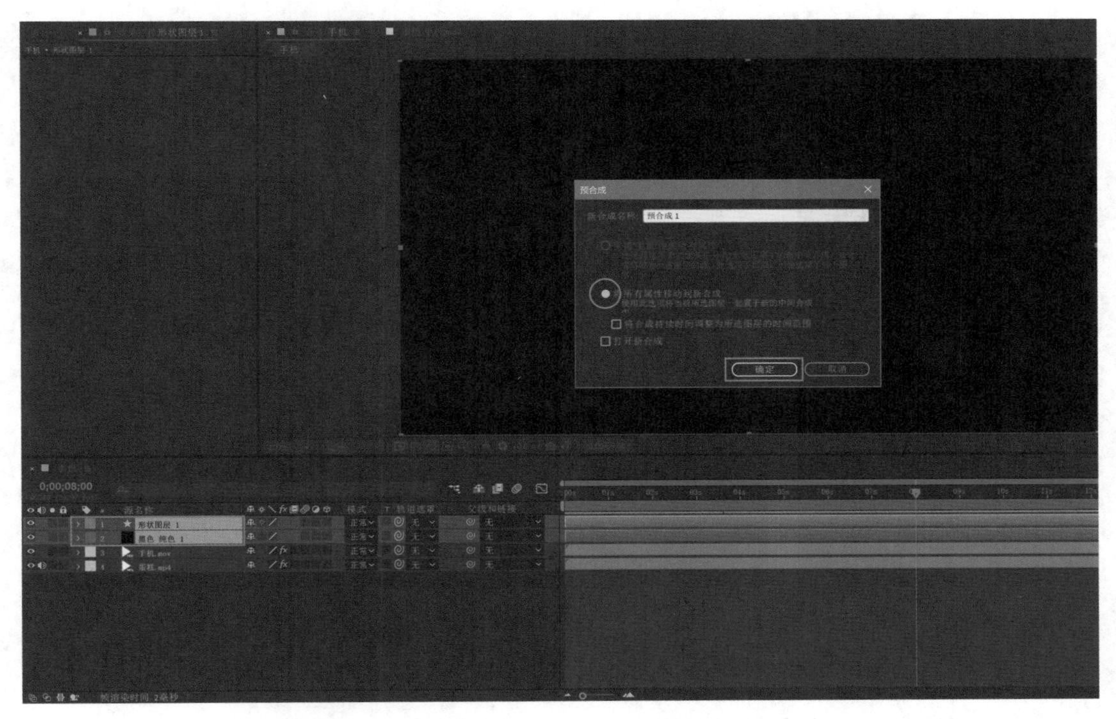

图7-43　将两个图层预合成

在跟踪器面板中点击“运动源”选项后方的“无”展开其下拉列表，并选择“手机.mov”（图7-44）。

继续设置跟踪器的各类参数，点击“当前跟踪”选项后方的“无”展开其下拉列表，并选择“跟踪器1”（图7-45）。

此时“跟踪类型”会自动切换为“透视边角定位”，如未能自动切换，请手动设置，以确保跟踪类型为“透视边角定位”（图7-46）。

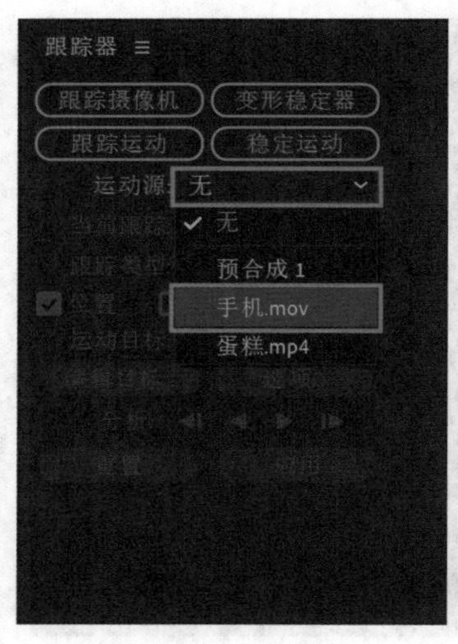

图7-44　选择运动源

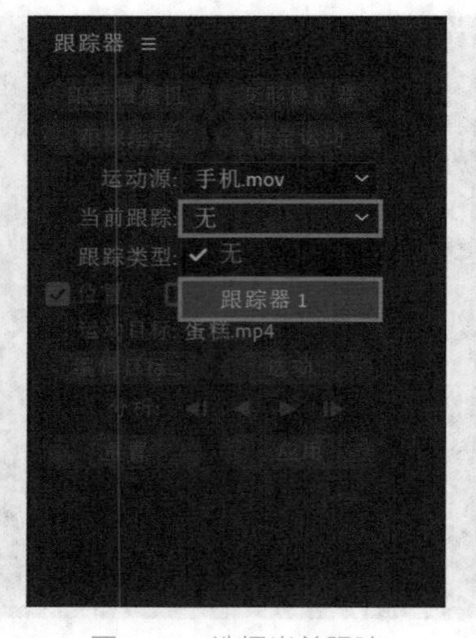

图7-45　选择当前跟踪

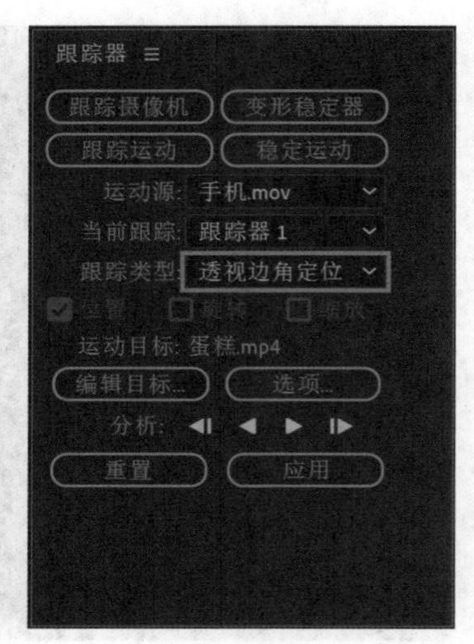

图7-46　选择跟踪类型

以上参数设置完毕后，点击“编辑目标”按钮（图7-47）。

在弹出的对话框中，选择图层为“1.预合成1”，然后点击“确定”（图7-48）。

回到跟踪器面板，点击右下角的“应用”按钮（图7-49）。

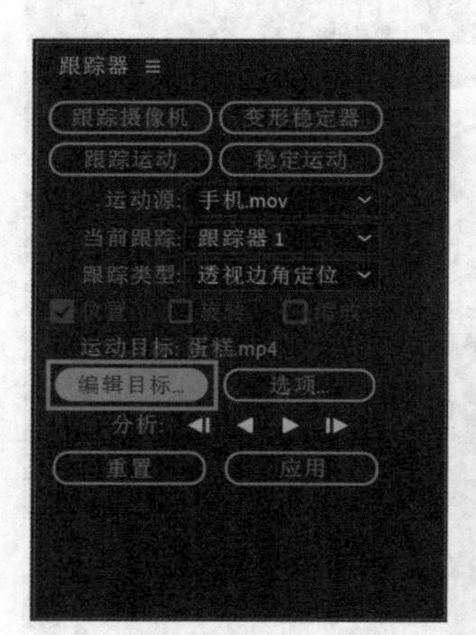

图7-47　点击“编辑目标”按钮

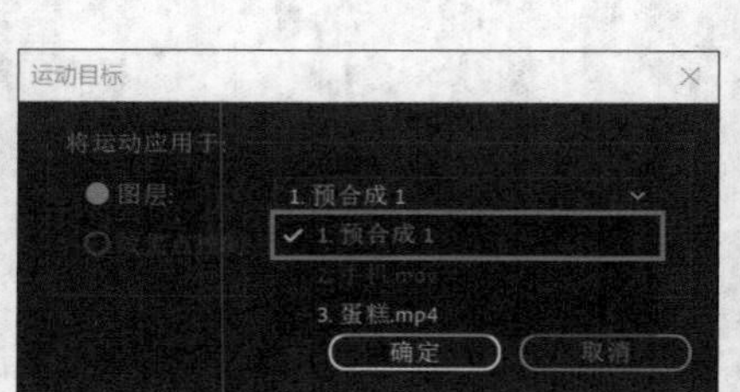

图7-48　选择预合成图层

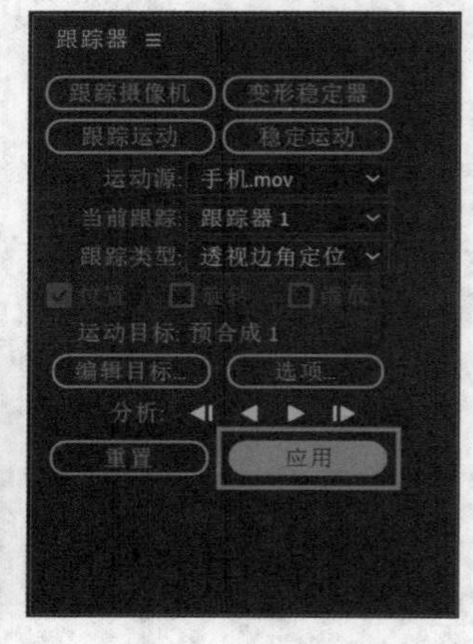

图7-49　点击“应用”按钮

现在，“预合成1”图层的跟踪匹配就完成了。播放视频可以看到刚刚绘制的播放按钮出现在手机屏幕内部，但是遮挡住了人物的手指（图7-50）。

被遮挡的手指可以通过调整图层顺序来进行修复，回到时间轴面板，将“预合成1”图层移动至“手机.mov”图层的下方。由于手机屏幕已经被抠除，所以能够看到下方的图层（图7-51）。

把时间指针移动至第8秒2帧处，展开“预合成1”图层的“变换”属性，点击“不透明度”属性前方的秒表图标，设置第一个关键帧（图7-52）。

图7-50　跟踪完成

图7-51　调整图层顺序

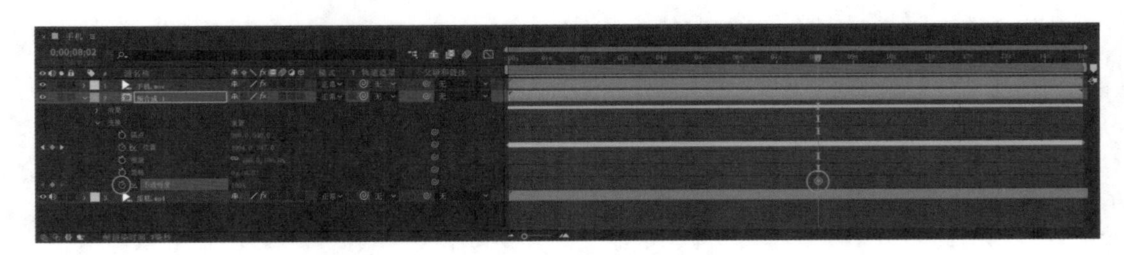

图7-52　设置不透明度第一个关键帧

将时间指针移动到第8秒12帧处，把“不透明度”属性参数修改为“0%”，设置第二个关键帧（图7-53）。

图7-53　设置第二个关键帧

至此，案例就全部制作完成了，可以点击预览控制台面板的“播放/停止”按钮对合成进行预览，在合成面板观看最终效果（图7-54）。

图7-54　案例最终效果

本章小结

本章主要讲解了影视后期制作中跟踪技术的相关知识，重点讲解了在After Effects中使用跟踪器进行运动跟踪的方法。实现跟踪的方法有很多种，除了After Effects中自带的跟踪器外，还有诸如CameraTracker、Mocha Pro等第三方开发的插件，读者可以结合自身的需求进一步拓展学习。掌握好跟踪技术对于制作合成类特效有巨大的帮助，需要注意的是，跟踪技术虽然有许多种，但绝大部分都是基于分析图像色彩信息来实现对指定对象的跟踪，因此，在拍摄前期视频的时候需要有意识地在画面中准备一些容易识别的色彩信息，才能更好地进行后期跟踪。

第八章 调色

调色是影视后期制作中必不可少的一环，由于种种限制性因素，例如灯光、环境、拍摄器材等，可能导致前期拍摄到的画面色调并不理想，有时甚至会出现很大的色偏，这时就需要进行后期调色，将画面色彩调整至需要的色调。此外，某些时候为了追求特殊的艺术效果，也需要通过调整画面的冷暖、明暗、对比度等来凸显影片的艺术风格，因此，掌握好调色的方法对于影视后期制作来说是非常必要的。

第一节 影视后期调色简介

调色在影视后期制作中的运用广泛，除了对画面进行颜色校正，更多时候可以通过调色来增强画面的戏剧性和艺术感染力（图8-1、图8-2）。

图8-1 调色前

图8-2 调色后

通过不同的色彩风格来突出影片的艺术性，需要根据影片主题思想，运用各种色彩感情和艺术手段进行画面的构思和设计。在充分体现主题思想的基础上，使画面或生动活泼或宏伟大气，让观众从画面中感受到画面外的立意和匠心，这种情绪一旦渗透到每幅画面就会产生一种统一的、吻合主题思想的视觉情调，从而将观众的思绪和情感带入预期的艺术境界中。所以，如果调色运用得当，即使是平凡的画面也能焕发出全新的艺术表现力。

调色可以对画面中的某些局部进行色彩调整，也可以对画面整体进行色彩调整。一般来说，调色主要是从画面的明暗、色彩的偏向、调性的冷暖，以及色彩的纯度等方面进行调整。但无论如何调整，需要把握一个原则，那就是尽量保持影片整体色彩风格统一、协调。

第二节　颜色校正

在After Effects中，可以通过多种方式进行色彩的调整，其中最主要的方式是使用颜色校正类效果。这类效果包含多种不同的效果，可以从明暗、对比度、色相、纯度等方面对画面色彩进行调整，下面介绍几种主要的效果。

“亮度与对比度”效果可以调节画面的亮度和对比度，能够使画面变亮、变暗，以及增强或减弱画面的明暗对比（图8-3、图8-4）。

图8-3　调整亮度效果

图8-4　调整对比度效果

“色阶”效果可以调整画面的高光、暗部和中间色调的亮度，使调整更具针对性（图8-5）。

“曲线”效果可以对图像的红、绿、蓝等通道进行控制，并分别调整不同通道的色调范围（图8-6）。

图8-5　调整色阶效果

图8-6　调整曲线效果

“色相位/饱和度”效果可以调整画面的色相和饱和度（图8-7、图8-8）。

图8-7　调整色相效果

图8-8　调整饱和度效果

第三节　实战案例之电影质感画面

本案例将学习如何使用“颜色校正”效果组中的几种不同效果来实现对素材的调色。实际上调色的方法多种多样，并没有固定的套路，很多效果都能得到相同或相近的结果，这里只是提供一种思路，读者可以结合自身实际情况多加摸索，总结出适合自己的方法。

执行【文件】—【导入】—【文件】，在弹出的窗口中找到“街景.mp4”素材文件，将其选中后点击“导入”，将素材文件导入After Effects中，素材文件的目录为“《After Effects影视后期特效实战教程》素材文件/第8章/8.3 实战案例之电影质感画面”（图8-9）。

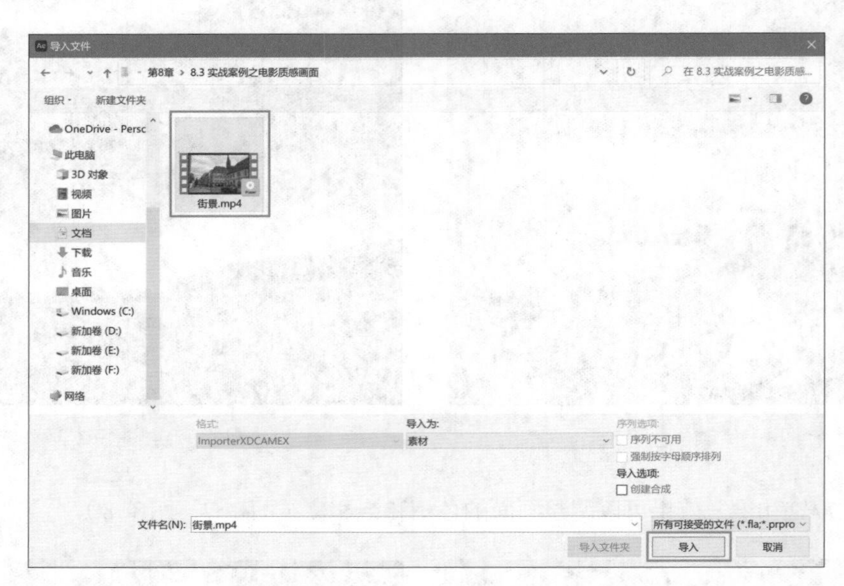

图8-9　导入素材

在项目面板选中“街景.mp4”，按下鼠标左键并将其拖动至“新建合成”按钮后松开鼠标左键，即可创建一个基于该素材属性的合成（图8-10）。

图8-10　新建合成

在合成面板观察该视频，会发现该视频是由非专业设备拍摄的，画面对比度较差，色彩也较为平淡，整体色调偏灰，效果不理想（图8-11）。

图8-11　画面色彩比较平淡

回到时间轴面板，选中“街景.mp4”图层，执行菜单栏的【效果】—【颜色校正】—【色相/饱和度】，为“街景.mp4”添加色相与饱和度效果（图8-12）。

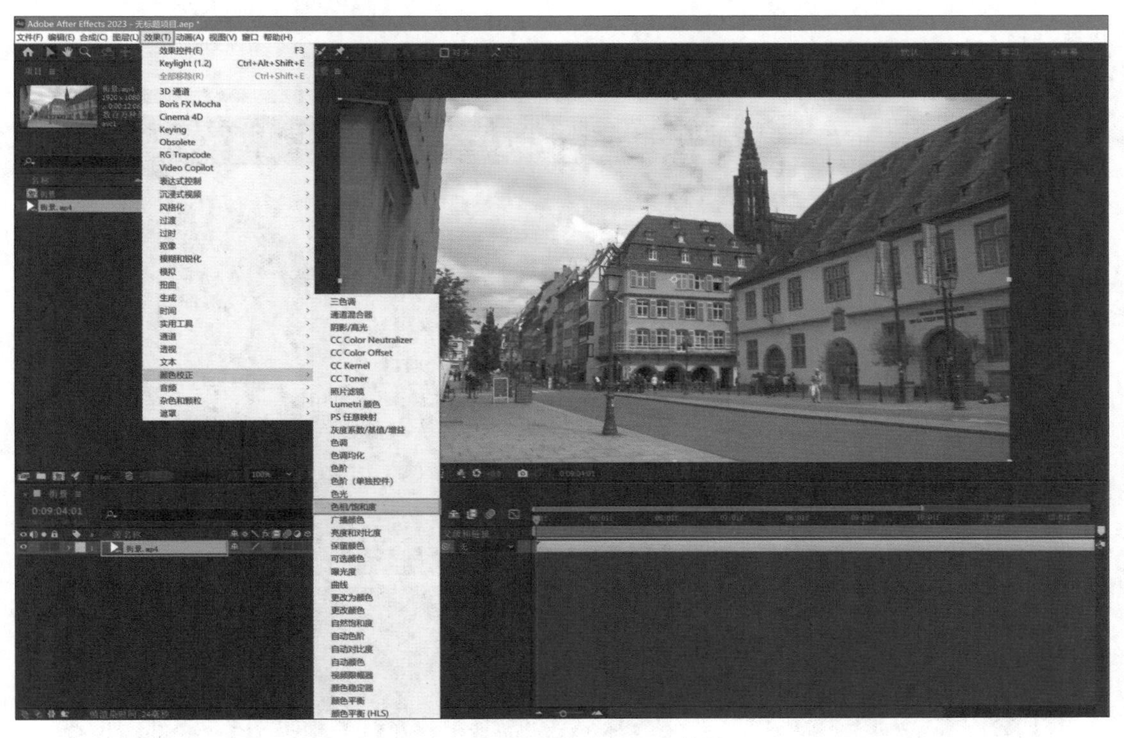

图8-12　添加色相与饱和度效果

这时便能在效果控件面板看到刚刚添加的“色相/饱和度”效果参数了，将“主饱和度”属性的参数调节为“30”，使画面色彩更加艳丽和饱满（图8-13）。

图8-13　修改主饱和度参数

执行【效果】—【颜色校正】—【色阶】，为“街景.mp4”图层添加色阶效果（图8-14）。

图8-14　添加色阶效果

在效果控件面板找到刚刚添加的“色阶”属性下方的“输入黑色”参数，将参数值修改为“30.0”，以此来压暗“街景.mp4”画面中的暗色部分，由于该素材亮色部分已经足够亮了，因此不需要再提高亮色（图8-15）。

图8-15　修改输入黑色参数

执行【效果】—【颜色校正】—【曲线】，为“街景.mp4”图层添加曲线效果（图8-16）。

图8-16　添加曲线效果

同样在效果控件面板调整曲线参数，点击展开通道属性后方的下拉列表，将“RGB”通道切换为“红色”通道（图8-17）。

使用鼠标左键在红色曲线上点击以添加两个锚点，将右上角的锚点往上调，将左下角的

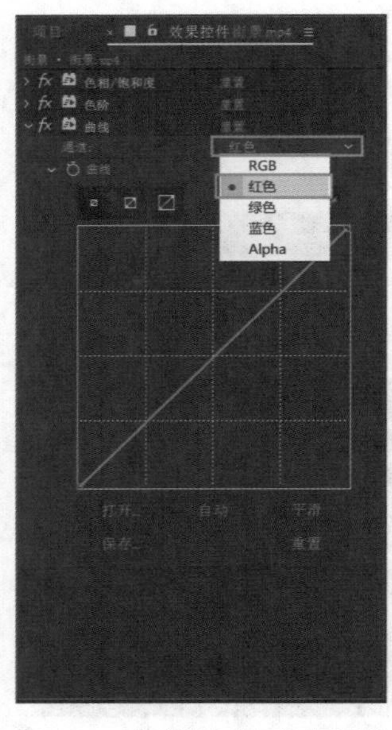

图8-17　切换至“红色”通道

锚点往下调，将红色曲线调整为“S”形（图8-18）。

红色通道的曲线调整完毕后，回到效果控件面板中曲线效果的通道属性，将“红色”通道切换至“绿色”通道（图8-19）。

同样在绿色曲线上添加两个锚点，并调整为和红色曲线相似的“S”形，因为视频中绿色的物体并不多，因此绿色曲线微调即可，曲线弯曲程度不必像红色曲线那么大（图8-20）。

绿色通道的曲线调整完毕后，回到曲线效果的通道属性，将“绿色”通道切换至“蓝色”通道（图8-21）。

在蓝色曲线中间点上添加一个锚点，将其往上拉，使曲线呈抛物线轨迹，整体加强画面中的蓝色（图8-22）。

图8-18　调整红色曲线

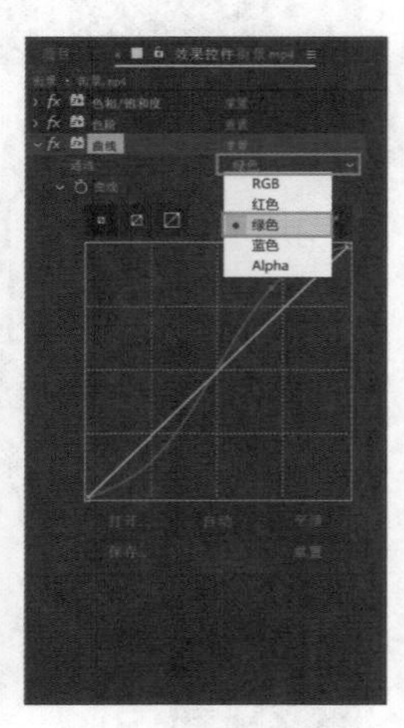

图8-19　切换至“绿色”通道

图8-20　调整绿色曲线

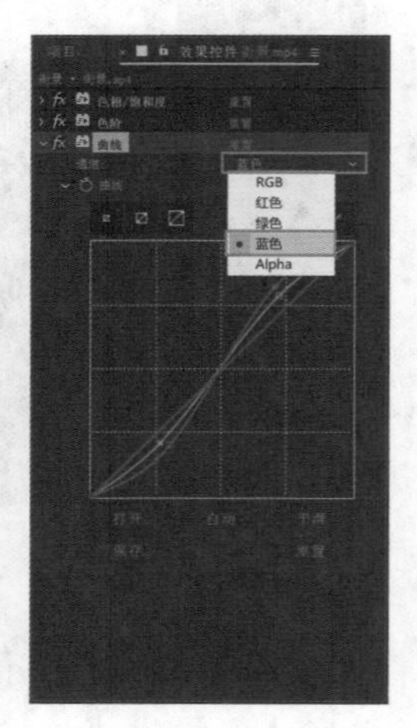

图8-21　切换至“蓝色”通道

图8-22　调整蓝色曲线

曲线效果调整完成，现在画面色彩已经十分饱满且对比强烈。接下来继续添加效果，点击执行【效果】—【颜色校正】—【照片滤镜】，为“街景.mp4”添加照片滤镜效果（图8-23）。

图8-23　添加照片滤镜效果

将照片滤镜的滤镜类型改为“冷色滤镜（LBB）”，使画面整体偏冷色调，目前许多现代题材电影都倾向于使用冷色调（图8-24）。

此时观看合成面板中视频的颜色效果，已经颇具电影感（图8-25）。

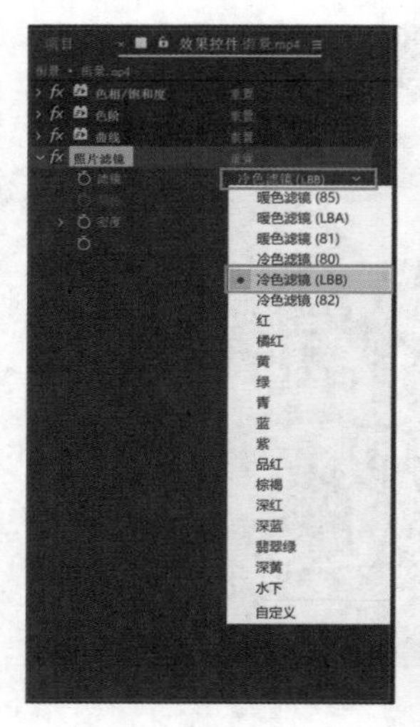

图8-24　切换滤镜类型

图8-25　画面已经颇具电影感

为了使画面更加清晰，可以点击执行【效果】—【模糊和锐化】—【锐化】，为“街景.mp4”添加锐化效果（图8-26）。

“锐化量”一般来说不宜过大，具体参数可按照需要的效果来调节。这里将“锐化量”参数设置为“10”（图8-27）。

图8-26　添加锐化效果

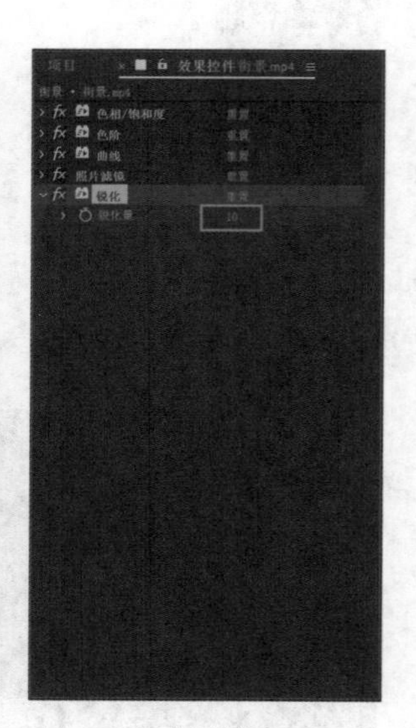

图8-27　修改锐化量参数

至此，案例就全部制作完成了，可以点击预览控制台面板的“播放/停止”按钮对合成进行预览，在合成面板观看合成的最终效果（图8-28）。

图8-28　案例最终效果

本章小结

本章主要讲解了影视后期制作中调色的相关知识，并通过实战案例向大家讲解了调色的具体方法和注意事项。影视后期调色是一项复杂的工程，某些电影后期调色甚至是由专业的公司或团队来进行的，由此可见调色对于一部影片的重要性。色彩不仅仅赋予了影片更加美丽的画面，更能提升一部影片的艺术性。对于初学者来说，学习相关的调色技术并不难，难的是提升自身对色彩的掌控能力，这需要大家长期不懈地加强自身艺术修养和审美能力，才能将调色的魅力真正发挥出来。

第九章 光效插件Optical Flares

本章主要讲解After Effects的镜头光晕插件Optical Flares的基本操作方法和使用技巧。光效作为影视后期制作的一项重要内容，在很多时候承载着使影片视觉效果更加炫目的作用。因此，掌握光效的制作方法也就成了影视后期制作者必备的技能之一。After Effects制作光效的方法有很多，本章主要以比较具有代表性的Optical Flares插件为例进行讲解。

第一节 Optical Flares插件介绍

Optical Flares是一款由Video Copilot出品的插件，可以用于制作强大的光效和逼真的镜头耀斑。Optical Flares插件具有独立且直观的操作界面，能够快速、简单地创建各种光效。该插件在控制性能、界面友好度和效果等方面比同类型的光效插件更加优秀。同时，Optical Flares还内置了数量众多的预设，为用户提供了极大的便利，因此，Optical Flares深受广大影视后期制作者的喜爱，几乎是After Effects的必备插件之一（图9-1）。

小提示：由于Optical Flares属于第三方插件，After Effects并未内置此功能，需要用户自行安装。

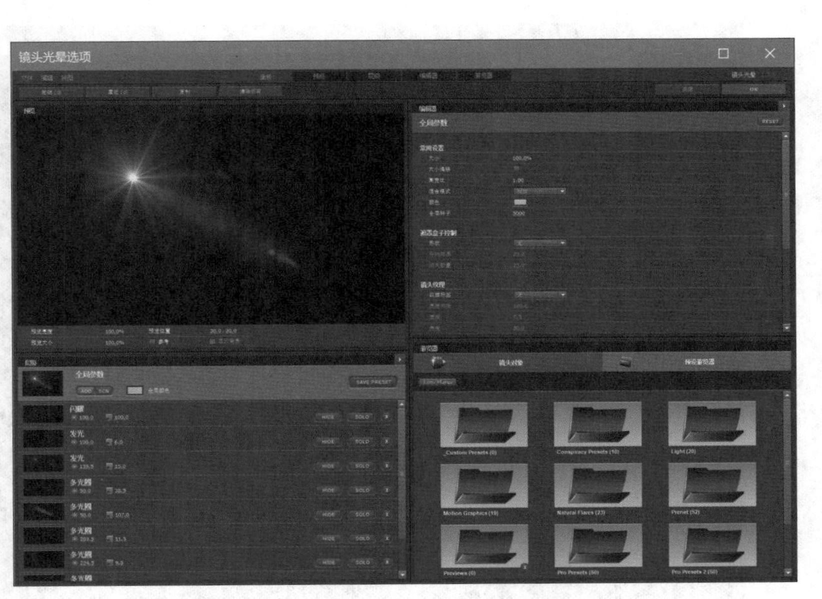

图9-1 Optical Flares插件界面

第二节　Optical Flares的基本操作

Optical Flares操作十分便捷，而功能却极其强大，本节主要讲解其基本的使用方法。

新建一个纯色层，并将纯色层的颜色设置为黑色（图9-2）。

图9-2　新建黑色纯色层

选中新建的黑色纯色层，执行【效果】—【Video Copilot】—【Optical Flares】，为该图层添加“Optical Flares”效果（图9-3）。

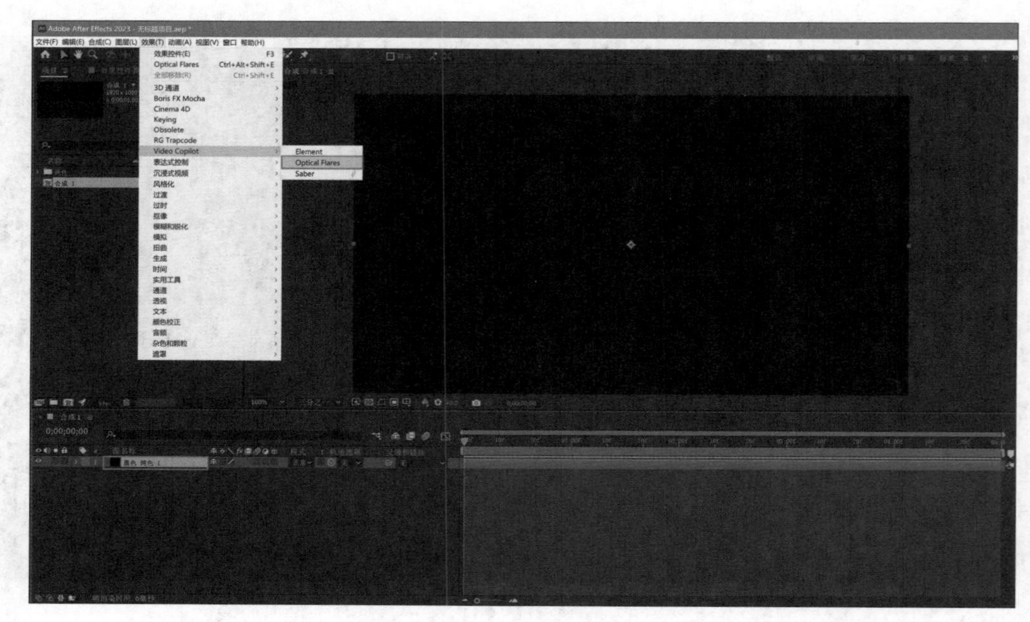

图9-3　添加“Optical Flares”效果

此时就可以在效果控件面板看到Optical Flares效果了，同时，在合成预览区能够实时预览Optical Flares产生的光效（图9-4）。

图9-4　Optical Flares效果预览

在效果控件面板可以对Optical Flares的参数进行调整，如果需要打开Optical Flares插件的独立界面，点击效果控件面板中的“Options”按钮（图9-5）。

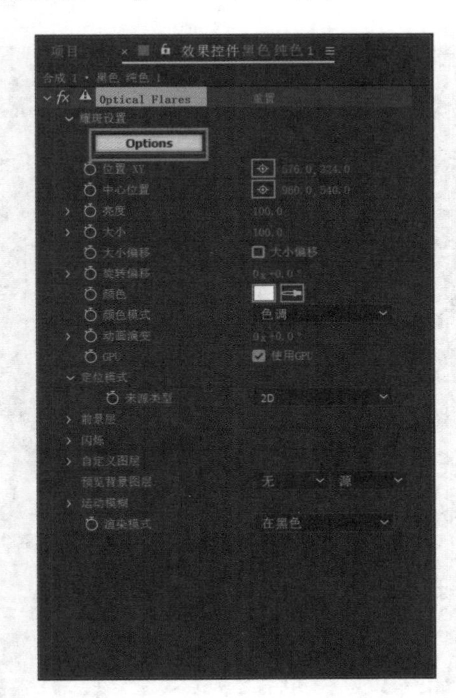

图9-5　点击“Options”按钮

Optical Flares的独立界面如图9-6所示。

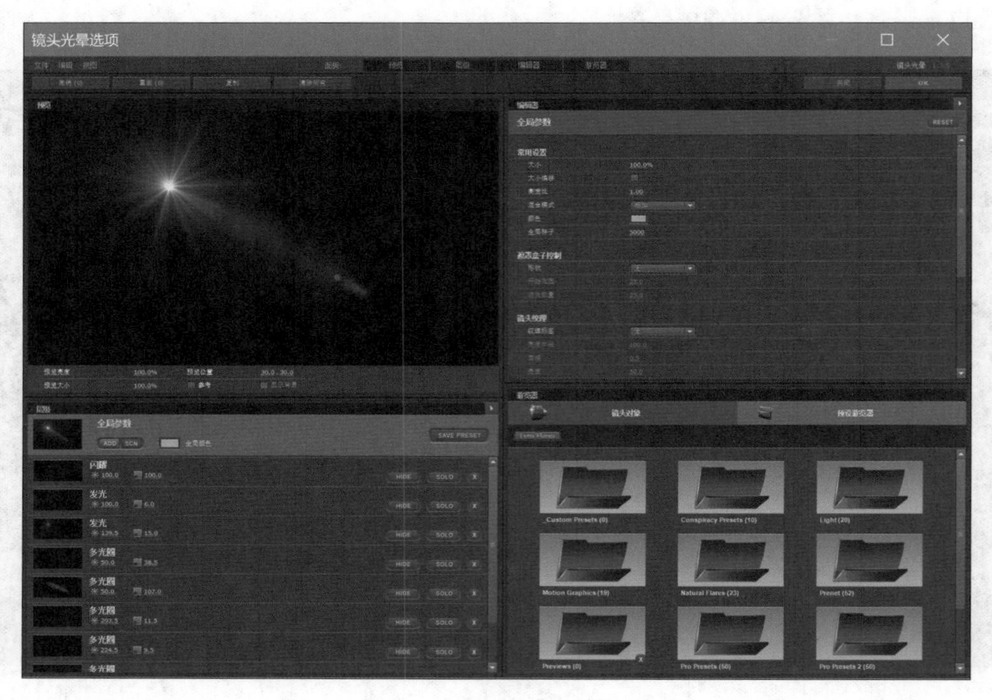

图9-6　Optical Flares界面

在界面右上角的编辑器面板可以对光效的大小、亮度、颜色等基本参数进行整体调整（图9-7）。

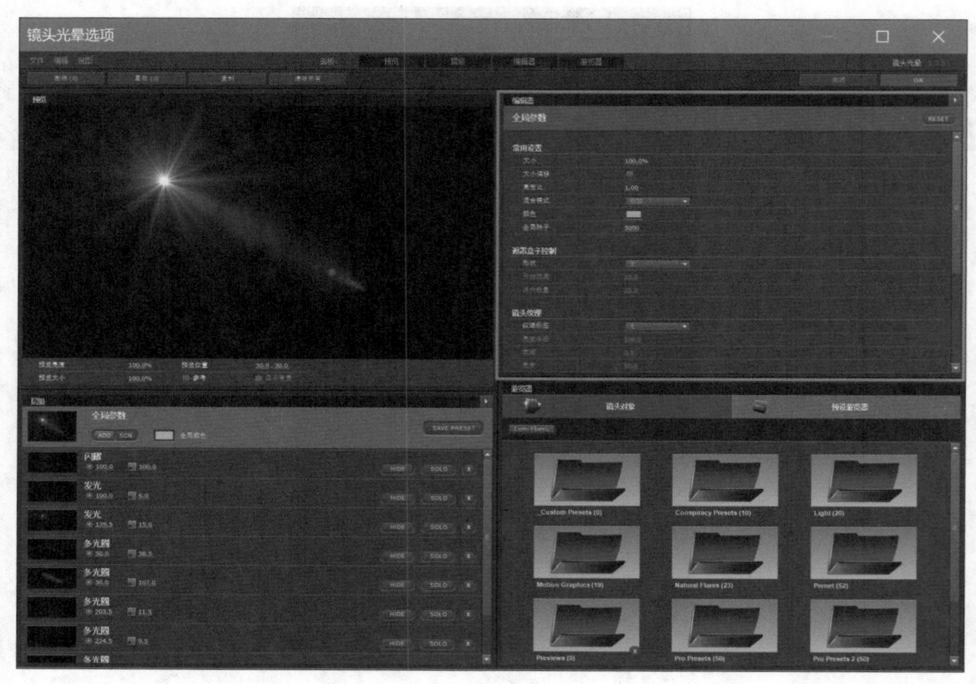

图9-7　编辑器面板

界面左下角的层级面板可以对光效不同的细节分别进行调整（图9-8）。

图9-8　层级面板

界面右下角的浏览器面板可以调用各种预设光效，点击需要的预设预览图就可以实现调用，十分便捷（图9-9）。

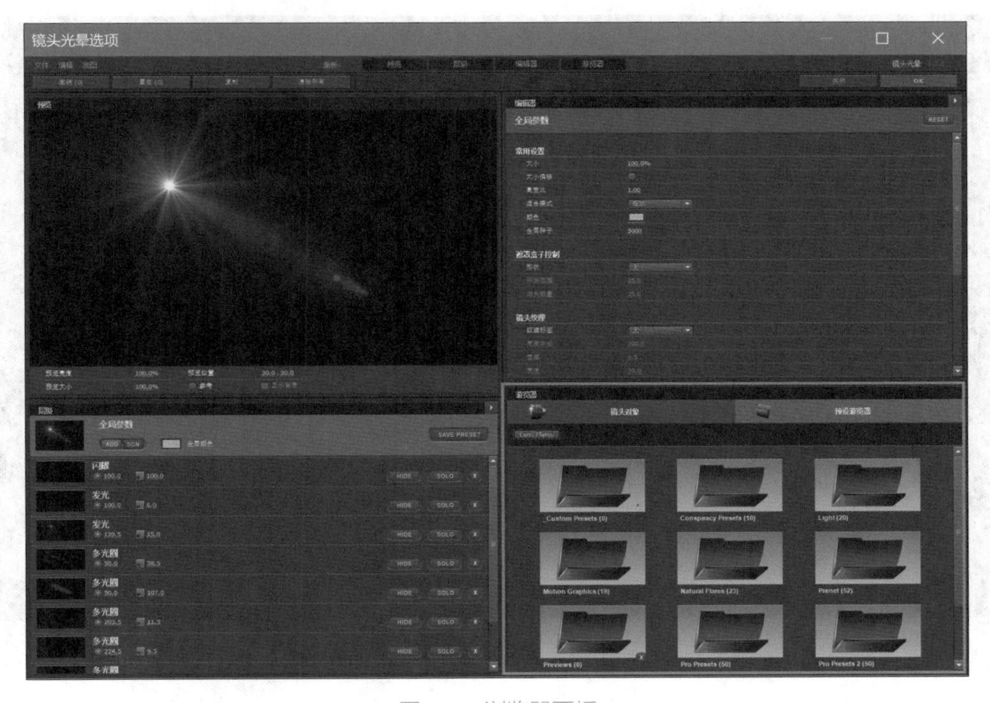

图9-9　浏览器面板

设置好参数后，点击界面右上角的“OK”按钮，可以保存修改（图9-10）。

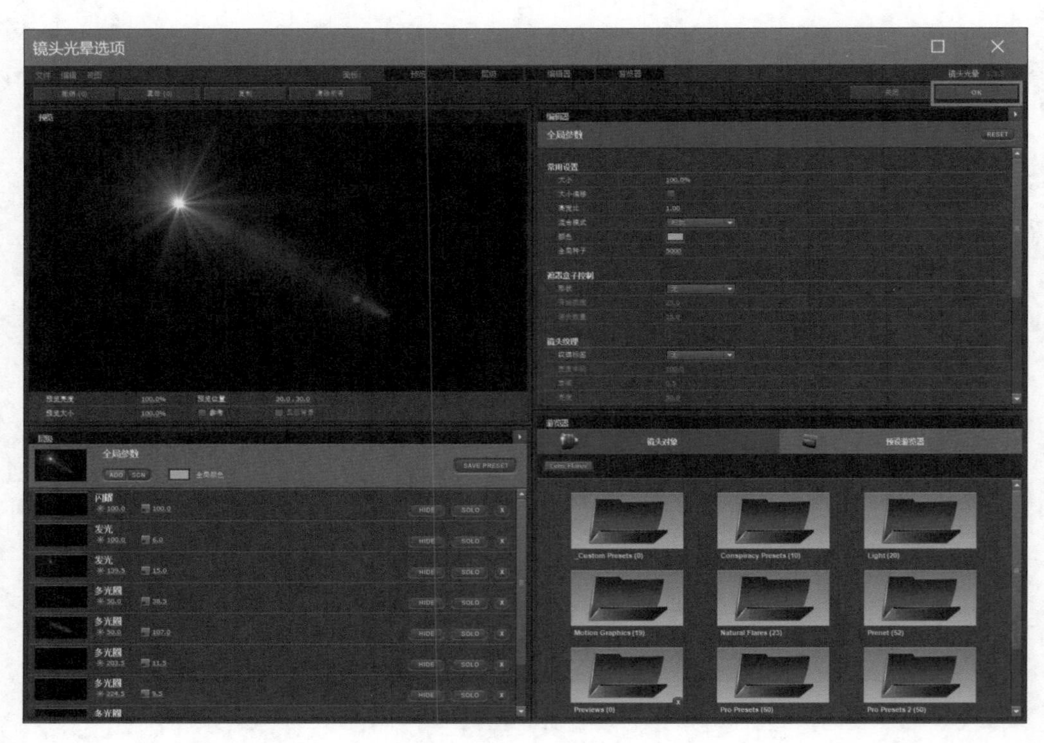

图9-10　点击“OK”按钮

保存成功后就可以在合成面板预览到设置的光效了（图9-11）。

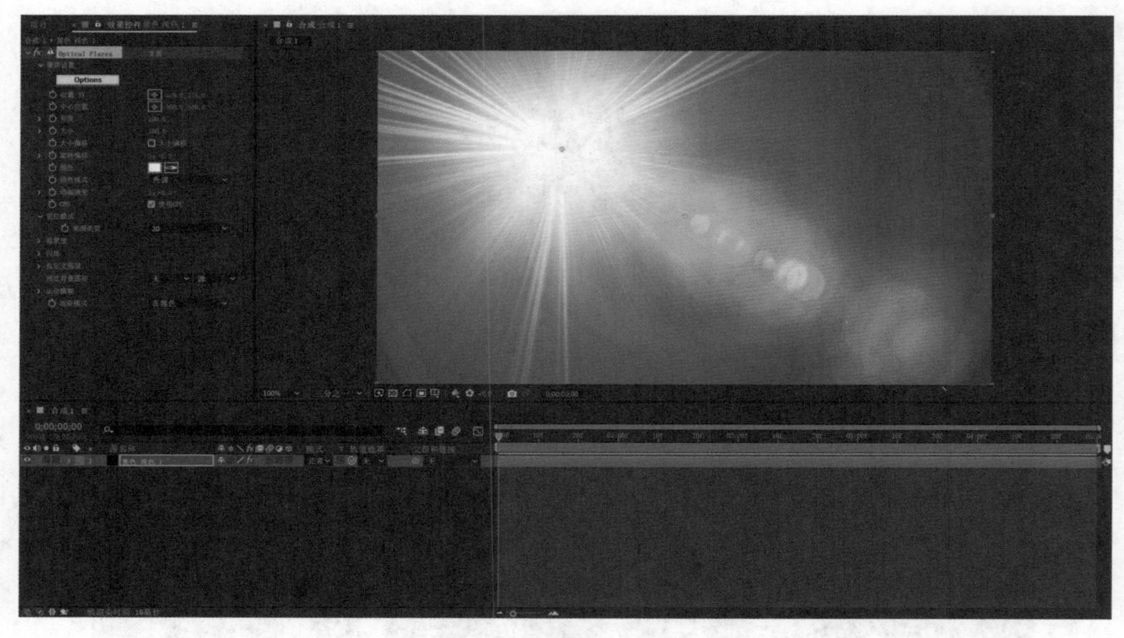

图9-11　光效预览

第三节　实战案例之魔法之光

在基本掌握了Optical Flares插件的使用方法后，下面进行实战练习。本案例将重点学习如何制作Optical Flares光效动画。

执行【文件】—【导入】—【文件】，在弹出的窗口中找到“浩瀚星空.mov”和“挥舞魔杖.mov”两个素材文件，全部选中后点击“导入”，将素材文件导入After Effects中，素材文件的目录为“《After Effects影视后期特效实战教程》素材文件/第9章/9.3 实战案例之魔法之光”（图9-12）。

在项目面板中选中“挥舞魔杖.mov”，按下鼠标左键并将其拖动至“新建合成”按钮后松开鼠标左键，即可创建一个基于该素材属性的合成（图9-13）。

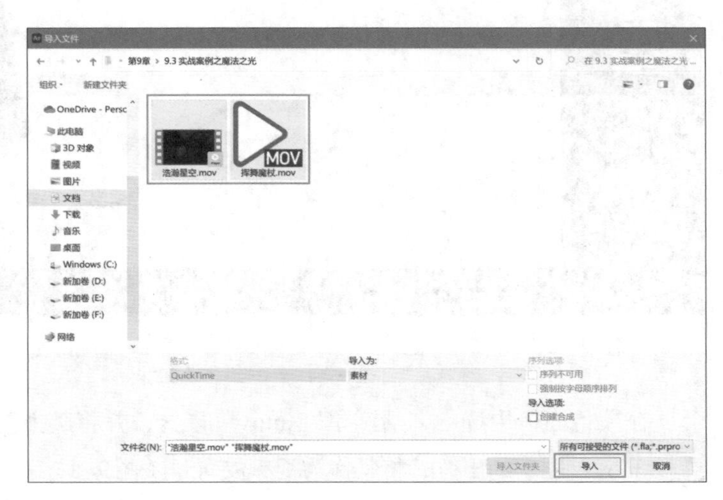

图9-12　导入素材

图9-13　新建合成

点击预览面板下方的“切换透明网格”按钮，可以看到该素材是一个带有Alpha通道的视频，素材的背景已经被抠除干净，只留下演员手拿魔棒挥舞的画面（图9-14）。

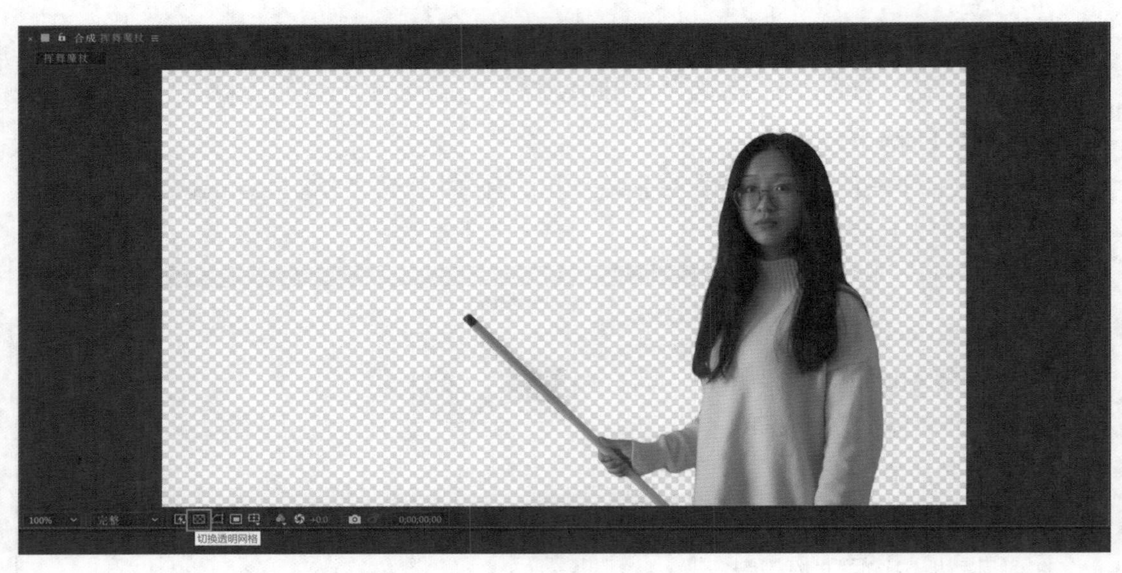

图9-14　图像已抠除背景

在项目面板中选中“浩瀚星空.mov”素材，并将其拖动至时间轴面板，使其位于“挥舞魔杖.mov”图层的下方，将其作为视频的背景（图9-15）。

图9-15　添加浩瀚星空图层

执行【图层】—【新建】—【空对象】，新建一个空对象图层备用，这个空对象图层的主要作用是便于跟踪魔杖的运动后匹配光效的运动（图9-16）。

图9-16　新建空对象图层

此时，可以在时间轴面板看到名为“空1”的图层，这就是刚刚新建的空对象图层，同时，在合成面板中的视频内也会看到空对象的红色控制框。在时间轴面板展开“空1”图层的变换属性，将“位置”属性的参数调节至“740.0,620.0”，使空对象的中心点移动至“魔杖”顶端（图9-17）。

图9-17　设置空对象图层位置

点击“窗口”菜单，在弹出的列表中勾选“跟踪器”，打开跟踪器面板（图9-18）。

图9-18　打开“跟踪器”面板

下面跟踪魔杖的运动。选中“挥舞魔杖.mov”图层，然后点击跟踪器面板中的“跟踪运动”按钮（图9-19）。

图9-19　点击“跟踪运动”按钮

此时，可以看到合成面板已自动切换至素材图层预览窗口，且在画面中添加了一个“跟踪点1”（图9-20）。

调节“跟踪点1”的位置，使“跟踪点1”位于魔棒顶端。同时调整“跟踪点1”的大小，将魔杖顶端黑色部分置于跟踪点范围内（图9-21）。

小提示：在这个案例中，演员挥舞魔杖的速度较快，运动幅度也比较大，因此，可以将跟踪点外部的矩形框适当放大一些，以保证跟踪的准确性。

调整好跟踪点后，回到跟踪器面板，点击“向前分析”按钮（图9-22）。

稍等片刻，待分析完成后，点击跟踪器面板中的“编辑目标”按钮（图9-23）。

图9-20　跟踪点1

图9-21　调整跟踪点1的位置

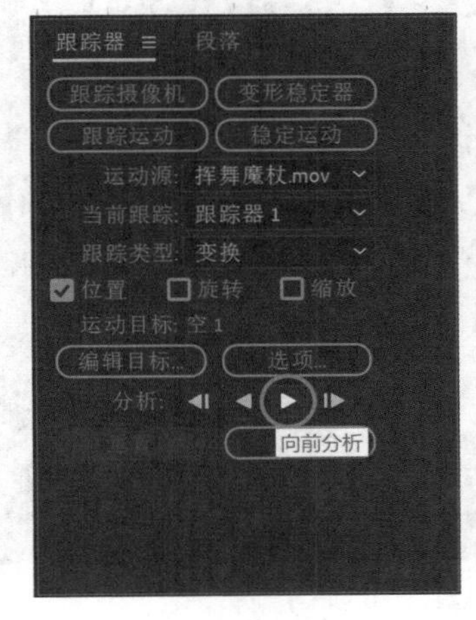

图9-22　点击“向前分析”按钮

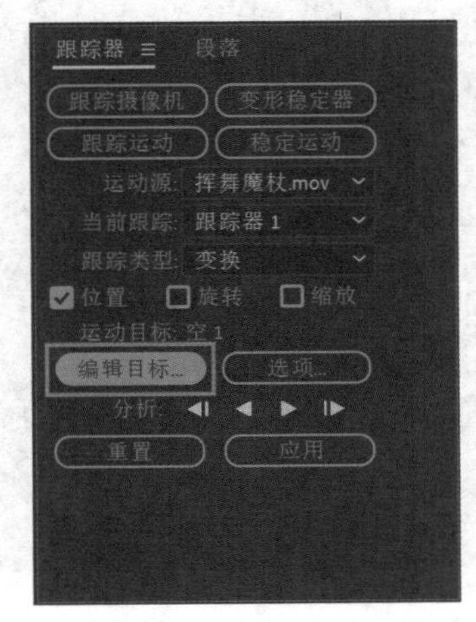

图9-23　点击“编辑目标”按钮

在弹出的对话框中，选择图层为“1.空1”，然后点击“确定”（图9-24）。

回到跟踪器面板，点击“应用”按钮（图9-25）。

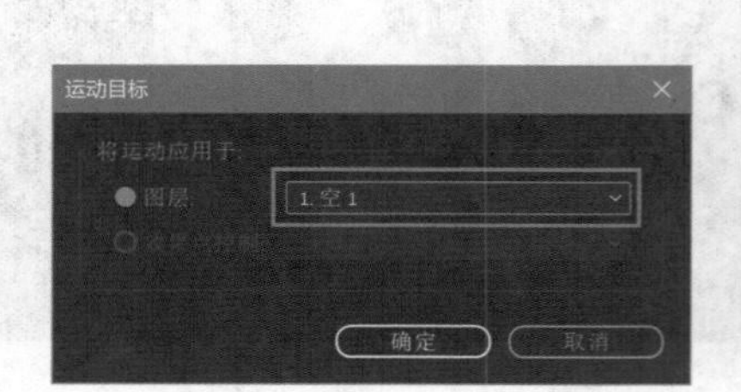

图9-24 选择空对象图层

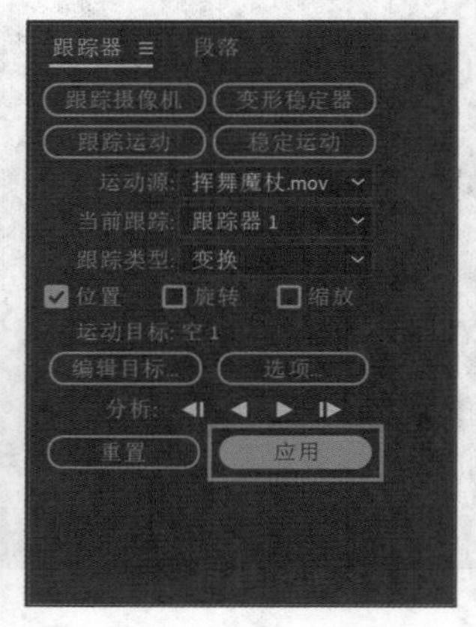

图9-25 点击“应用”按钮

在弹出的对话框中点击“确定”按钮（图9-26）。

图9-26 点击“确定”按钮

至此，跟踪就完成了。播放检查可以发现，“空1”图层已经能够同步跟随魔杖顶端进行运动了（图9-27）。

图9-27 空对象已经跟随魔杖运动

下面来制作光效。执行【图层】—【新建】—【纯色】，新建一个纯色层（图9-28）。

图9-28　新建纯色层

在弹出的“纯色设置”对话框中，将纯色层的颜色设置为纯黑色，然后点击确定（图9-29）。

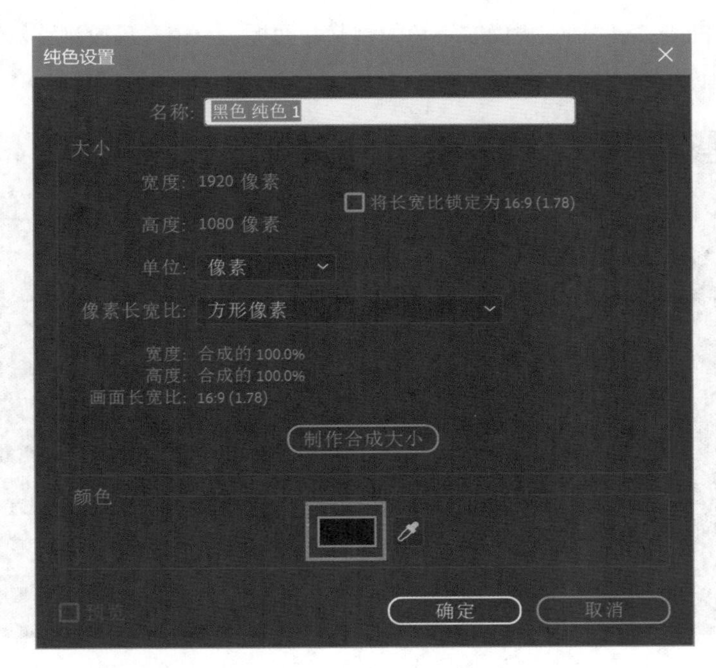

图9-29　将纯色层设置为黑色

选中刚才新建的黑色纯色层，执行【效果】—【Video Copilot】—【Optical Flares】，为该图层添加“Optical Flares”效果（图9-30）。

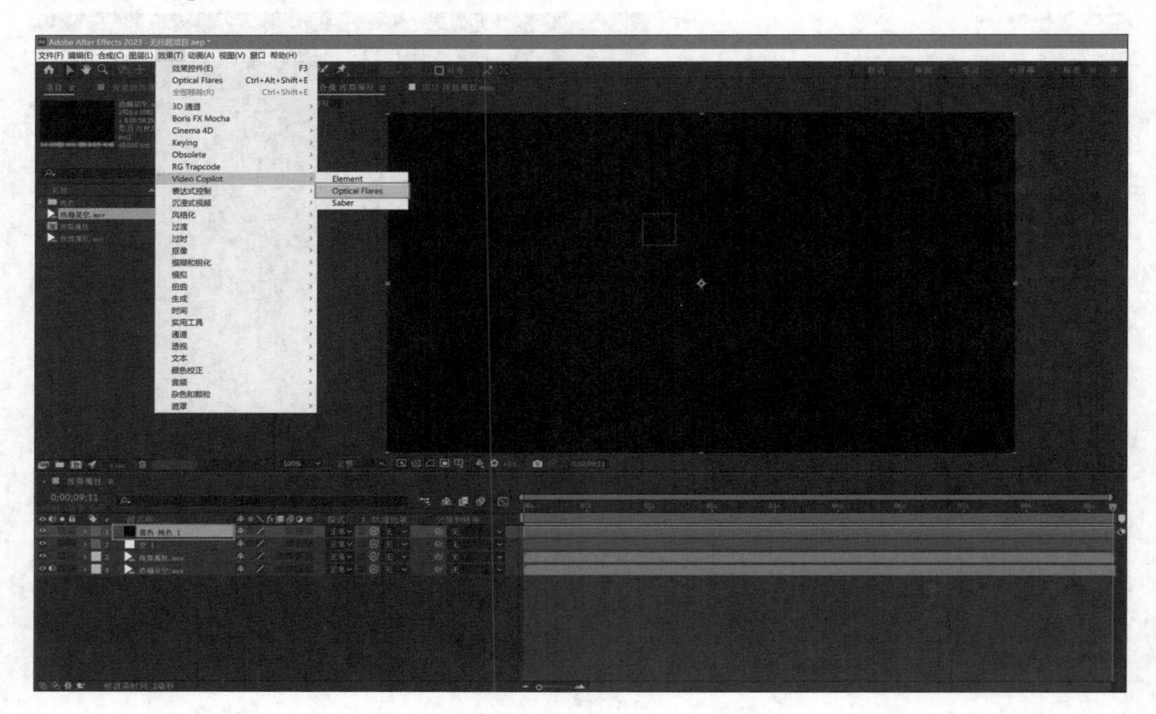

图9-30　为纯色层添加Optical Flares效果

在效果控件面板点击“Options”按钮，打开Optical Flares插件的独立界面（图9-31）。

找到Optical Flares插件独立界面右下角的浏览器面板，点击“预设浏览器”按钮，即可浏览Optical Flares内置的丰富预设效果（图9-32）。

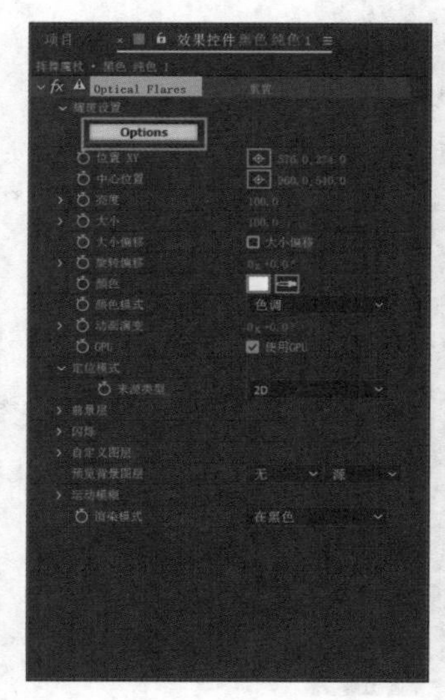

图9-31　点击“Options”按钮

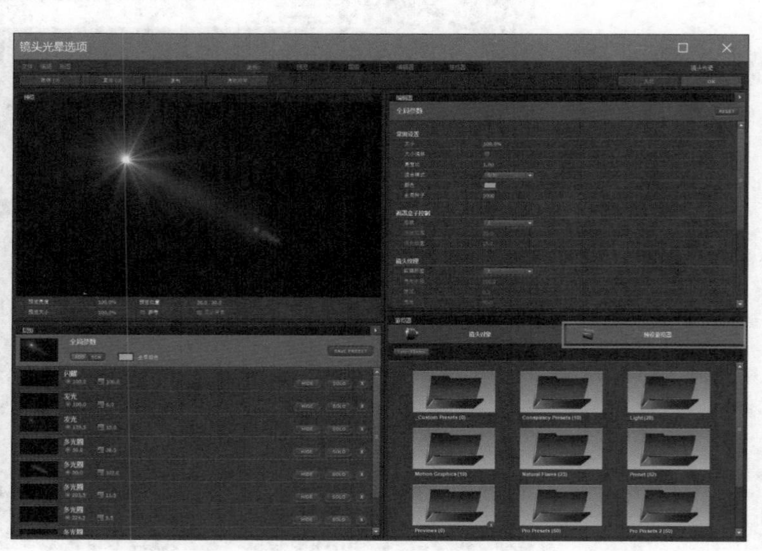

图9-32　点击“预设浏览器”按钮

在下方的多个预设“文件夹”中，找到“Pro Presets(50)”文件夹，并点击打开该文件夹（图9-33）。

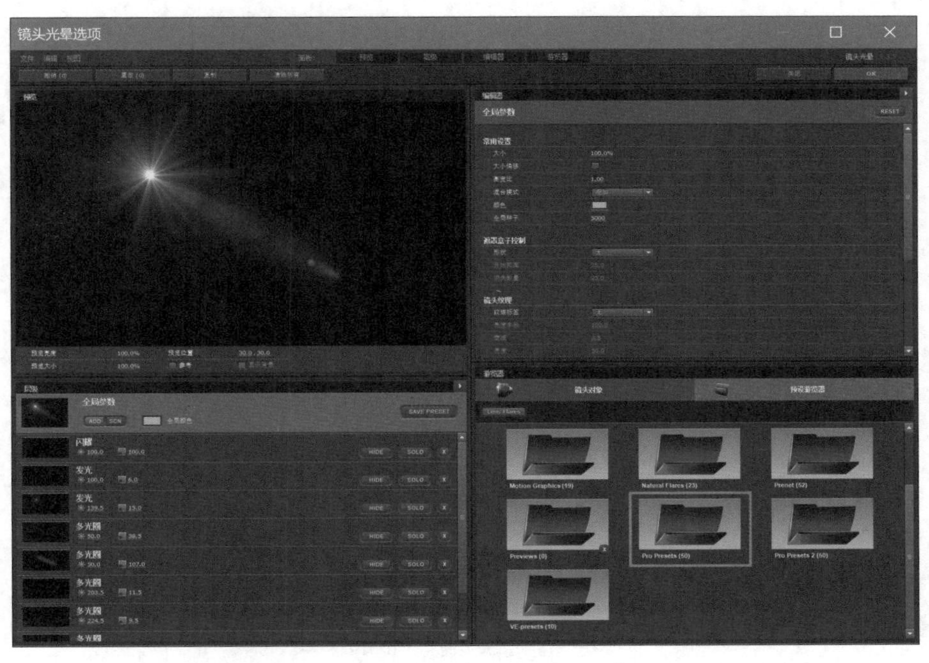

图9-33　点击“Pro Presets(50)”

在该文件夹内的多个光效中找到“Power Light”预设，然后点击调用该预设（图9-34）。

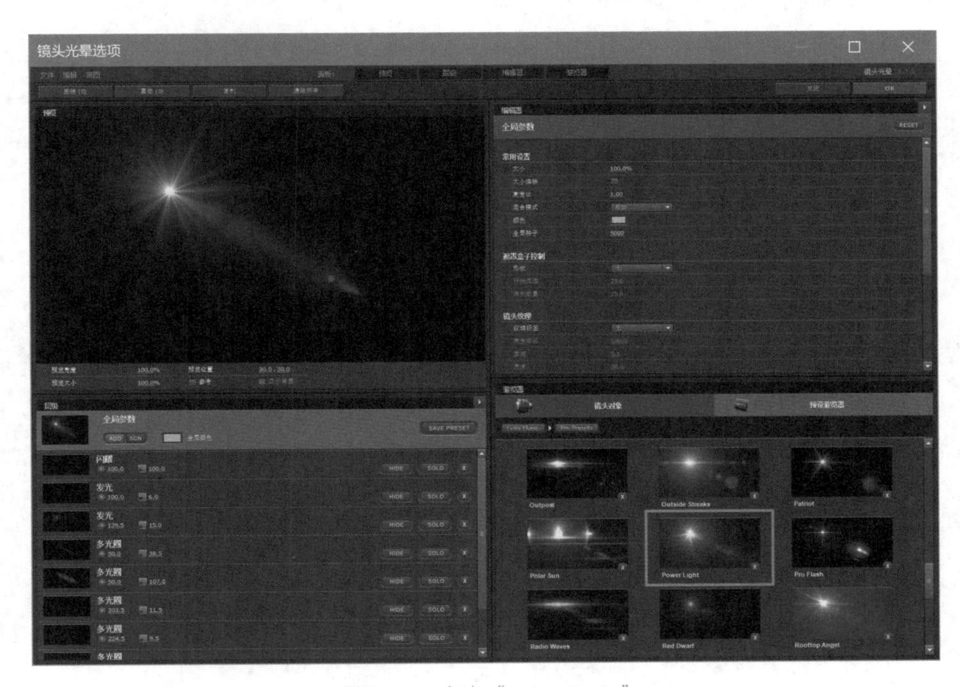

图9-34　点击“Power Light”

此时，“Power Light”会出现在预览面板中，在界面左下角的层级面板中将全部的“Multi Iris”隐藏（点击“Multi Iris”后方的“HIDE”按钮即可将其隐藏）（图9-35）。

图9-35　隐藏全部“Multi Iris”

调节“全局参数”下方的“全局颜色”。点击“颜色”后方的颜色选择框，在弹出的颜色选择框中将颜色改为橙红色（图9-36）。

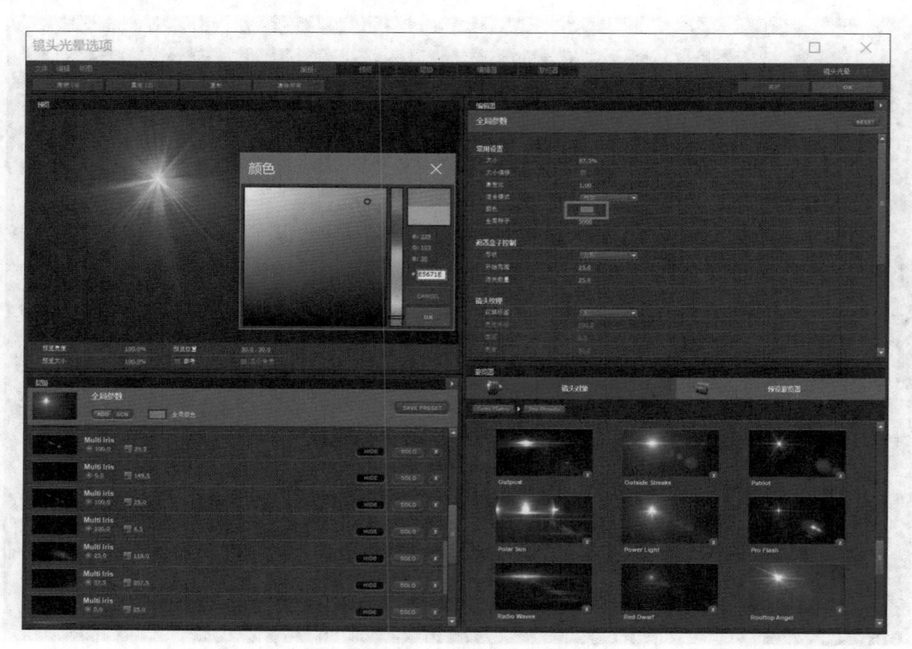

图9-36　将全局颜色设置为橙红色

设置好参数后，点击界面右上角的“OK”按钮，保存修改（图9-37）。

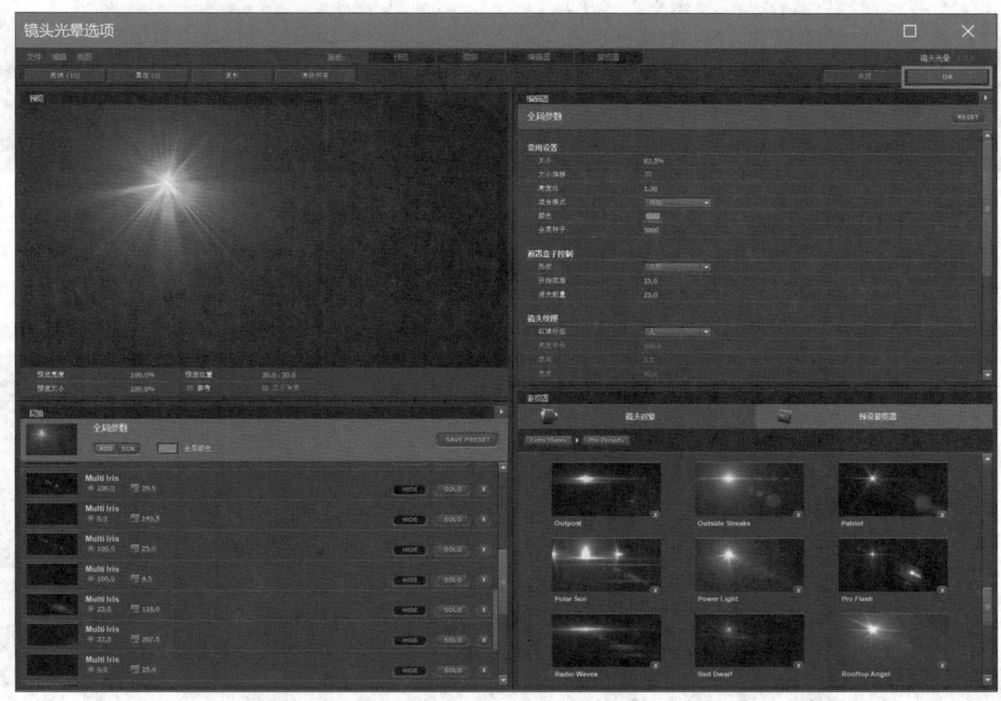

图9-37 点击“OK”按钮

在效果控件面板，点击“渲染模式”属性后方的选项，并在弹出的下拉列表中选择“在透明”模式，这样，光效图层中黑色的部分就会透明化，而光效的部分正常显示（图9-38）。

图9-38 切换渲染模式

将时间指针移动到第0帧处，选中“空1”这个空对象图层，点击它前方的“>”形按钮展开图层变换属性，然后点击选中空对象图层的“位置”属性（图9-39）。

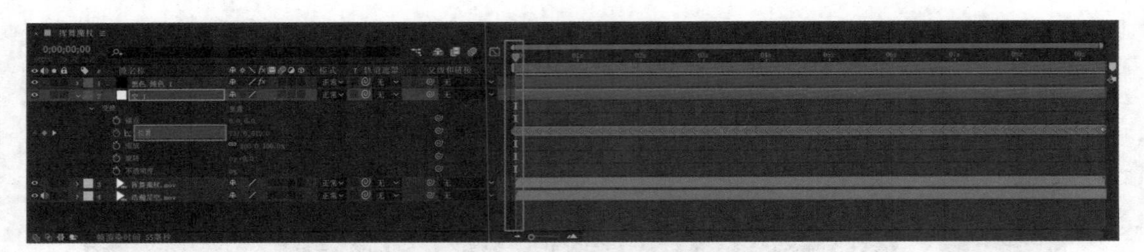

图9-39 选中空对象“位置”属性

选中空对象图层的“位置”属性后，执行【编辑】—【带属性链接复制】(图9-40)。

图9-40 复制空对象位置属性

接着点击“黑色 纯色 1”图层前方的“>”形按钮，展开“效果”属性，再继续展开“Optical Flares”属性，选中“位置XY”属性(图9-41)。

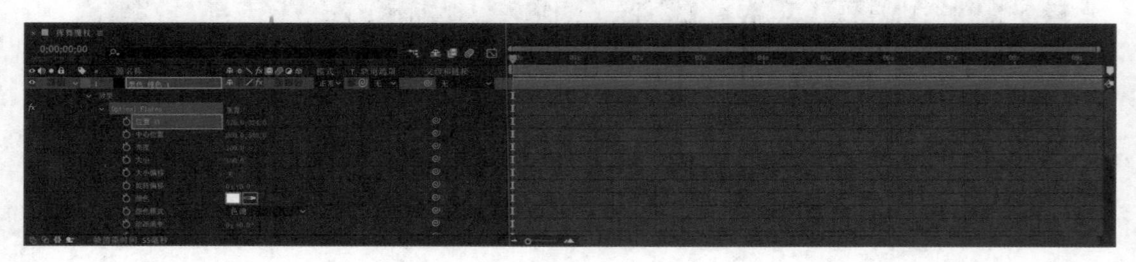

图9-41 选中Optical Flares“位置XY”属性

执行【编辑】—【粘贴】，将空对象的运动信息粘贴到之前制作好的Optical Flares光效(图9-42)。

图9-42 粘贴属性

点击预览控制台面板的“播放/停止”按钮，可以看到光效已经跟随着魔杖顶端在同步运动了（图9-43）。

图9-43 光效已跟随魔杖运动

下面继续完善光效的细节。将时间指针移动到第2秒处，回到“黑色 纯色 1”图层，点击Optical Flares效果“亮度”属性前方的秒表图标，为“亮度”属性设置第一个关键帧，同时将其参数设置为“0.0”（图9-44）。

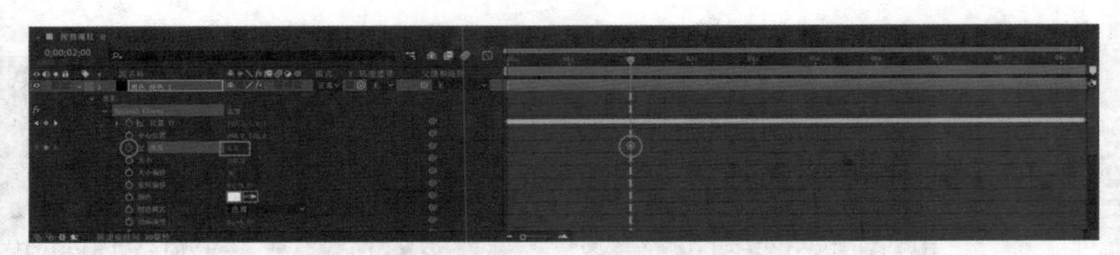

图9-44　设置“亮度”第一个关键帧

将时间指针移动到第2秒15帧处，将“亮度”属性参数修改为“100.0”，设置为第二个关键帧（图9-45）。

图9-45　设置第二个关键帧

“亮度”的关键帧设置完毕，继续找到“旋转偏移”属性。先将时间指针移回第0秒处，然后点击“旋转偏移”属性前方的秒表，为“旋转偏移”属性设置第一个关键帧，参数为原始参数不变（图9-46）。

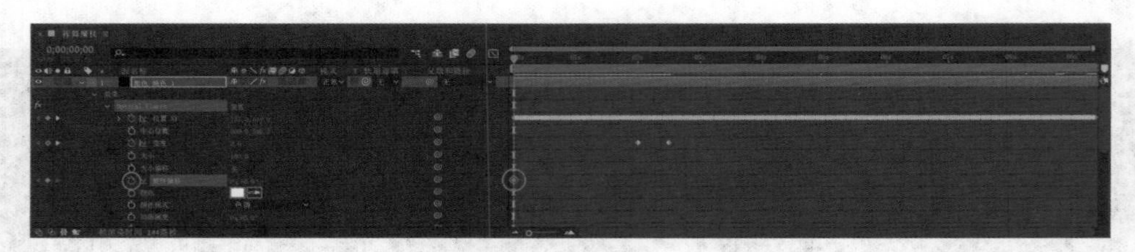

图9-46　设置“旋转偏移”第一个关键帧

将时间指针移动到第9秒11帧，也就是视频结尾处，将“旋转偏移”属性参数修改为“0x，+180.0”，设置为第二个关键帧（图9-47）。

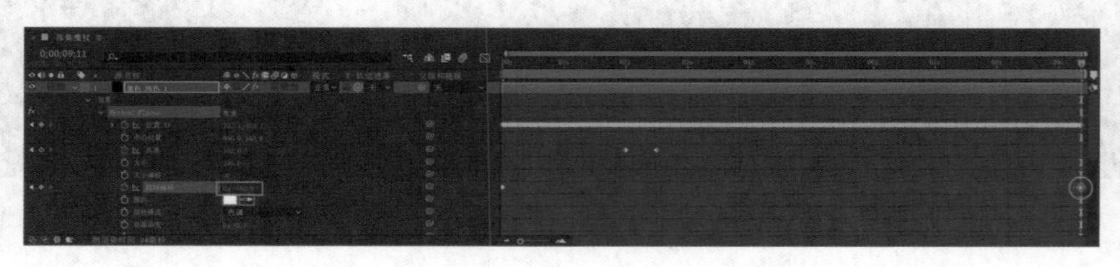

图9-47　设置第二个关键帧

在效果控件面板“Optical Flares”效果的下方找到“闪烁”属性。点击“闪烁”前方的“>”形按钮，展开其属性参数（图9-48）。

对“闪烁”属性下方的“速度”和“数值”参数进行修改。“速度”的参数为“20.0”。“数量”的参数为“50.0”。这样，光效就有了闪烁的效果，显得更加逼真和自然（图9-49）。

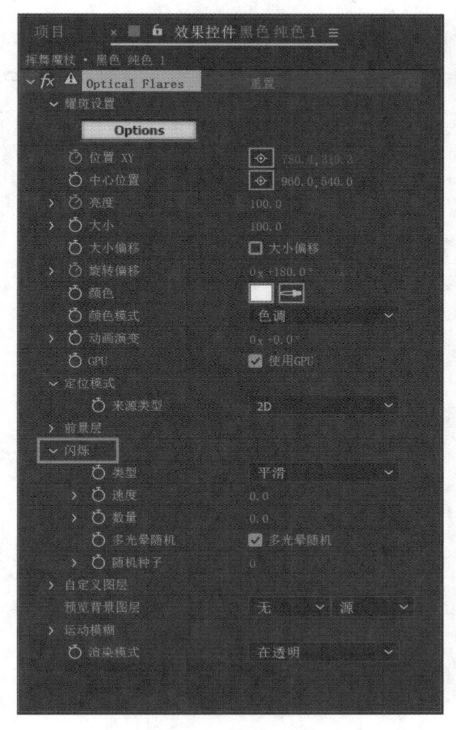

图9-48　展开“闪烁”属性

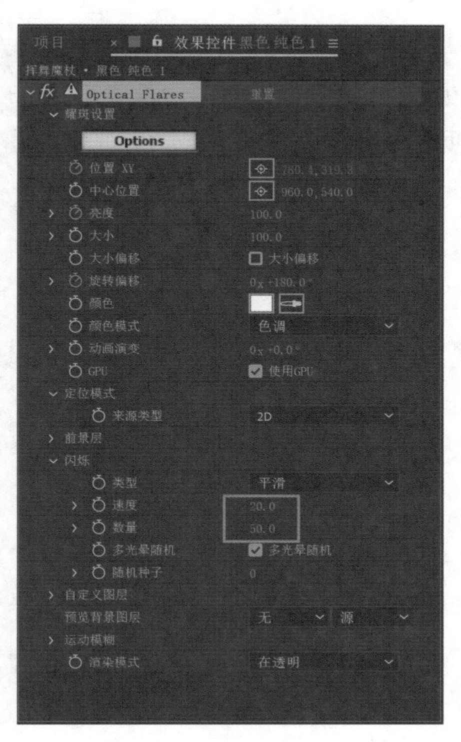

图9-49　设置“速度”和“数值”参数

至此，案例就全部制作完成了。可以点击预览控制台面板的“播放/停止”按钮对合成进行预览，在合成面板观看合成的最终效果（图9-50）。

图9-50　案例最终效果

本章小结

本章主要讲解了Optical Flares插件的相关知识，并通过实战案例讲解了Optical Flares的具体使用方法。Optical Flares是一款非常强大的插件，有许多功能值得深入挖掘。由于Optical Flares插件的重要性，它几乎成为影视后期制作者必备的插件之一，掌握其使用方法能极大地为我们的视频增光添彩。

第十章

粒子插件Trapcode Particular

本章主要讲解After Effects粒子插件Trapcode Particular的基本操作方法和使用技巧。粒子特效是影视后期制作中非常重要的一种特效，常用于制作某些奇幻而绚丽的画面，如火焰、烟雾、爆炸、水花、星光等。合理运用粒子特效不但能够使视频更具观赏性，而且能够在某些情况下提高我们的工作效率。After Effects自带粒子效果，此外也有很多第三方粒子插件，其中最具代表性的就是Trapcode Particular，本章将向读者重点讲解其使用方法。

第一节　Trapcode Particular插件介绍

After Effects自带粒子效果，但为了满足更多样化、个性化的粒子特效制作需求，很多第三方开发者为After Effects开发了各种粒子插件，其中最为著名的当属Trapcode Particular，它不但功能强大，而且实时渲染速度也十分惊人。Trapcode Particular可以产生各种各样的自然效果，如烟、火、闪光等，也可以产生有机的和高科技风格的图形效果，且效果十分精彩、炫目（图10-1）。

图10-1　Trapcode Particular效果

小提示：由于Trapcode Particular属于第三方插件，After Effects并未内置此功能，需要用户自行安装。

第二节　Trapcode Particular的基本操作

Trapcode Particular功能强大，且可供使用的参数非常多，本节主要讲解其基本的使用方法。

新建一个纯色层，并将纯色层的颜色设置为黑色（图10-2）。

图10-2　新建黑色纯色层

选中刚才新建的“黑色 纯色1”图层，执行【效果】—【RG Trapcode】—【Particular】，为该图层添加“Particular”效果（图10-3）。

此时就可以在效果控件面板看到Particular效果了。点击预览控制台面板中的“播放/停止”按钮即可在合成面板实时预览Particular产生的粒子动画，可以看到粒子在不断地由中心向四周扩散（图10-4）。

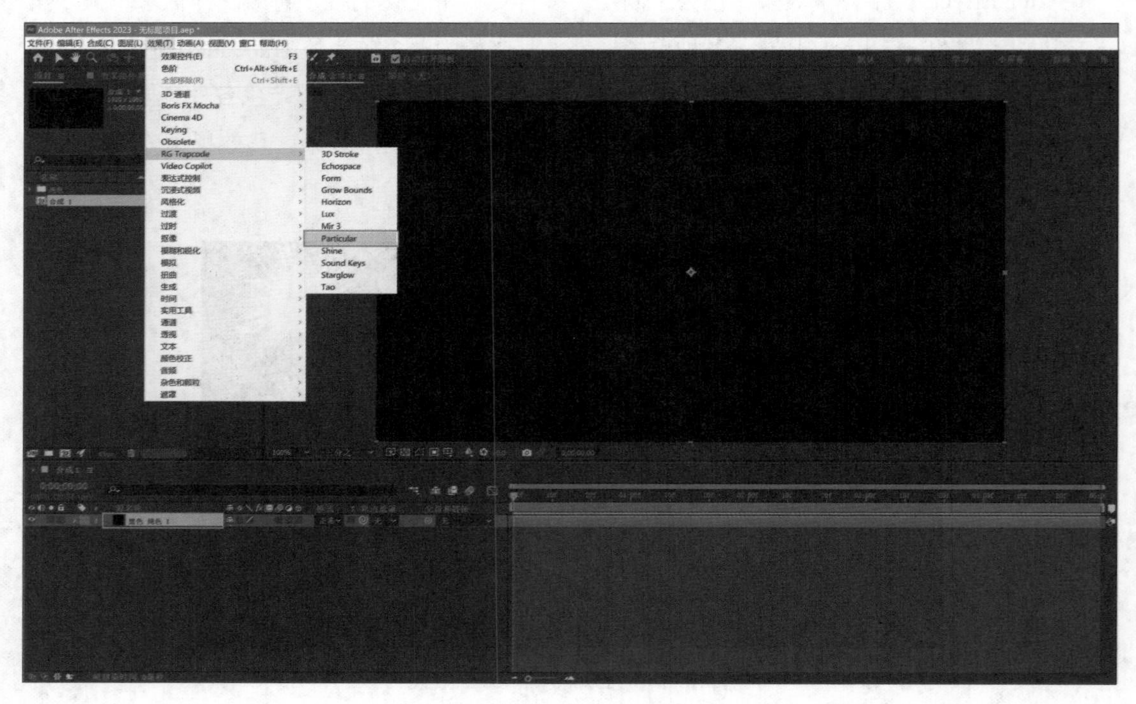

图10-3　添加“Particular”效果

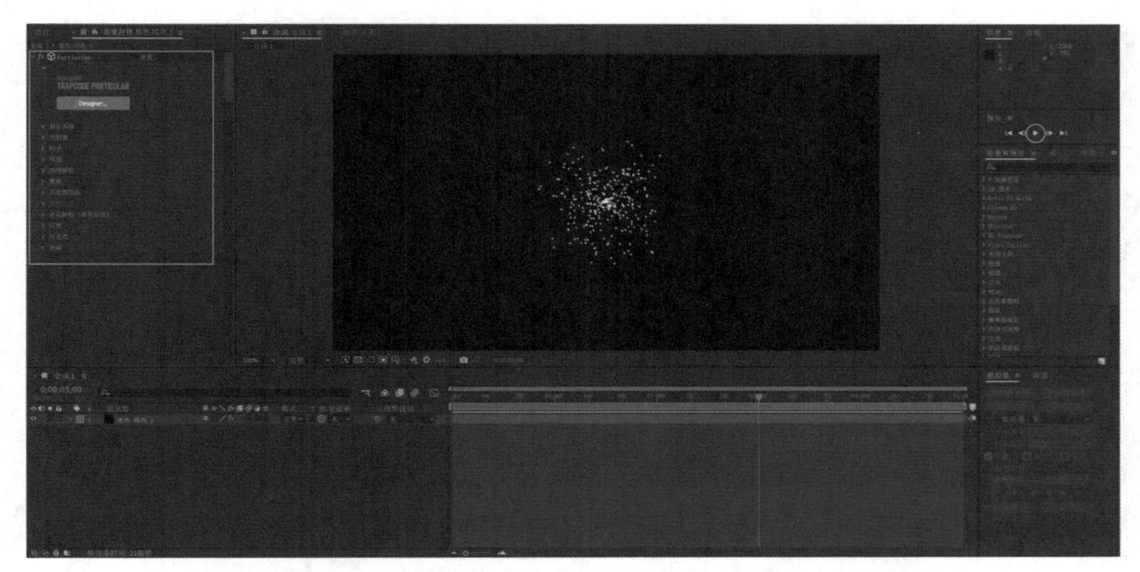

图10-4 Particular粒子动画效果

点击效果控件面板中的“Designer”按钮即可打开Particular插件的独立界面（图10-5）。Particular插件的Designer界面如图10-6所示。

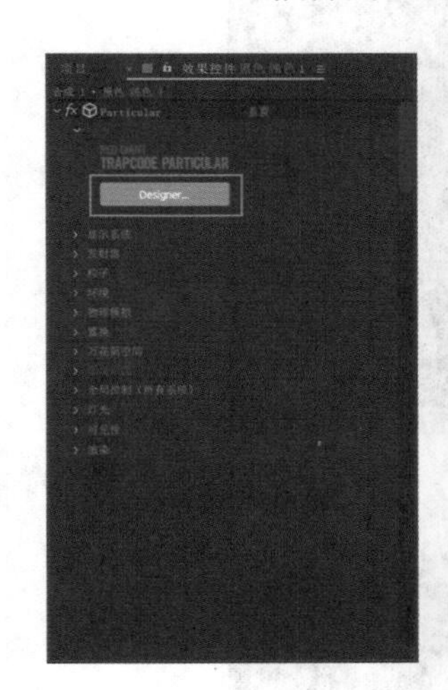

图10-5 点击“Designer”

图10-6 Designer界面

点击界面左上角的“>”形图标，可以打开Presets面板（图10-7）。

在Presets面板中可以看到Trapcode Particular内置的诸多粒子动画预设，不但种类丰富，而且效果惊人。直接用鼠标左键点击所需要的预设，即可实现调用该组预设（图10-8）。

点击界面右上角的“>”形图标，可以打开Blocks面板（图10-9）。

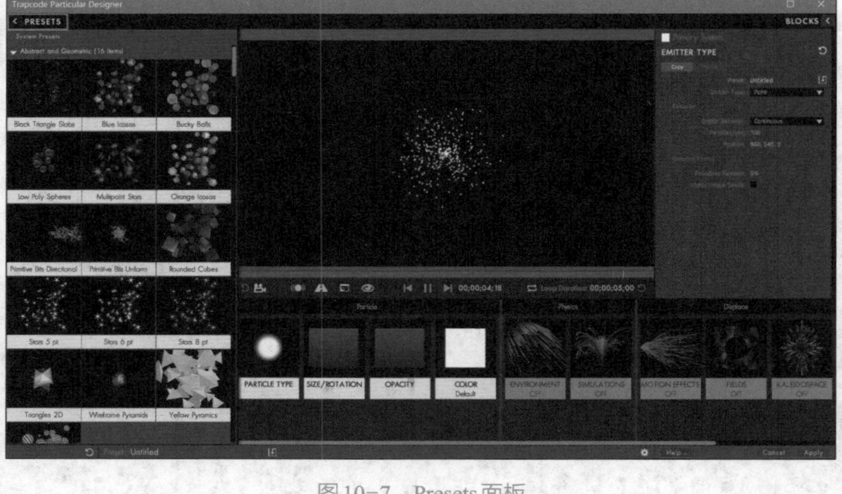

图10-7　Presets面板

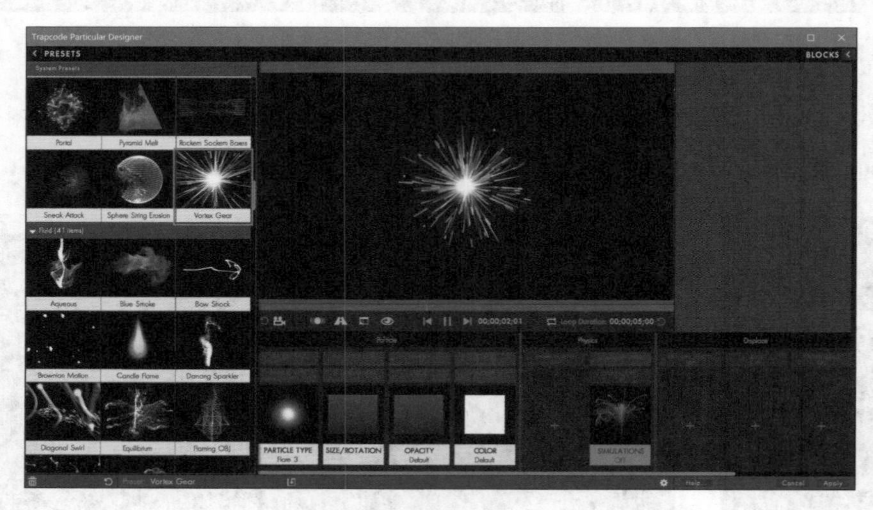

图10-8　调取预设

图10-9　Blocks面板

在Blocks面板中可以针对粒子发射器、粒子样式、物理学等具体属性调用不同的预设，自由组合不同风格的粒子动画，同样，使用鼠标左键点击所需预设即可实现调用，操作十分便捷（图10-10）。

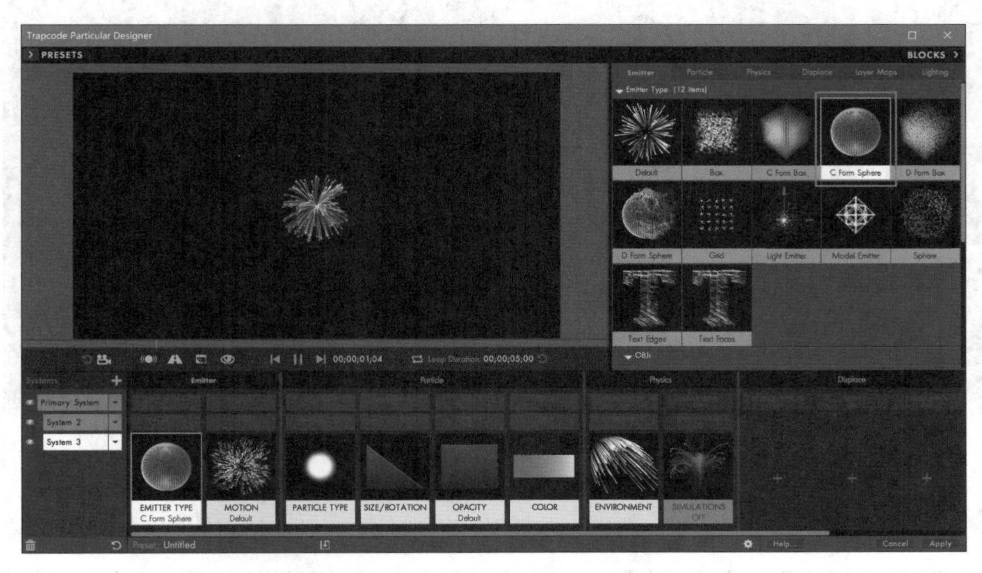

图10-10　调取不同属性的预设

在界面的最下方是属性面板，点击某组属性，即可打开该组属性的参数面板，通过设置不同参数，能够实现对粒子动画的精确控制（图10-11）。

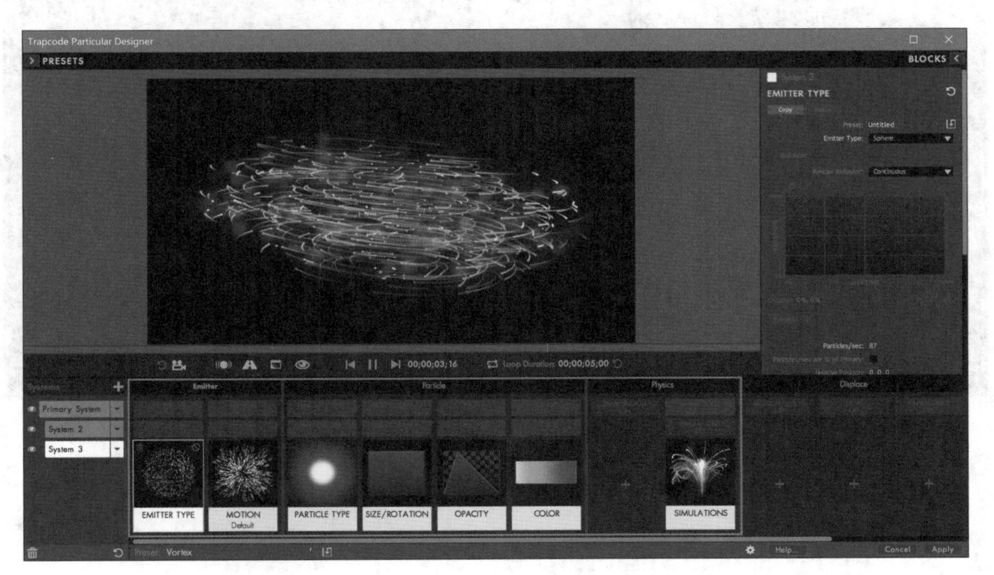

图10-11　调整各组属性的参数

设置好粒子动画后，点击界面最右下角的“Apply”按钮，即可保存对粒子动画的修改（图10-12）。

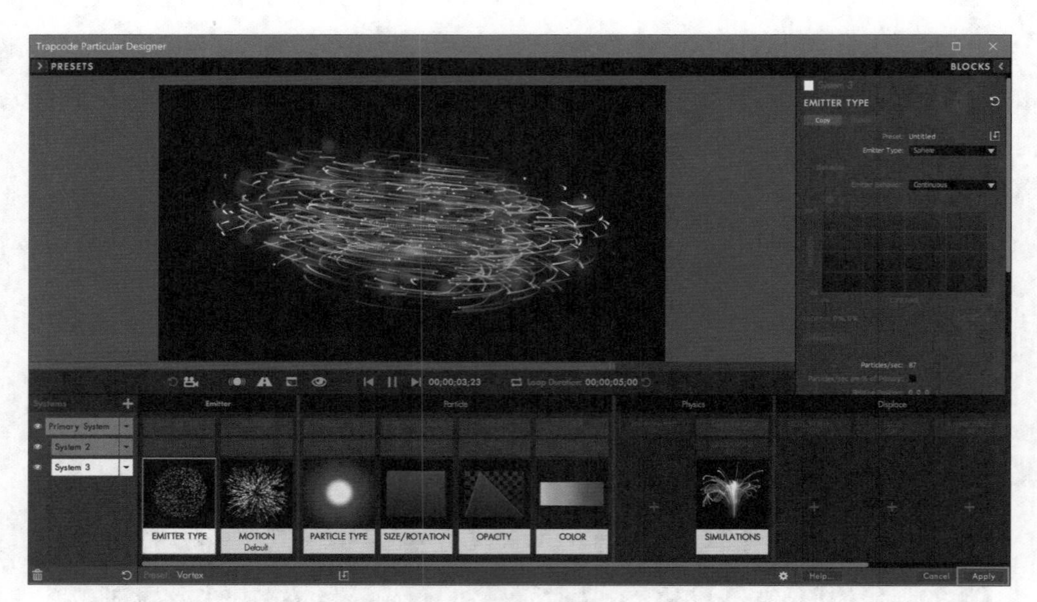

图10-12　保存修改

保存好对粒子所做的修改后，就可以在合成面板观看制作好的粒子动画了（图10-13）。

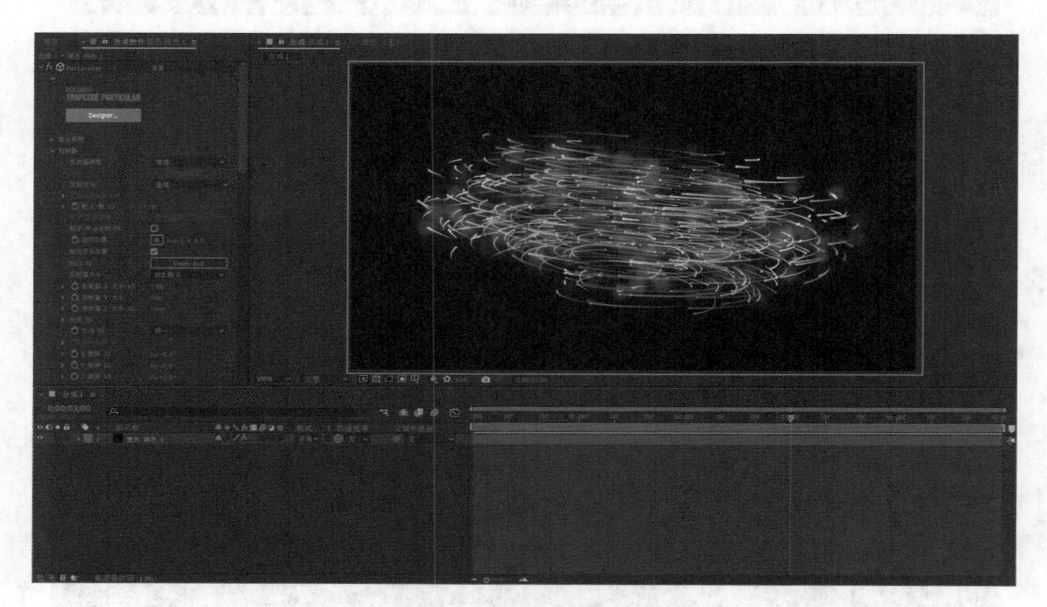

图10-13　粒子动画预览

第三节　实战案例之魔法火焰

在基本掌握了Trapcode Particular插件的使用方法后，下面进行实战练习，本案例将重点学习如何使用Trapcode Particular制作火焰动画。

执行【文件】—【导入】—【文件】，在弹出的窗口中找到“挥手.mov”这个素材文件，选中后点击“导入”，将素材文件导入After Effects中，素材文件的目录为“《After Effects影视后期特效实战教程》素材文件/第10章/10.3 实战案例之魔法火焰”（图10-14）。

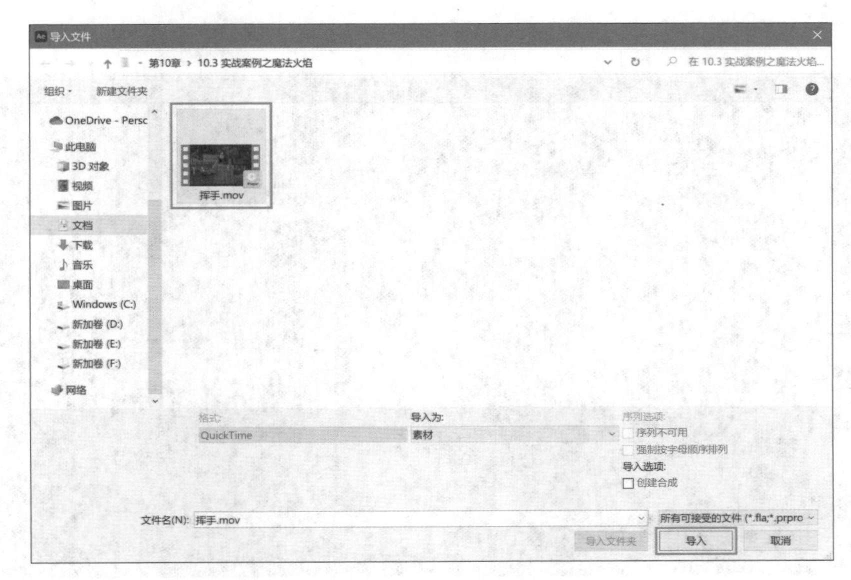

图10-14　导入素材

在项目面板选中“挥手.mov”素材，按下鼠标左键并将其拖动至“新建合成”按钮后松开鼠标左键，即可创建一个基于该素材属性的合成（图10-15）。

图10-15　新建合成

合成创建完毕，即可在合成面板观看素材视频。本案例将制作粒子火焰动画效果，但是视频素材过于明亮，因为火焰效果需要在相对暗一些的环境中才能突出火光的明亮，如果素材视频亮度过高，则不利于火焰效果的表现。因此，需要先对素材视频做调色处理（图10–16）。

图10–16　视频色调过于明亮

首先对画面的颜色和明暗度进行调节，选中“挥手.mov”图层，执行【效果】—【颜色校正】—【色阶】，为素材视频添加“色阶”效果（图10–17）。

图10–17　添加“色阶”效果

在效果控件面板调节色阶效果的参数，将“输入黑色”属性参数设置为“20.0”，将“输入白色”属性参数设置为“240.0”（图10-18）。

继续执行【效果】—【颜色校正】—【曲线】，为该素材视频添加“曲线”效果（图10-19）。

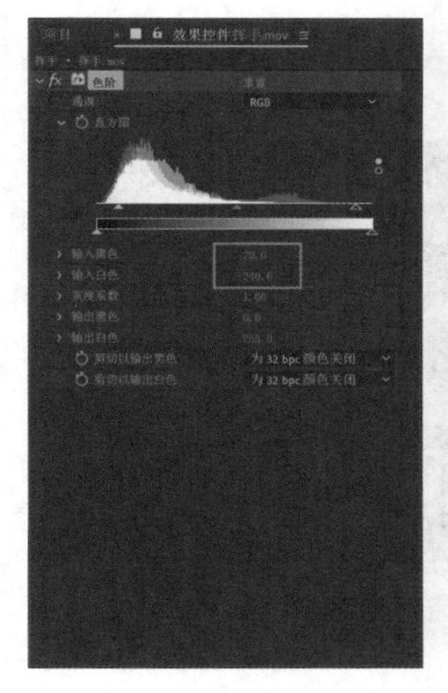

图10-18　修改色阶参数

图10-19　添加“曲线”效果

同样在效果控件面板调整曲线参数，点击展开“通道”属性后方的下拉列表，将通道切换为“红色通道”（图10-20）。

使用鼠标左键在红色曲线上点击添加两个锚点，将右上角的锚点往上调，将左下角的锚点往下调，将红色曲线调整为“S”形（图10-21）。

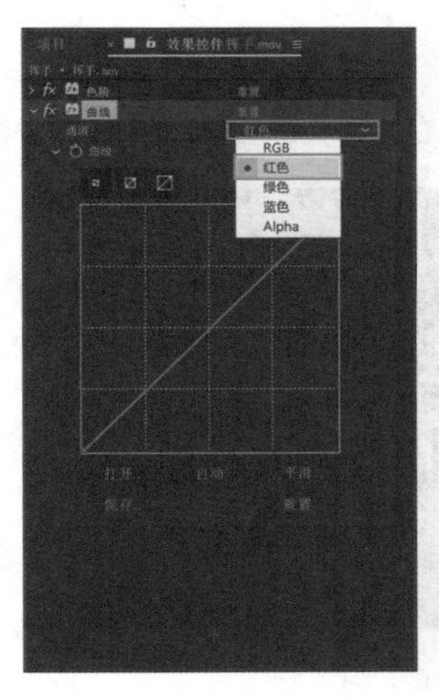

图10-20　切换到红色通道

图10-21　调整红色曲线

红色通道的曲线调整完毕后，回到“通道”属性栏，将通道切换至“绿色通道”（图10-22）。

在绿色曲线中间位置点击鼠标左键添加一个锚点，将锚点往下拉，使画面绿色整体降低（图10-23）。

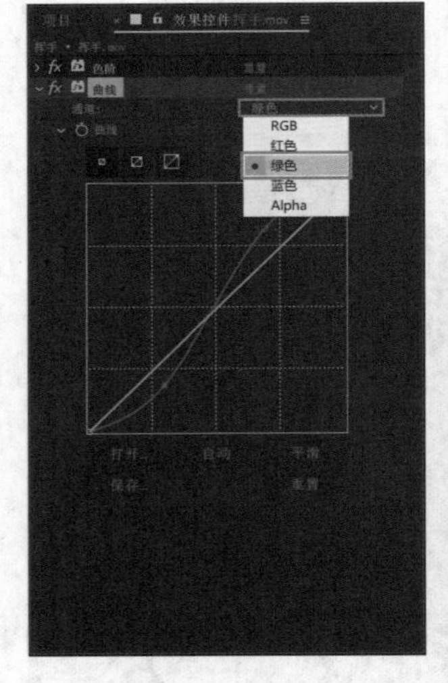

图10-22　切换到绿色通道

图10-23　调整绿色曲线

绿色通道的曲线调整完毕后，回到“通道”属性栏，将通道切换至“蓝色通道”（图10-24）。

在蓝色曲线中间位置添加一个锚点，将锚点往上拉，使曲线呈抛物线轨迹，即可整体加强画面的蓝色。此时画面效果变得阴暗和诡异（图10-25）。

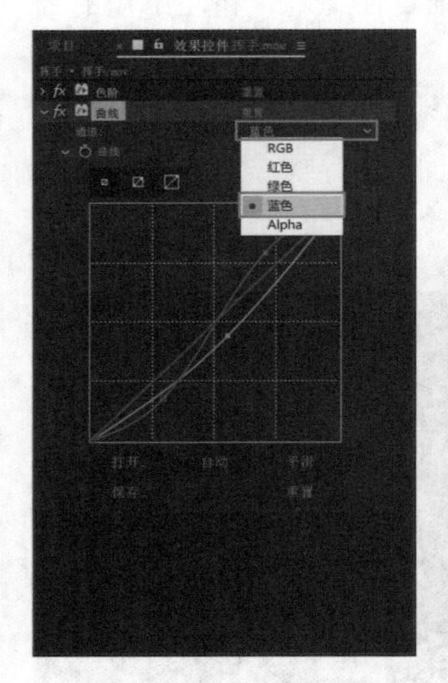

图10-24　切换到蓝色通道

图10-25　调整蓝色曲线

画面调整完毕，下一步来制作魔法火焰的部分。执行【图层】—【新建】—【纯色】，新建一个纯色层（图10-26）。

图10-26　新建纯色层

在弹出的“纯色设置”对话框中，将纯色层的颜色设置为黑色，然后点击“确定”（图10-27）。

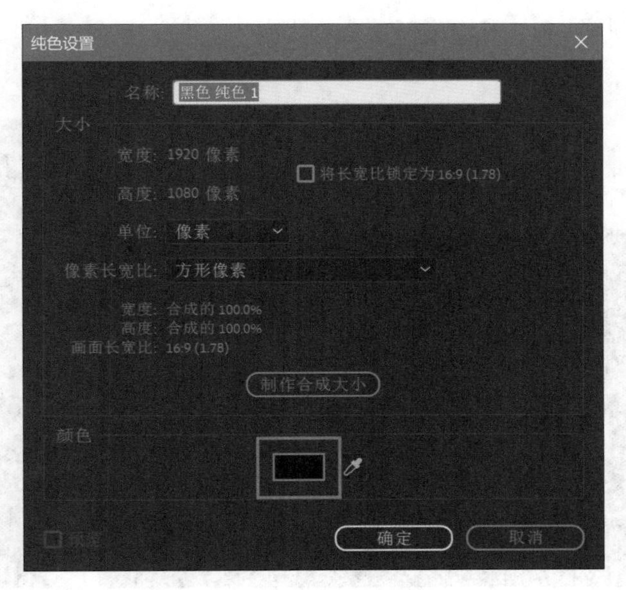

图10-27　设置纯色层颜色为黑色

选中刚才新建的黑色纯色层，执行【效果】—【RG Trapcode】—【Particular】，为该图层添加“Particular”效果（图10-28）。

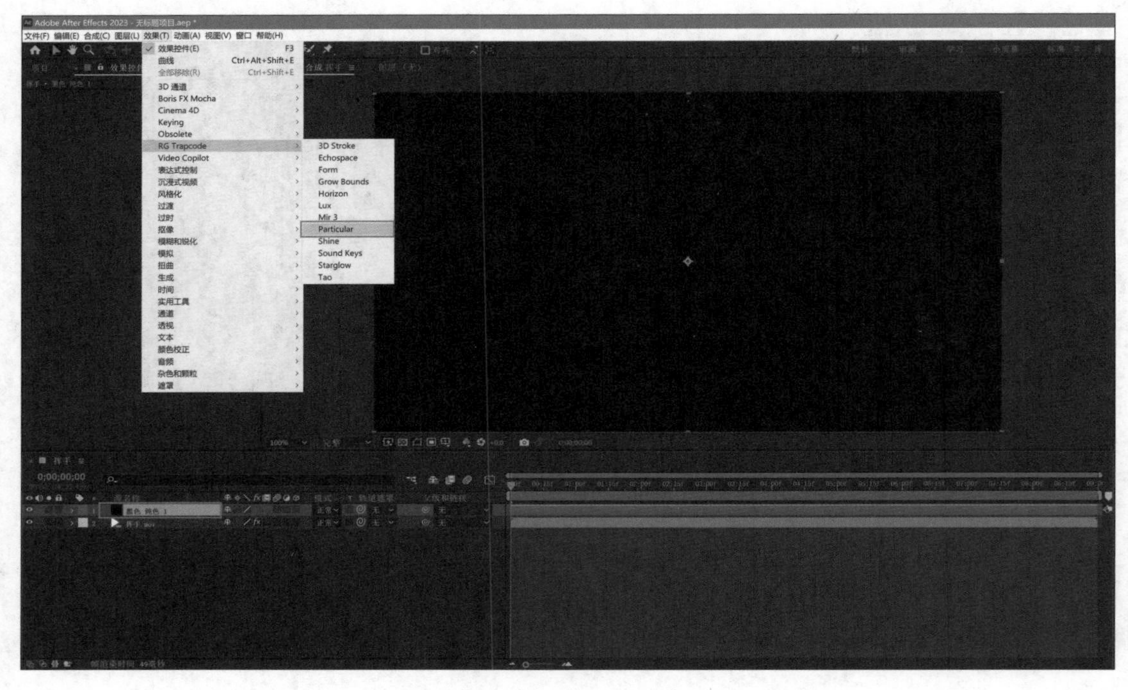

图10-28　添加“Particular”效果

此时点击“播放/停止”按钮即可在合成面板实时预览Particular产生的粒子动画，粒子已经在不断地由中心向四周扩散（图10-29）。

点击效果控件面板中“Particular”效果下方的“Designer”按钮，打开其插件界面（图10-30）。

图10-29　粒子动画已生成

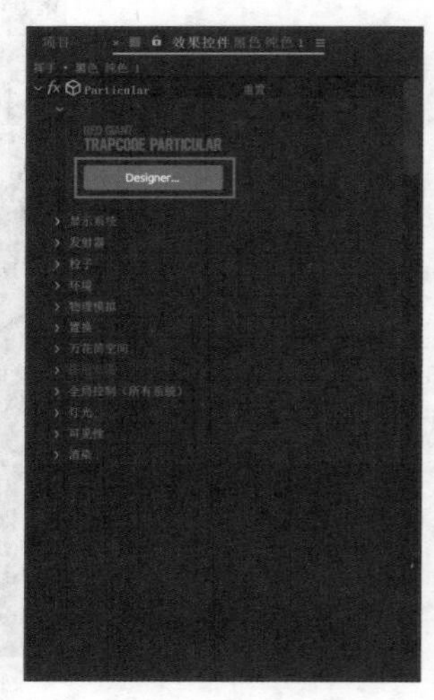

图10-30　点击“Designer”按钮

当Particular效果的“Designer”界面出现之后，点击界面左上角的“>”形图标，打开Presets面板（图10-31）。

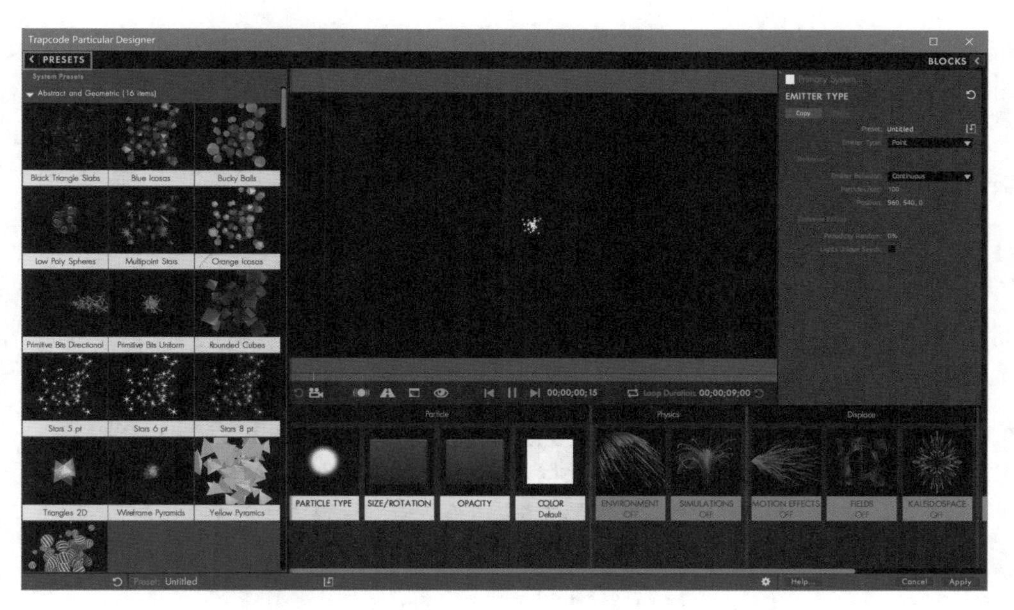

图10-31　打开Presets面板

在Trapcode Particular内置的诸多粒子动画预设中找到“Smoke and Fire(35 items)”这一组中的“Hazy Fire”预设，并且点击调用此预设（图10-32）。

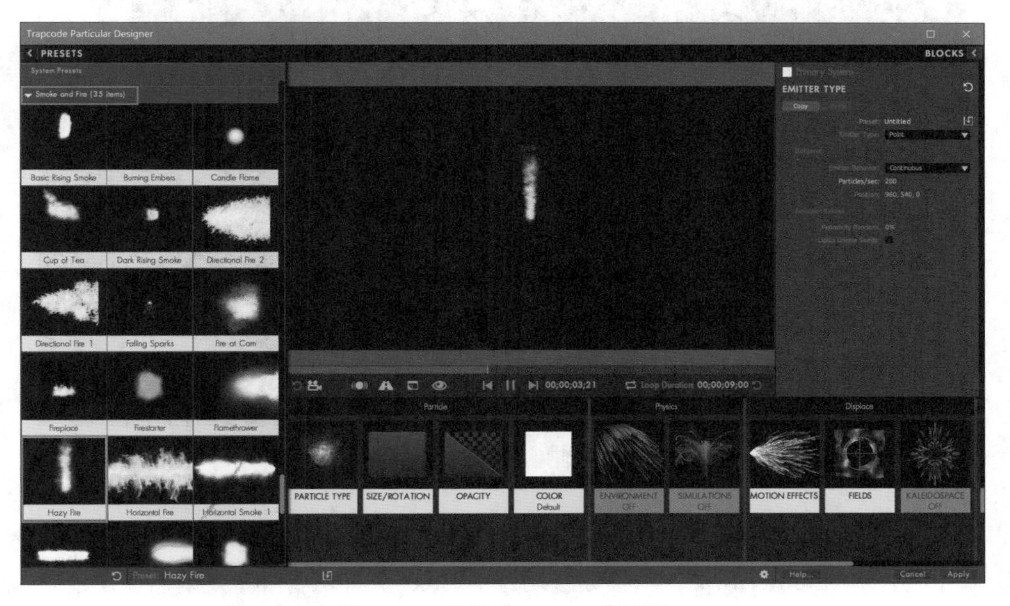

图10-32　选择“Hazy Fire”预设

在界面下方区域的属性面板中，点击“Emitter Type”属性，即可在界面右上方区域打开发射器属性的参数面板（图10-33）。

接着修改发射器属性的参数。点击展开“Emitter Type”后方的下拉列表，将发射器类型由默认的“Point”切换为“Sphere”（图10-34）。

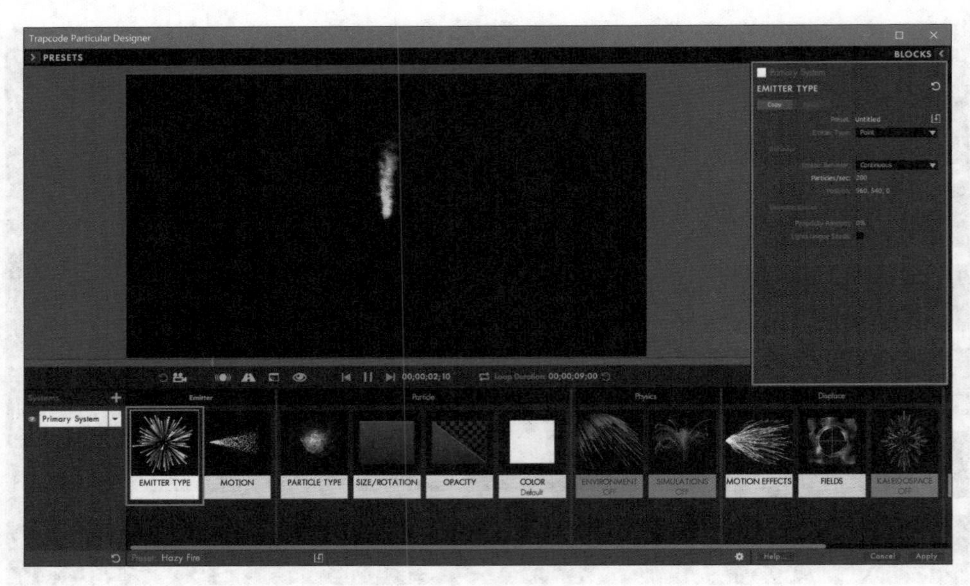

图10-33　打开“Emitter Type”属性

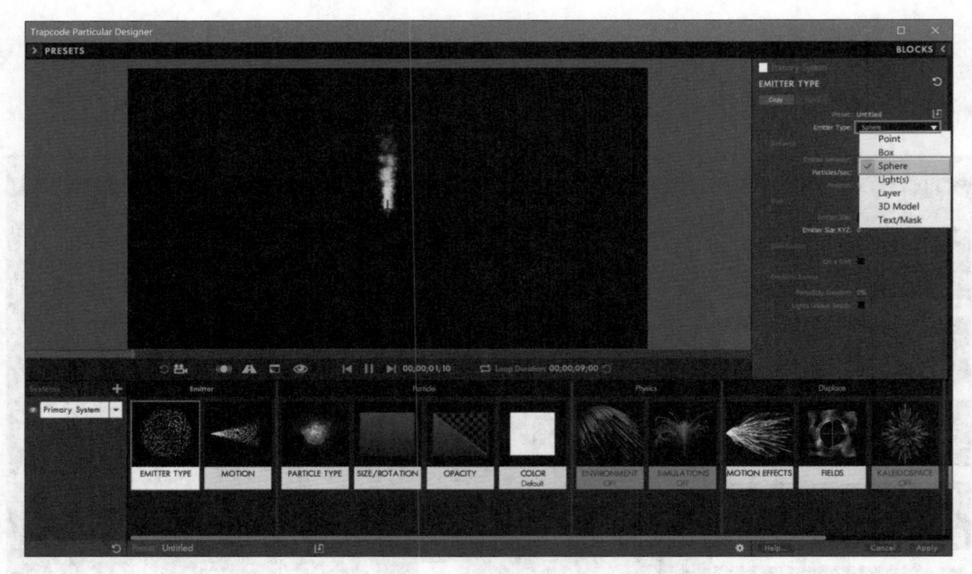

图10-34　切换“Emitter Type”类型

点击展开“Emitter Size”后方的下拉列表，将发射器尺寸类型切换为“XYZ Individual”，然后将其下方的“Emitter Size X”参数修改为“120.0”，即可将粒子发射器在X轴方向放大（图10-35）。

设置好粒子动画后，点击界面最右下角的“Apply”按钮，保存刚刚对粒子动画的修改（图10-36）。

回到时间轴面板，将时间指针移动至画面中的人物将手举起来的动作时间点，也就是第3秒处（图10-37）。

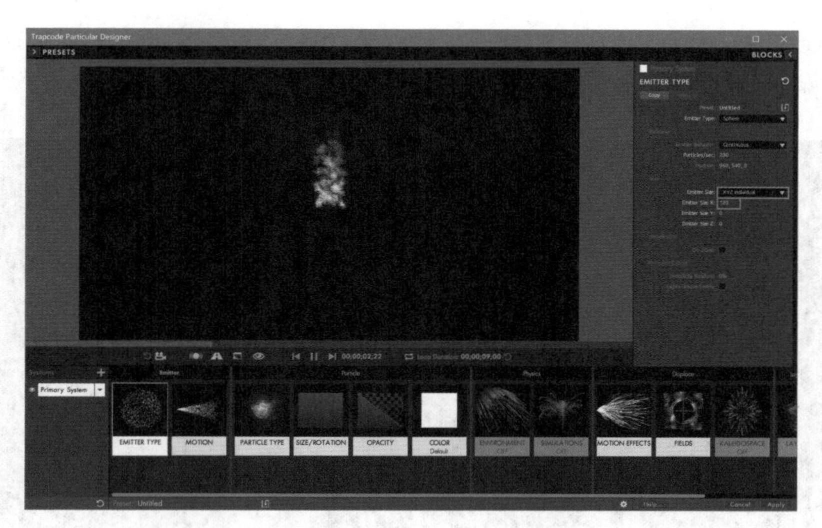

图 10-35　修改“Emitter Size”参数

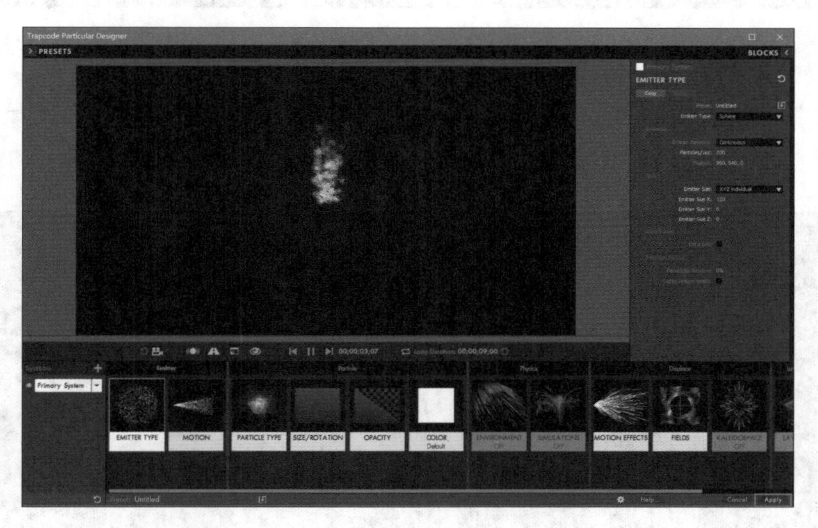

图 10-36　保存修改

图 10-37　移动时间指针

在效果控件面板展开“发射器”属性，将其下方的“位置”参数设置为“540.0,640.0,0.0”，将魔法火球的位置移动到画面中人物抬起的手掌上方（图10-38）。

图10-38　修改“位置”参数

调节好“发射器”属性后，可以看到火焰显得较小。继续在效果控件面板找到并展开“粒子”属性，将其“大小”参数修改为“100.0”，此时预览画面中的火球变大（图10-39）。

图10-39　修改粒子“大小”参数

回到时间轴面板，确保时间指针停在第3秒。展开“黑色 纯色 1”图层下方的“Particular”效果属性，在“发射器”属性里找到“粒子/秒”属性，并点击其前方秒表图标，添加第一个关键帧，同时将其参数设置为“0”（图10-40）。

将时间指针移动到第3秒15帧处，设置“粒子/秒”属性参数为“200”，即可添加第二个关键帧（图10-41）。

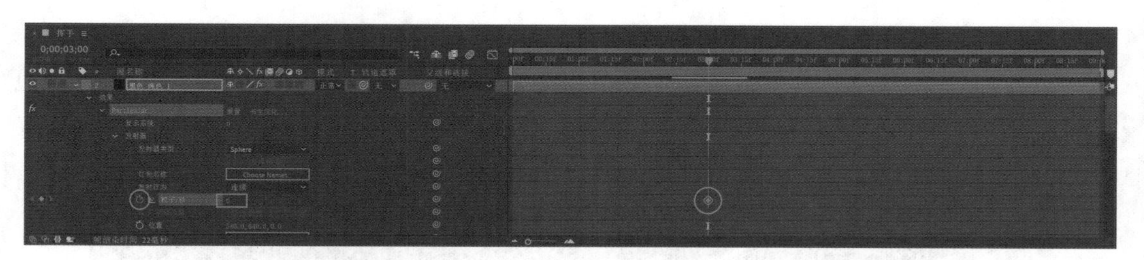

图10-40　为“粒子/秒”参数设置第一个关键帧

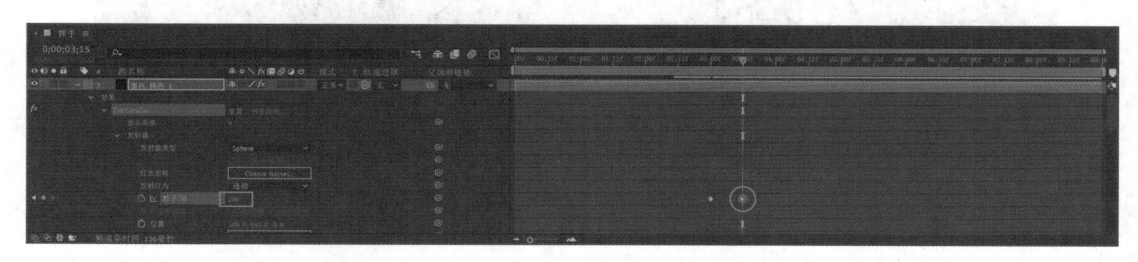

图10-41　设置第二个关键帧

将时间指针移动到第5秒处，点击“粒子/秒”属性前方的“在当前时间添加或移除关键帧”按钮，在保持“粒子/秒”属性参数不变的情况下添加第三个关键帧，使火焰效果在画面中持续燃烧一段时间（图10-42）。

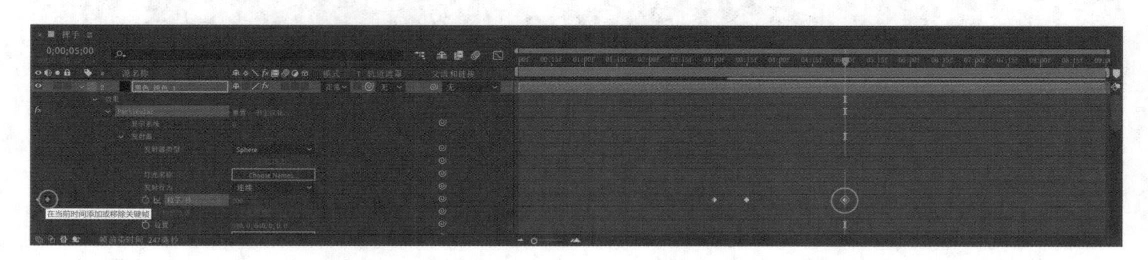

图10-42　设置第三个关键帧

将时间指针移动到第5秒15帧处，将“粒子/秒”属性参数修改为“0”，添加第四个关键帧（图10-43）。

图10-43　设置第四个关键帧

至此，魔法火焰的动画部分完成。可以点击预览控制台面板的“播放/停止”按钮对合成进行预览（图10-44）。

图10-44　火焰动画已制作完成

为了使刚才制作的魔法火焰更好地融入视频画面，还需要完善一些细节。选中“黑色 纯色 1”图层，将其后方的“模式”由“正常”模式切换为“相加”模式，这样火焰就会变成半透明状（图10-45）。

图10-45　切换图层混合模式

模式改变后，火焰会有一部分变得透明，而且显得更亮，能透过火焰观看到其后方的树木，使得火焰与视频素材中的画面产生了联系（图10-46）。

图10-46　火焰部分透明

选中“黑色 纯色 1”图层，执行快捷键“Ctrl+D”复制一个“黑色 纯色 1”图层副本（或者执行【编辑】—【复制】，再执行【编辑】—【粘贴】也可以进行复制）（图10-47）。

图10-47　复制图层

修改这个复制出来的新“黑色 纯色 1”图层的“不透明度”属性参数值为“30%”（图10-48）。

图10-48　修改“不透明度”参数值

经过两个火焰图层的叠加，火焰会变得非常明亮，且很好地融合在画面中（图10-49）。

图10-49　火焰更加明亮

至此，案例就全部制作完成了。可以点击预览控制台面板的“播放/停止”按钮对合成进行预览，在合成预览区观看合成的最终效果（图10-50）。

图10-50　案例最终效果

小提示：结合上一章中讲授的Optical Flares插件，为本案例添加光效，可以进一步增强画面的视觉效果，受篇幅所限本书不再作具体讲解，读者可自行尝试。

本章小结

本章主要讲解了Trapcode Particular插件的相关知识，并通过实战案例讲解了Trapcode Particular的具体使用方法。Trapcode Particular是一款非常优秀的粒子插件，能够制作出非常绚丽多彩的粒子动画，正是因其功能强大，所以非常值得读者深入学习。本章只是以案例的方式提供了一些思路，读者可以结合自身的创意创造出更独特、有趣的粒子动画。

第十一章 三维插件Element 3D

After Effects虽然是一款主要用于影视后期合成的软件，但其开发者也越来越重视其3D功能。Element 3D就是一款专门针对3D功能而开发的After Effects插件，这款插件功能强大，渲染速度惊人，而且效果非常出色，丝毫不逊于专业的3D软件，因此深受广大影视后期制作者的喜爱。本章将重点讲解Element 3D的基本功能和使用方法。

第一节 Element 3D插件简介

Element 3D是Video Copilot出品的一款After Effects插件，支持3D对象在After Effects中直接进行渲染。该插件采用OpenGL程序接口，支持显卡直接参与OpenGL运算，是After Effects中为数不多的支持完全3D渲染特性的插件之一。该插件具有实时渲染（Real Time Rendering）的特性，即在制作3D效果的过程中可以实时在屏幕上看到渲染结果，CG运算的效率得以大幅提升。另外，相比较于传统的3D动画合成中出现的各种烦琐操作，如摄像机同步、光影匹配等，Element 3D都可以直接在After Effects里面实现，不需要在多个软件中完成。配合After Effects内置的摄像机追踪（Camera Tracker）功能，可以完成各类复杂的3D后期合成特效。Element 3D还拥有海量的预设资源可供用户选择，这也极大地提高了用户的工作效率，并且，随着新版本的不断推出，其功能也越来越强大（图11-1）。

图11-1 Element 3D

小提示：由于Element 3D属于第三方插件，After Effects并未内置此功能，需要用户自行安装。

第二节　Element 3D的基本操作

与之前学过的两个插件类似，Element 3D也拥有自己的界面，并且它的使用方法也不复杂，具体操作如下。

新建一个黑色的纯色层（图11-2）。

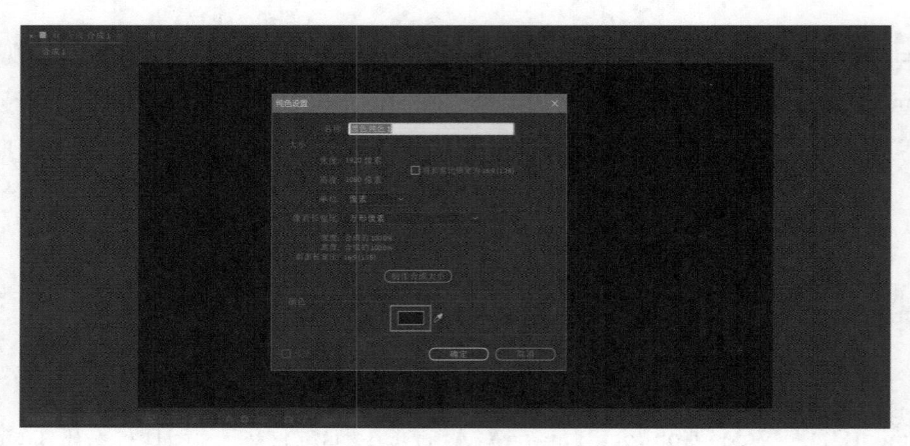

图11-2　新建纯色层

选中黑色纯色层，执行【效果】—【Video Copilot】—【Element】，为纯色层添加"Element"效果（图11-3）。

图11-3　添加"Element"效果

此时就可以在效果控件面板看到“Element”效果了，但默认情况下场景中是没有任何3D对象的，所以接下来需要创建3D对象。点击效果控件面板里的“Scene Setup”按钮，打开Element 3D的界面（图11-4）。

点击“Scene Setup”按钮后，就可以打开Element 3D的界面了，其界面风格简洁明了（图11-5）。

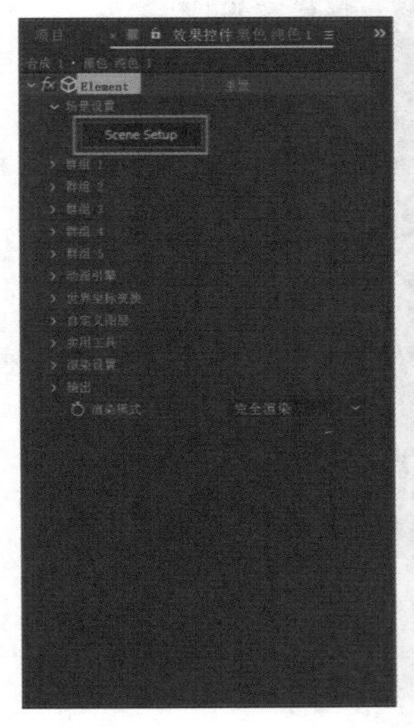

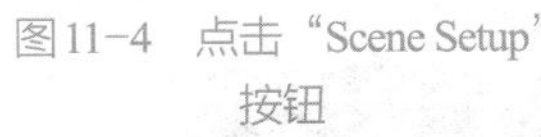

图11-4 点击“Scene Setup”按钮

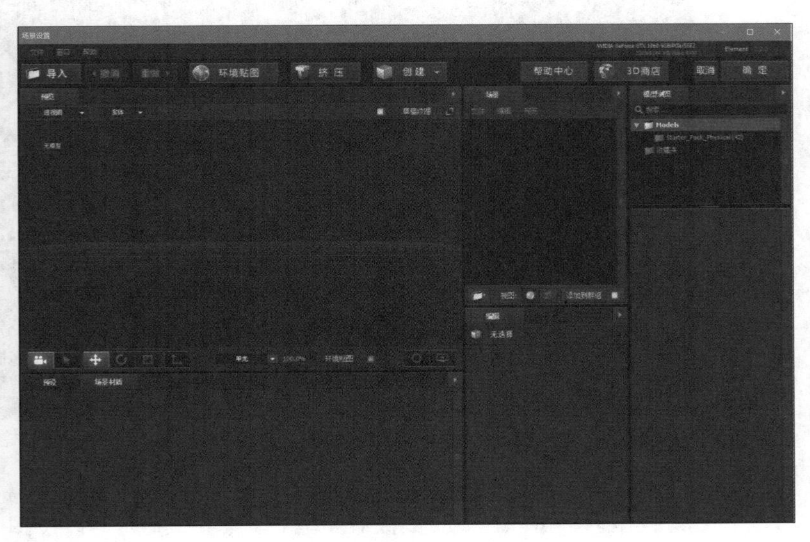

图11-5 Element 3D界面

点击“创建”按钮，打开创建命令的下拉列表，在列表中可以看到Element 3D默认中的诸如立方体、球体、圆柱体等基本三维几何体模型可供用户创建，点击需要创建的模型图标，即可完成创建（图11-6）。

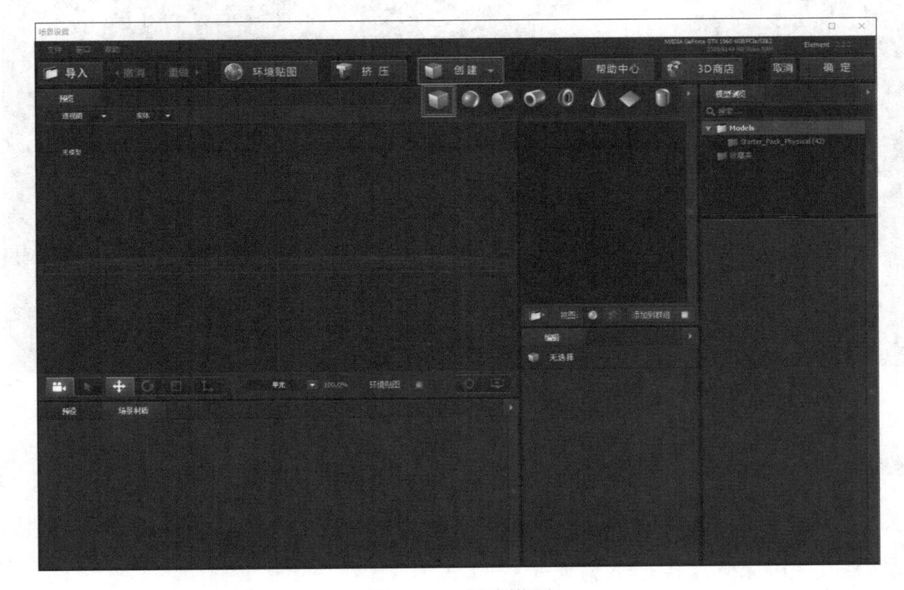

图11-6 创建模型

创建完成后，即可在预览区看到创建的模型（图11-7）。

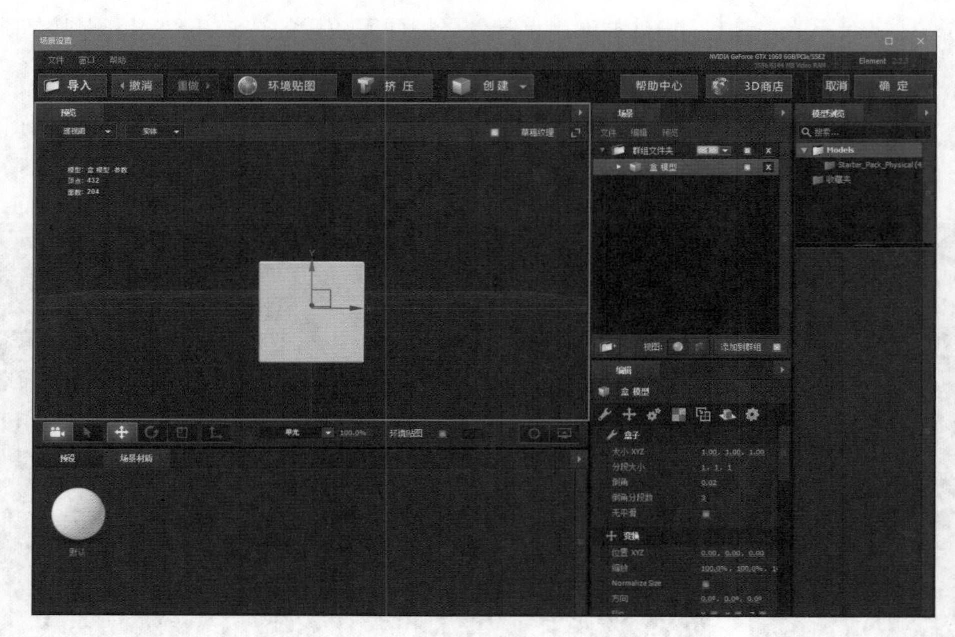

图11-7 预览区

创建好模型后，可以在编辑面板对模型的基本参数进行修改（图11-8）。

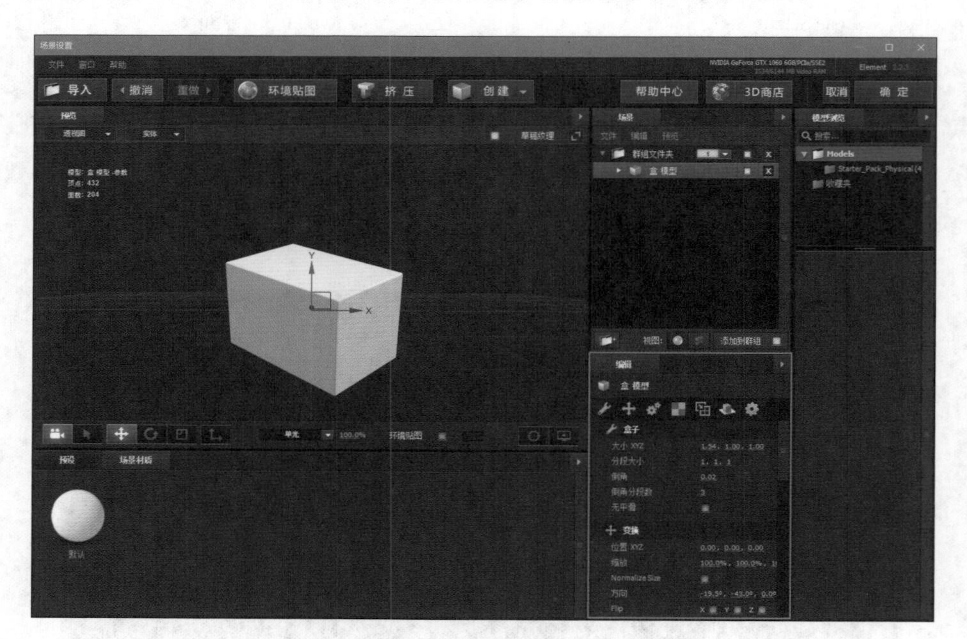

图11-8 编辑面板

如果需要修改模型的材质，可以在场景面板点击模型名称前方的三角形图标，展开模型材质属性，然后选中模型的材质属性，编辑面板内的参数就会自动切换为材质属性参数，调整材质属性参数就可以修改模型的材质（图11-9）。

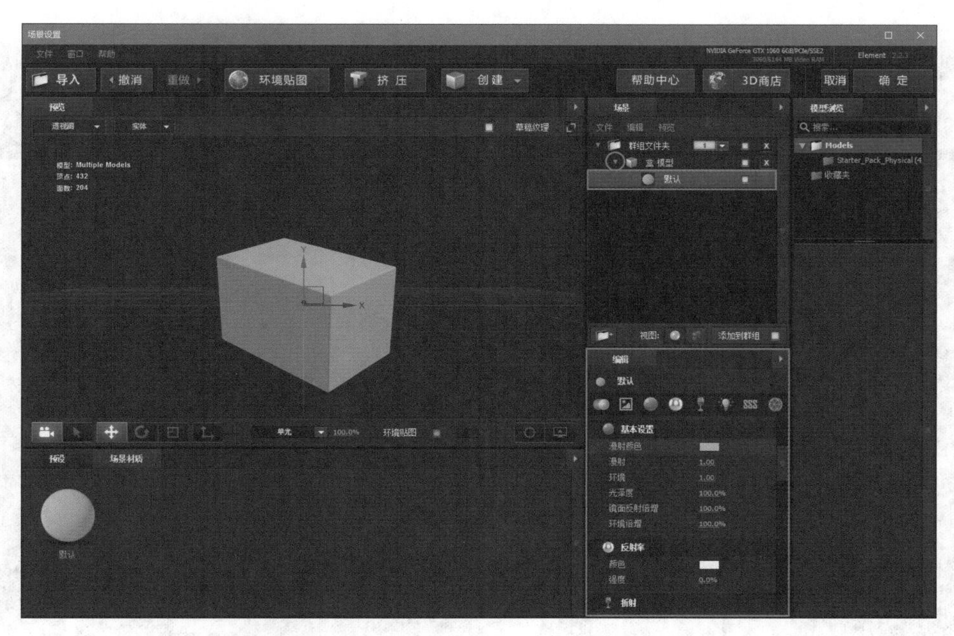

图11-9 修改材质

除了默认的基本几何体外，Element 3D还拥有可扩展的丰富的模型库，点击模型库面板中相应的模型文件夹，即可预览这些内置的模型，直接点击这些模型的图标可以实现对模型的调用（图11-10）。

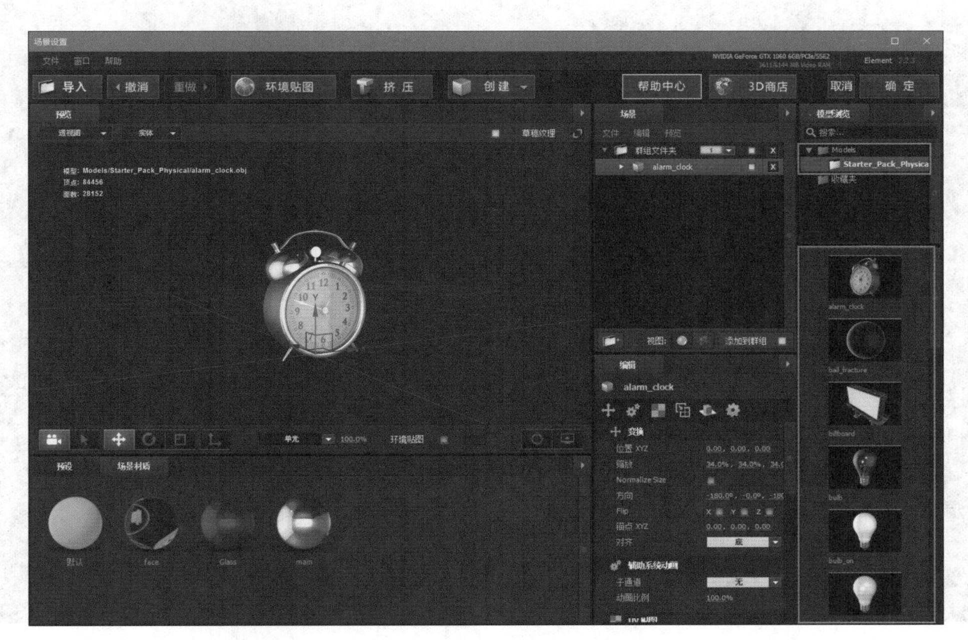

图11-10 模型库

此外，Element 3D还内置了丰富的材质预设，在预设库面板点击所需材质即可完整预设的调用，十分便捷（图11-11）。

图11-11　预设库

当设置好模型及其材质后，点击界面右上角的“确定”按钮即可保存修改（图11-12）。

图11-12　保存修改

至此，创建就完成了，可以在After Effects预览区看到之前创建的模型（图11-13）。

图 11-13　完成创建

需要注意的是，默认情况下，Element 3D 创建的模型需要配合“摄像机”工具才能实现三维角度的观察（或拍摄）。因此，需要建立一个摄像机图层，并使用“摄像机”的相关工具实现对预览区的三维视角的观察操作（图 11-14）。

图 11-14　通过“摄像机”观察模型

第三节　实战案例之电影 Logo 演绎

在基本掌握了 Element 3D 插件的使用方法后，下面进行实战练习，本案例将重点学习如何使用 Element 3D 制作三维文字动画。

执行【文件】—【导入】—【文件】，在弹出的窗口中找到“地球.mov”和“宇宙空间.mov”两个素材文件，全部选中后点击“导入”，将素材文件导入After Effects中，素材文件的目录为“《After Effects影视后期特效实战教程》素材文件/第11章/11.3 实战案例之电影Logo演绎”（图11-15）。

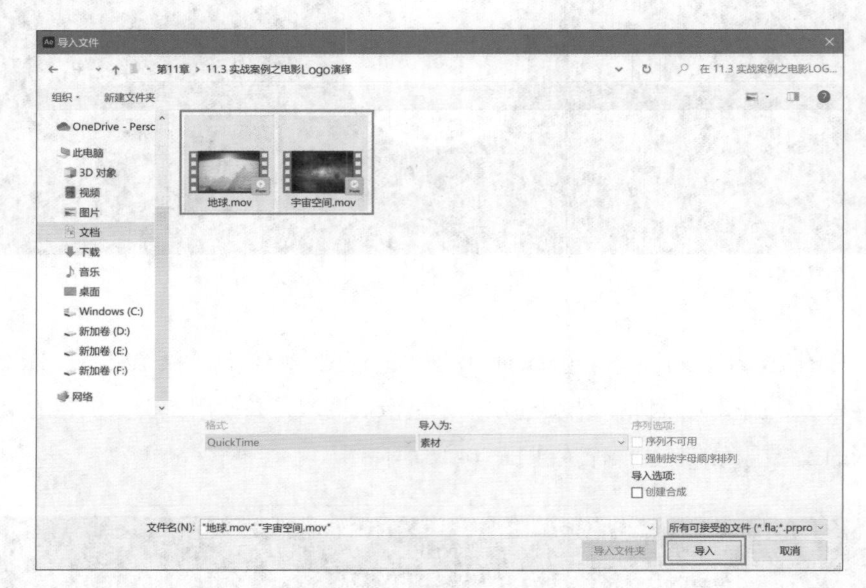

图11-15 导入素材

在项目面板中选中“宇宙空间.mov”，按下鼠标左键并将其拖动至“新建合成”按钮后松开鼠标左键，创建一个基于该素材属性的合成（图11-16）。

图11-16 新建合成

选中第二个素材“地球.mov”，并将其拖动至时间轴面板，将其置于“宇宙空间.mov”图层的上方（图11-17）。

图11-17 添加地球图层

将时间指针拖到第5秒处，选中“地球.mov”图层，展开其变换属性，点击“不透明度”属性前方的秒表，为“不透明度”属性设置第一个关键帧，“不透明度”属性的参数值保持默认不变（图11-18）。

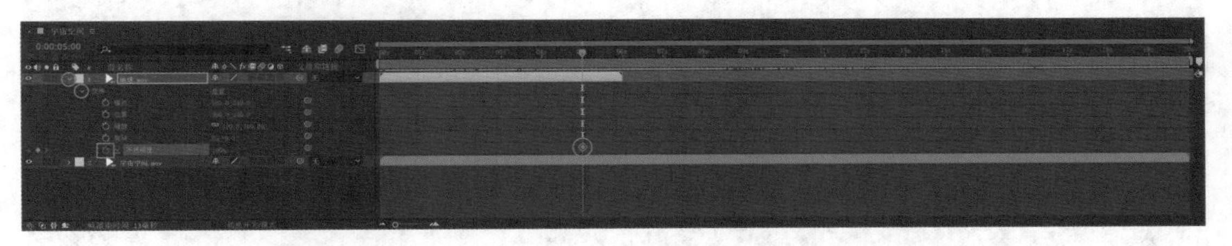

图11-18 设置第一个关键帧

将时间指针移动到第5秒25帧处，修改“不透明度”属性参数值为“0%”，设置第二个关键帧，使两段素材之间有一个自然过渡的动画效果（图11-19）。

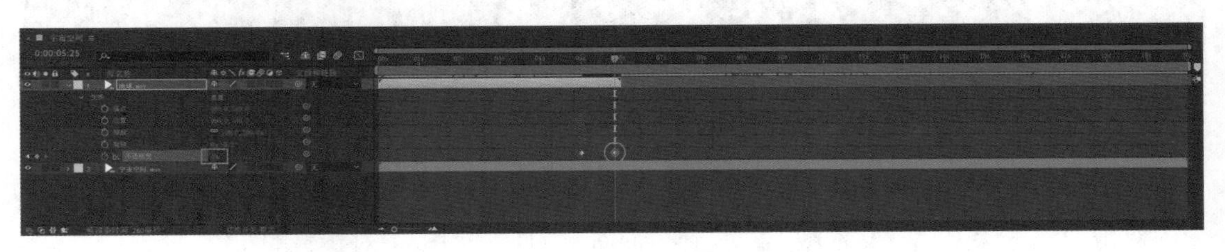

图11-19 设置第二个关键帧

接下来制作3D文字动画。执行【图层】—【新建】—【文本】(图11-20)。

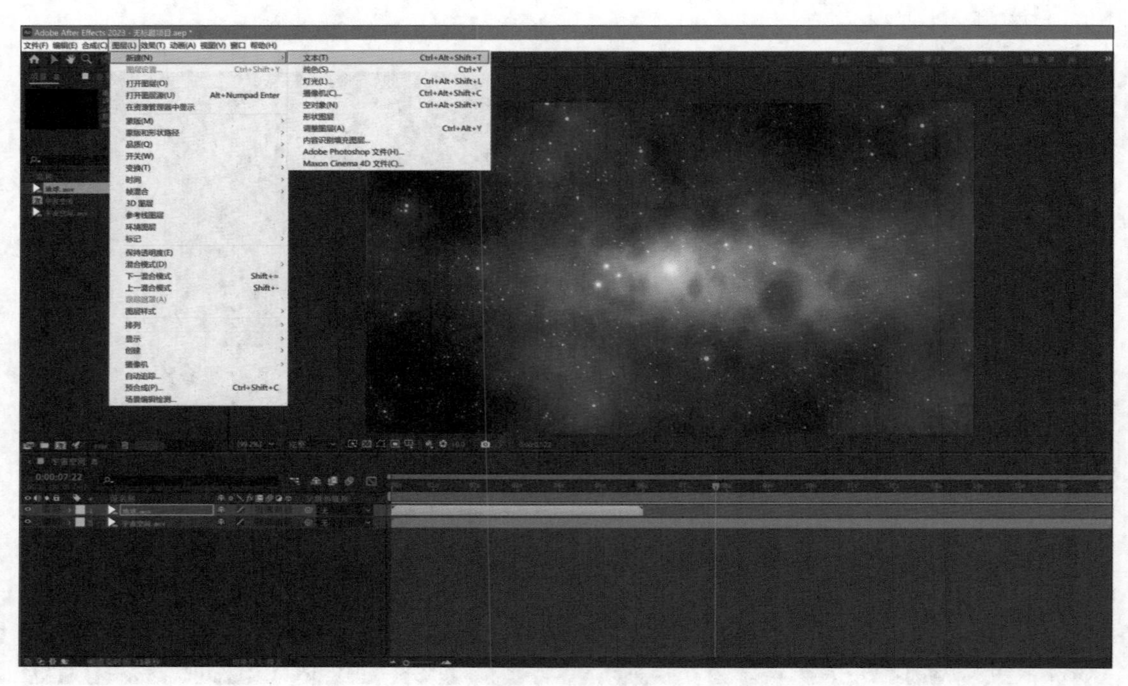

图11-20　新建文本层

输入“地球保卫战”即完成文本层的创建(图11-21)。

图11-21　输入文字

双击“地球保卫战”文本图层，找到界面右侧的字符面板，对新建的文字进行修改。将字体系列修改为“微软雅黑”，字体样式为“Blod”，字体大小为“100像素”，字符间距为“200”（图11-22）。

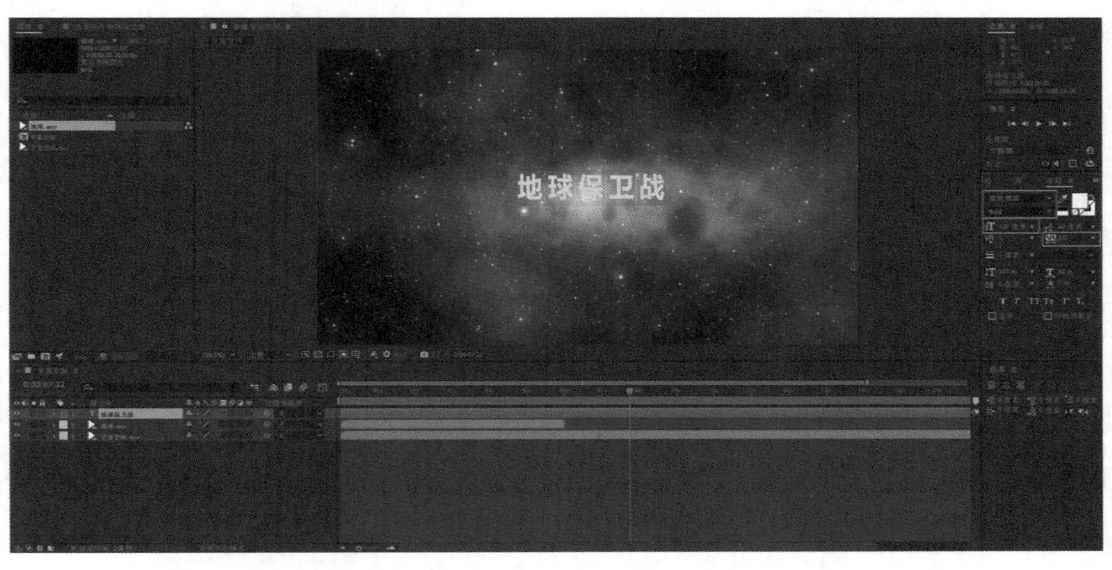

图11-22 修改文字属性

文字参数设置完毕，点击该文本图层最前方的眼睛状图标将该文本图层隐藏，这是因为需要使用Element 3D借此文本图层生成3D文字模型，而不需要显示该文本图层（图11-23）。

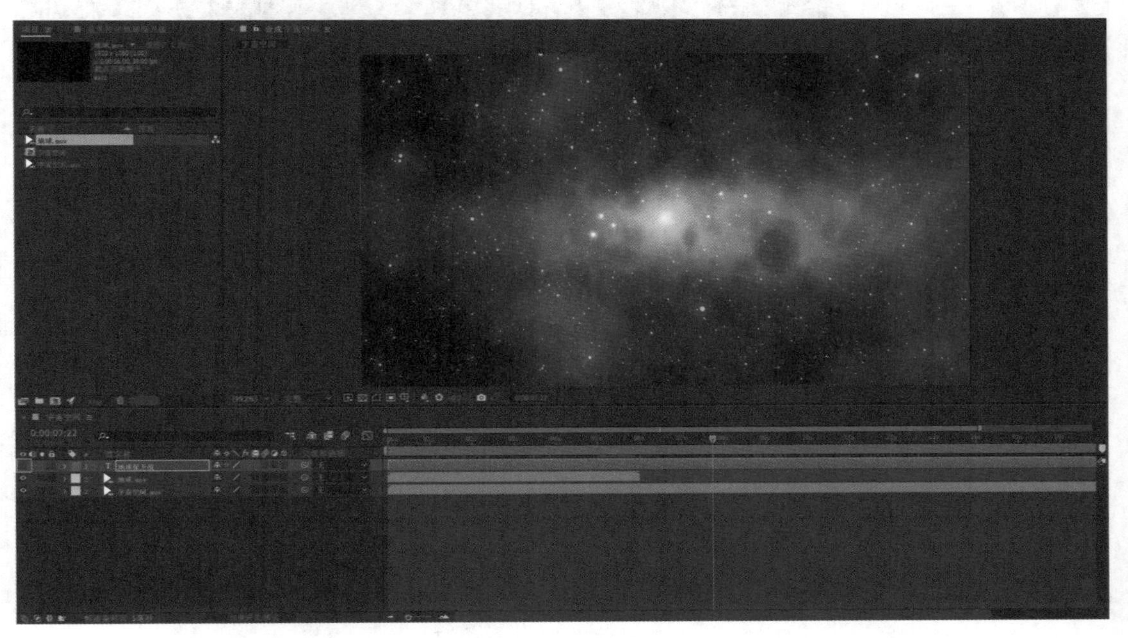

图11-23 隐藏文本层

小提示：想要将图层取消隐藏只需再次点击该图标，眼睛状图标将会重新出现，图层的画面内容也会随之出现。

接下来使用Element 3D插件制作三维文字模型。执行【图层】—【新建】—【纯色】，新建一个黑色图层（图11-24）。

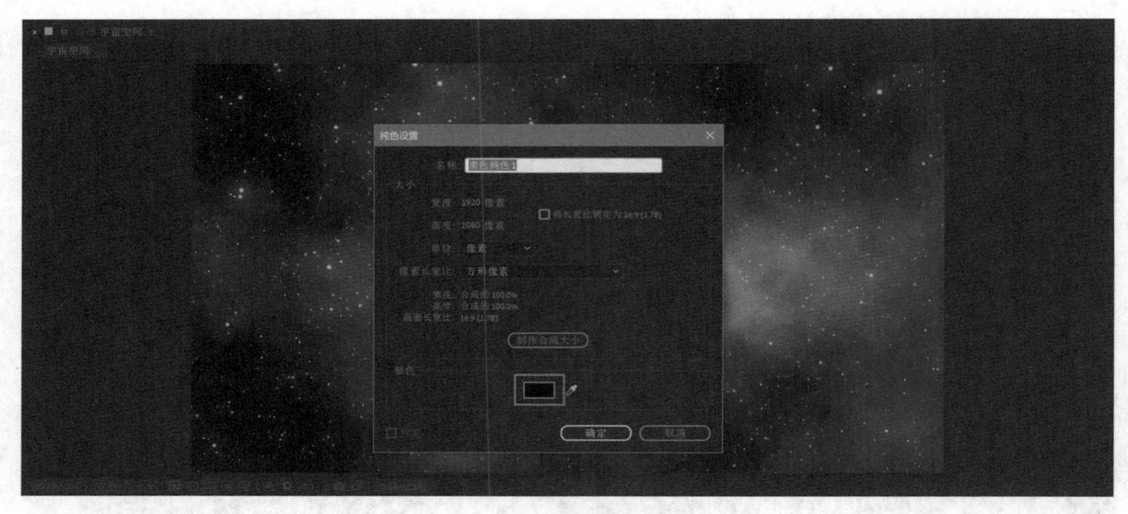

图11-24　新建纯色层

选中刚才新建的黑色纯色层，执行【效果】—【Video Copilot】—【Element】，为纯色层添加“Element”效果（图11-25）。

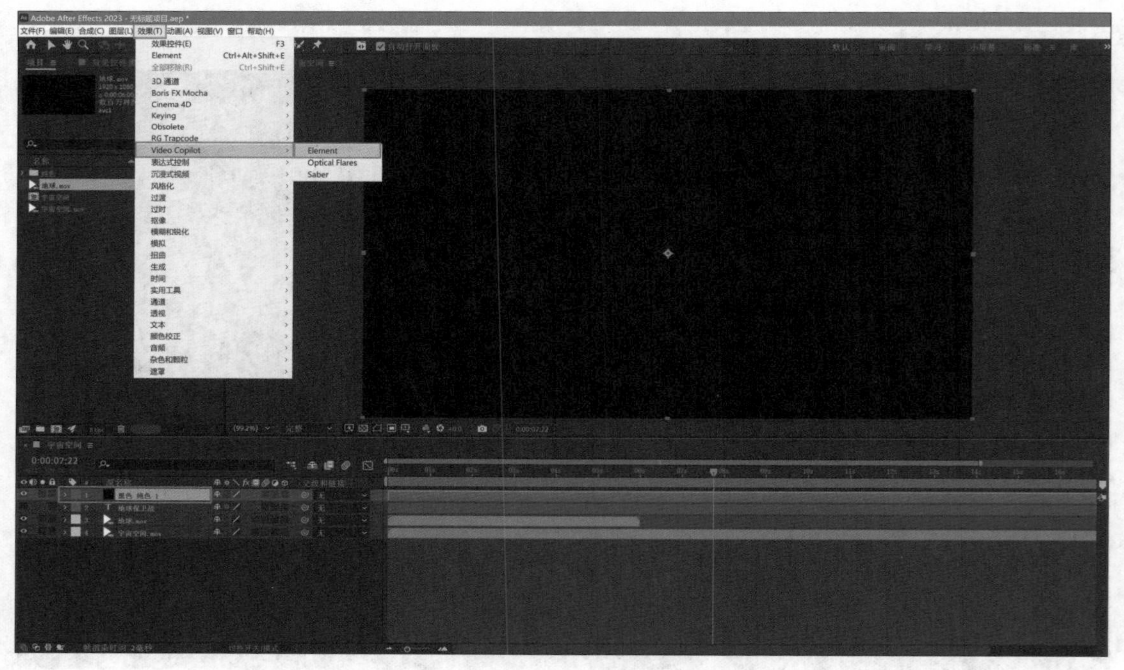

图11-25　添加“Element”效果

在效果控件面板中的“Element”效果内找到“自定义图层”属性，并点击前方的“>”形按钮展开其属性参数，继续点击“自定义文字与蒙版”前方的“>”形按钮将其展开（图11-26）。

点击“路径图层1”后方的“无”，在弹出的列表中选择“2.地球保卫战”文本图层（图11-27）。

点击效果控件面板里的“Scene Setup”按钮，打开Element 3D的界面（图11-28）。

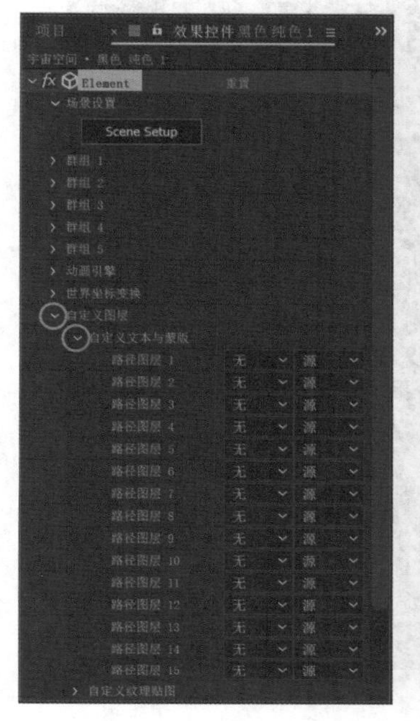

图11-26　展开自定义文本与蒙版

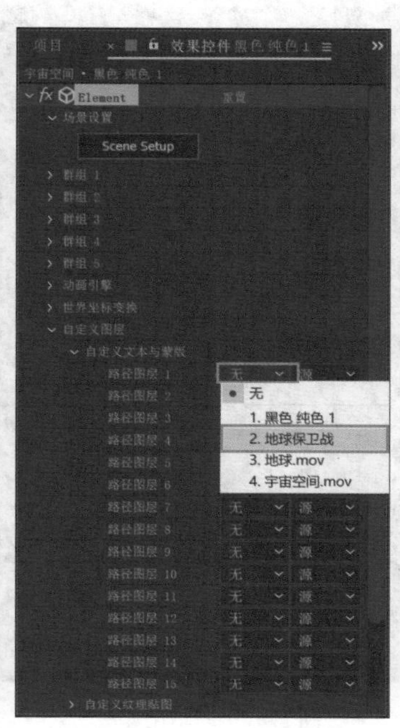

图11-27　选择文本图层

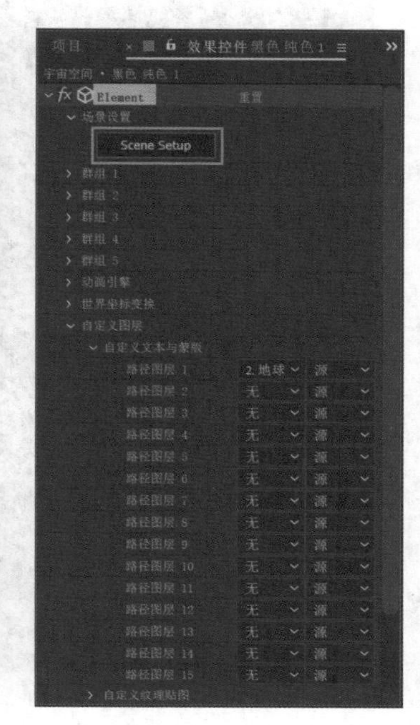

图11-28　点击“Scene Setup”按钮

点击界面上方的“挤压”按钮，Element 3D将基于刚才指定的“路径图层1”进行三维模型创建，由于之前指定的“路径图层1”为“地球保卫战”文字层，因此“地球保卫战”几个三维文字就创建出来了，可以在界面的预览区对文字模型进行预览（图11-29）。

接下来设置文字模型的材质。点击界面左下方的“预设”标签，打开材质预设面板（图11-30）。

点击预设面板中“bevels”文件夹前方的三角形按钮将其展开，接着选中“Physical（33）”预设文件夹，即可在右侧看到丰富的材质预设（图11-31）。

在“材质预设”中找到“Universal”预设，鼠标左键双击“Universal”预设即可将该预设材质应

图11-29　点击“挤压”按钮

用于文字模型，这是一个带有银色光泽金属边缘的预设效果。当然，预设库中的效果十分丰富，读者也可以根据自身喜好自行选择（图11-32）。

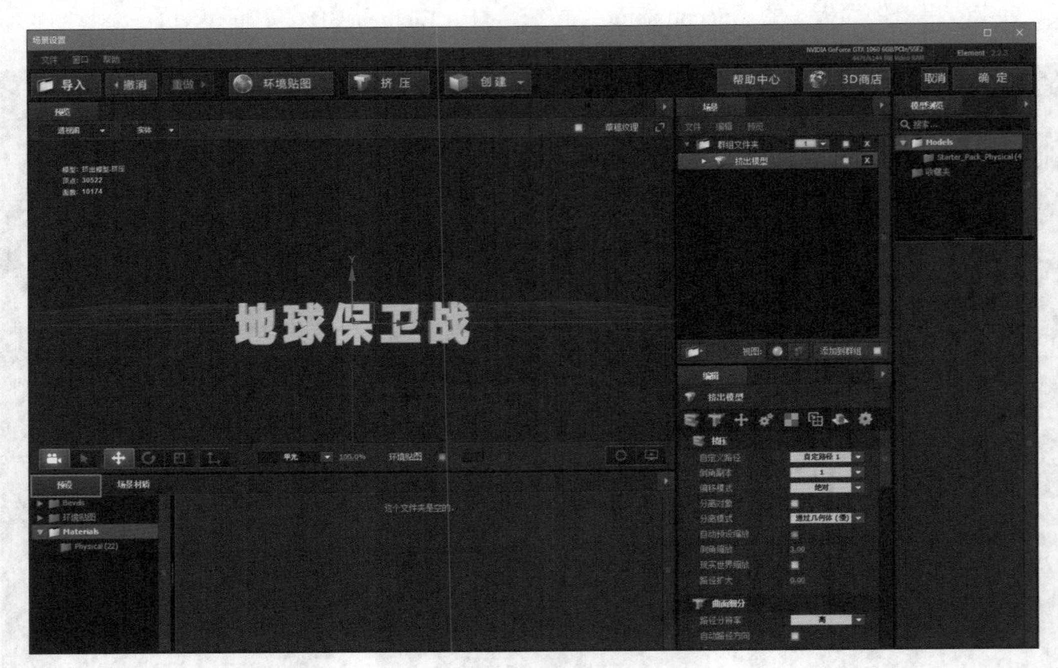

图11-30　点击预设

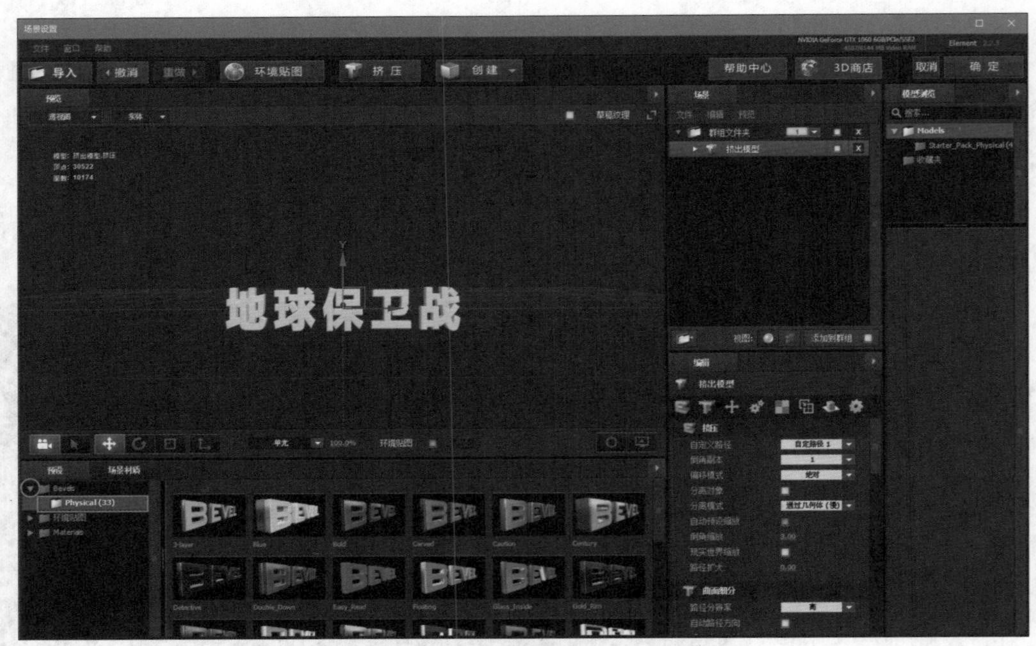

图11-31　选中Physical预设文件夹

图11-32　调取Universal预设

点击界面右上角的“确定”按钮即可保存修改（图11-33）。

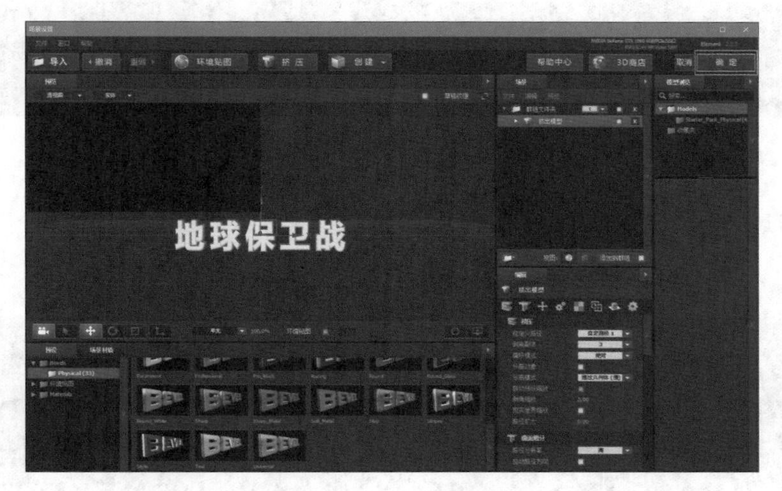

图11-33　点击“确定”按钮

至此，三维文字模型就创建完成了，可以在After Effects预览区看到之前所创建的文字模型（图11-34）。

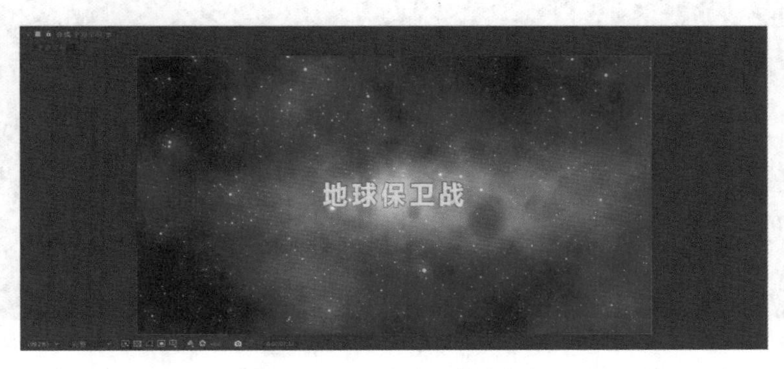

图11-34　3D文字已创建完成

执行【图层】—【新建】—【摄像机】，新建一个摄像机图层（图11-35）。

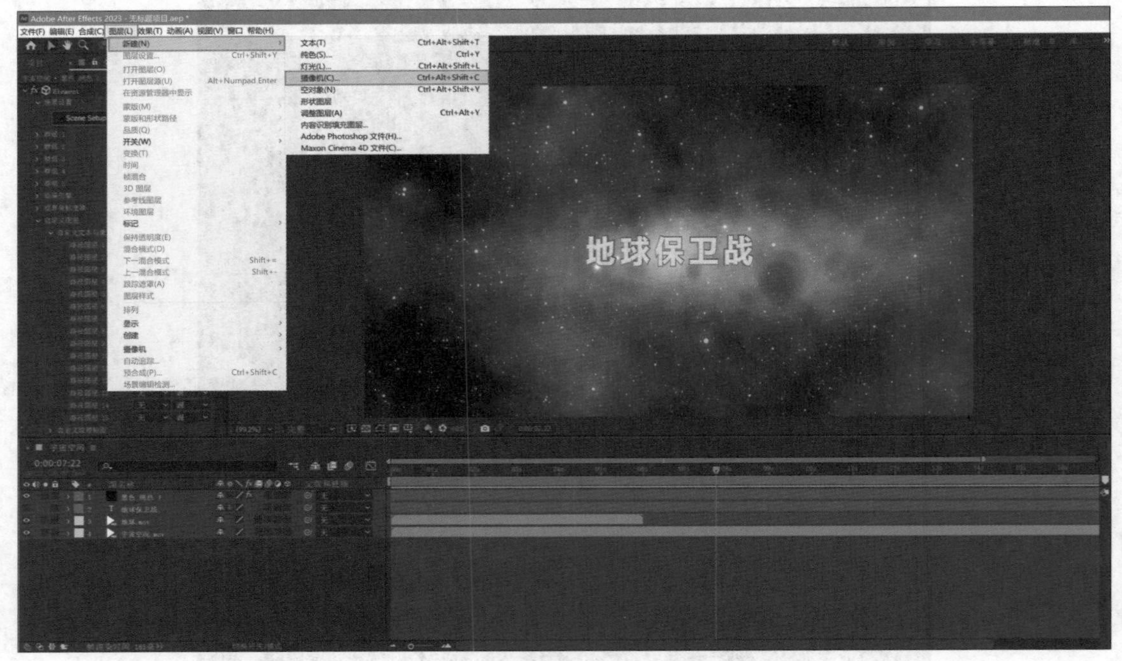

图11-35　新建摄像机图层

在弹出的“摄像机设置”对话框中，不修改任何设置，直接点击“确定”按钮（图11-36）。

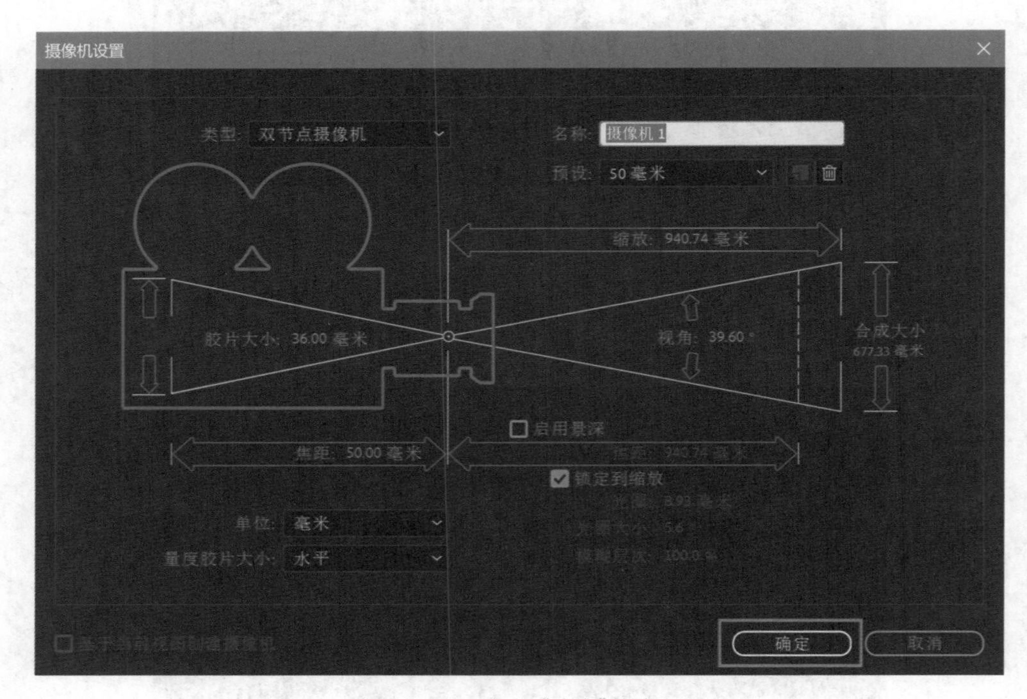

图11-36　点击“确定”按钮

在时间轴面板展开“黑色 纯色 1”图层下方的效果属性，点击“Element”属性前方的“>”形图标，展开“Element”属性的参数（图11-37）。

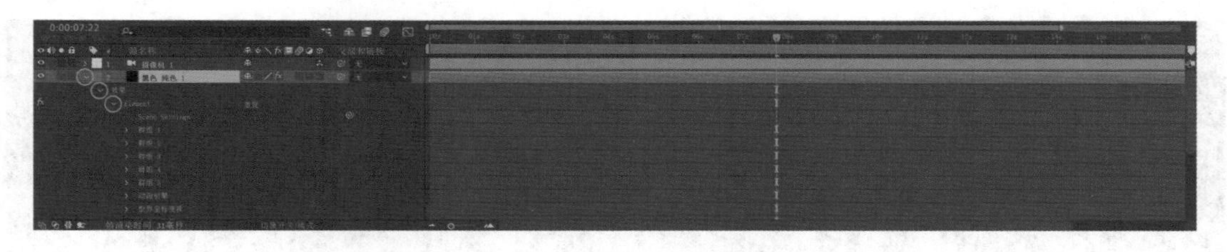

图11-37 展开“Element”属性

在展开的“Element”属性下方，点击“群组 1”前方的“>”形图标，展开其属性参数（图11-38）。

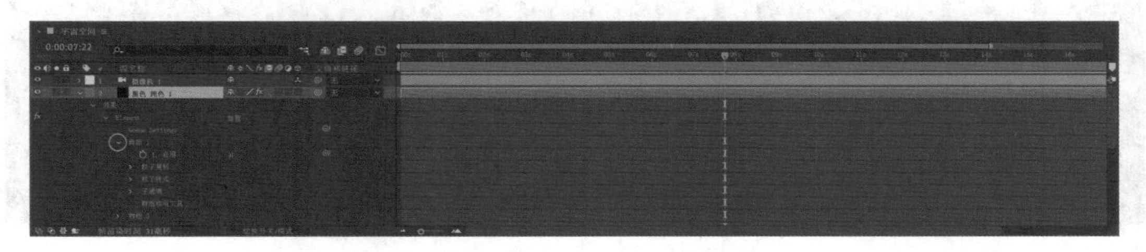

图11-38 展开“群组1”属性

找到“群组 1”下方的“粒子复制”属性，并点击其“>”形图标展开属性参数（图11-39）。

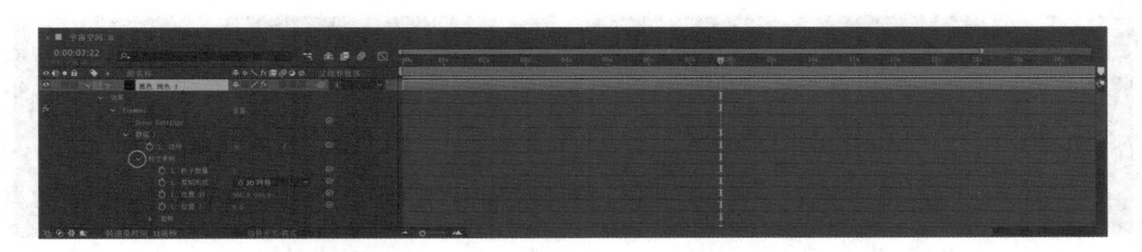

图11-39 展开“粒子复制”属性

在“粒子复制”属性下方找到“1.位置 XY”属性，将时间指针移动到第6秒处，点击“1.位置 XY”属性前方秒表，设置一个关键帧，同时将“1.位置 XY”属性参数值设置为“960.0，330.0”（图11-40）。

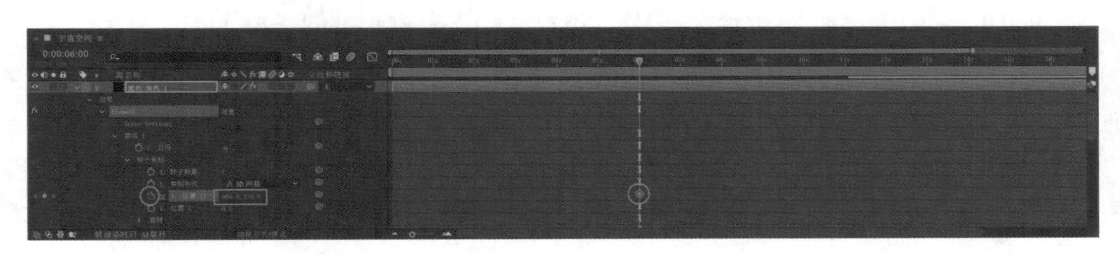

图11-40 设置位置XY属性关键帧

在同一时间点（第6秒处），点击“1.位置 Z”属性前方秒表，为“1.位置Z”属性设置一个关键帧，同时将其属性参数值设置为“-2000.0”（图11-41）。

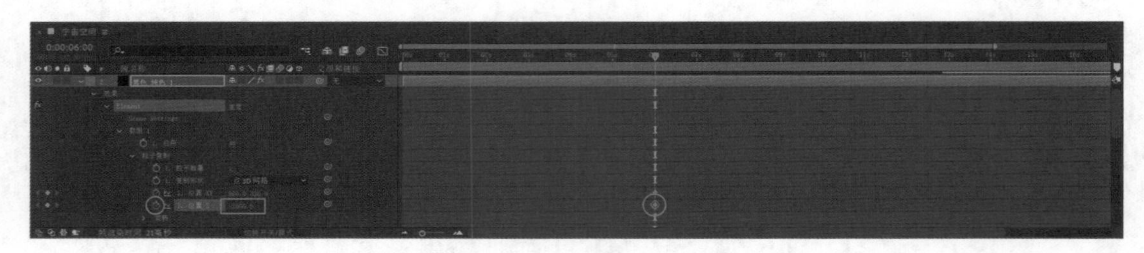

图11-41 设置位置Z属性关键帧

点击“旋转”属性前方的“>”形图标，展开其属性参数（图11-42）。

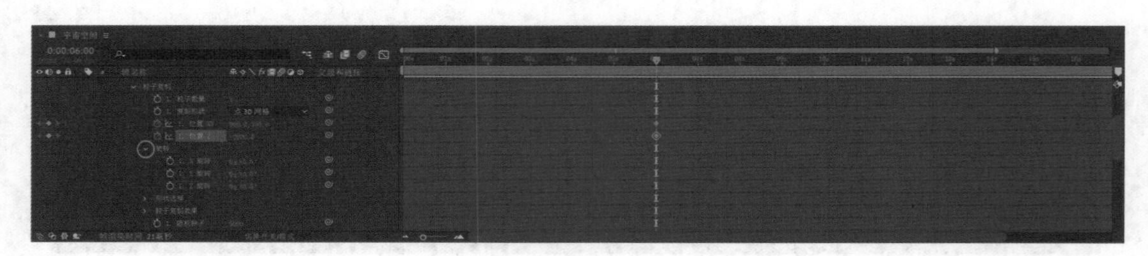

图11-42 展开“旋转”属性

在同一时间点（第6秒处），点击“1.X旋转”属性前方的秒表，为“1.X旋转”属性设置一个关键帧，将其属性参数值设置为“0x -50.0° ”（图11-43）。

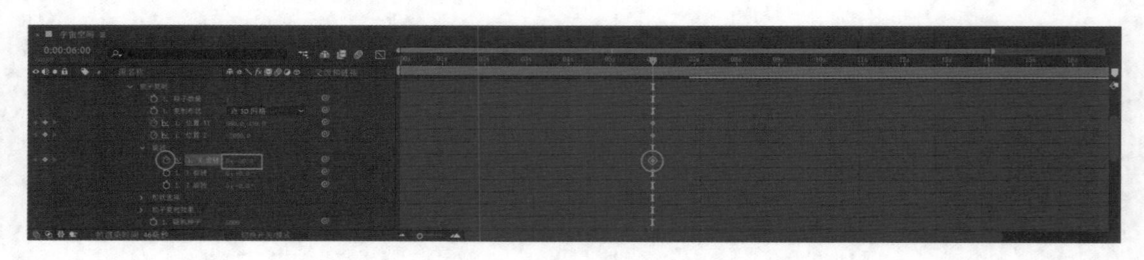

图11-43 设置X旋转属性关键帧

以上参数设置完毕后可以看到，合成预览窗口的“地球保卫战”文字已经被移出画面（图11-44）。

接下来制作文字飞入的动画。将时间指针移动到第8秒处，修改“1.位置 XY”属性参数值为“960.0，540.0”，为“1.位置 XY”属性设置第二个关键帧（图11-45）。

保持时间指针位置不动（第8秒处），将“1.位置 Z”属性参数值修改为“0.0”，为“1.位置Z”属性设置第二个关键帧（图11-46）。

保持时间指针位置不动（第8秒处），继续修改“1.X旋转”属性值为“0x+0.0° ”，为“1.X旋转”属性设置第二个关键帧（图11-47）。

图11-44　此时文字完全移出画面外

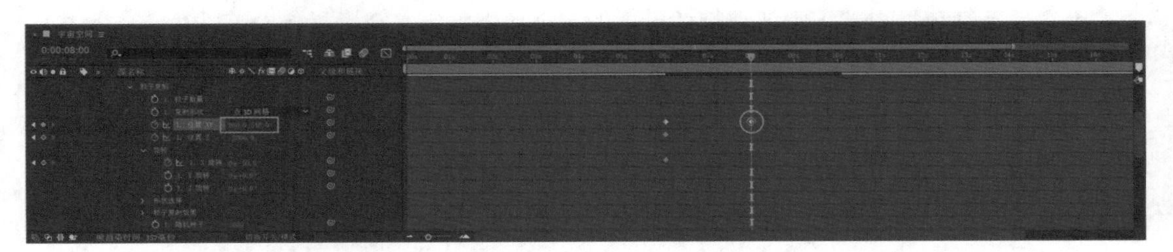

图11-45　设置位置XY属性第二个关键帧

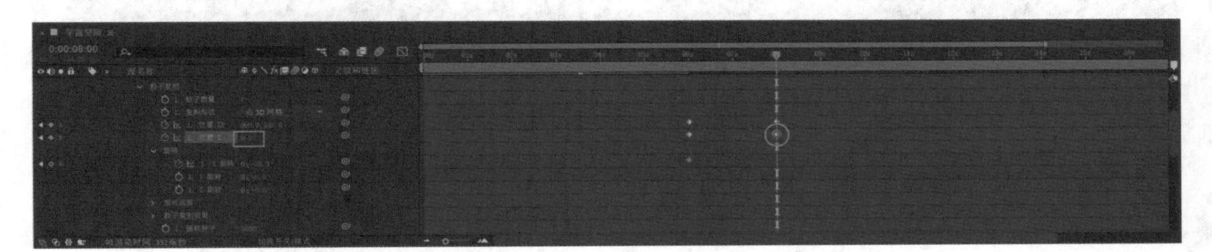

图11-46　设置位置Z属性第二个关键帧

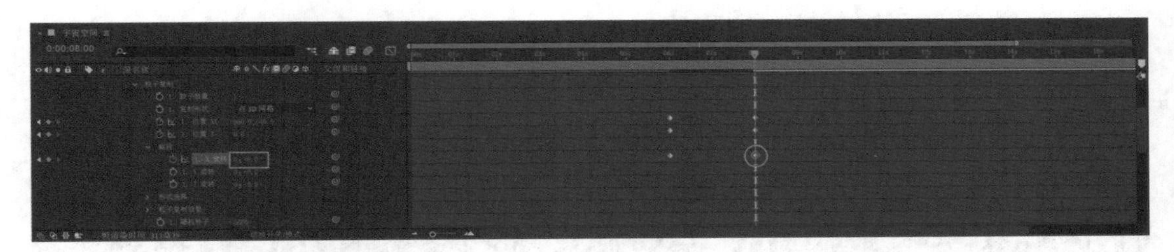

图11-47　设置X旋转属性第二个关键帧

此时点击预览控制台的“播放/停止”按钮，即可预览文字飞入画面的动画，由于动画是匀速的，所以显得比较死板（图11-48）。

图11-48　文字飞入动画已产生

为了使动画更加自然，需要将刚才设置的三个属性的第二个关键帧全部选中。点击鼠标右键，在弹出的菜单中执行【关键帧辅助】—【缓动】(或选中关键帧后按快捷键“F9”)，会发现原本的菱形关键帧图标变成了漏斗状关键帧图标，这代表已经将原本较为生硬的运动轨迹，转为较为平滑且更符合运动规律的运动轨迹，此时播放动画就可以发现文字飞入之后有明显的减速效果（图11-49）。

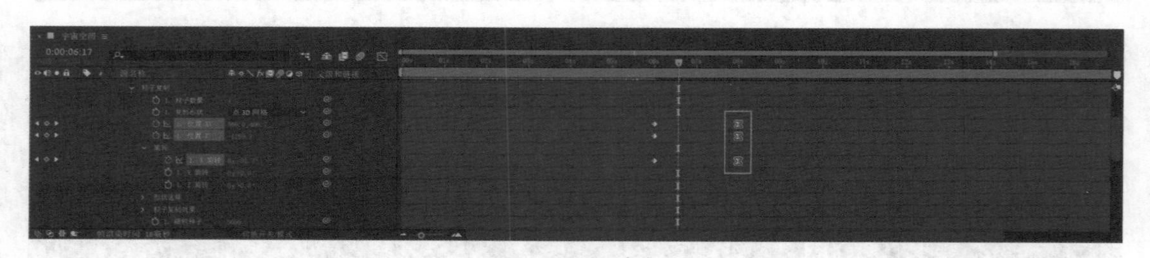

图11-49　将三个关键帧设为缓动方式

把时间指针拖动至第10秒处，点击“1.位置 Z”属性前方的“在当前时间添加或移除关键帧”按钮，设置第三个关键帧（图11-50）。

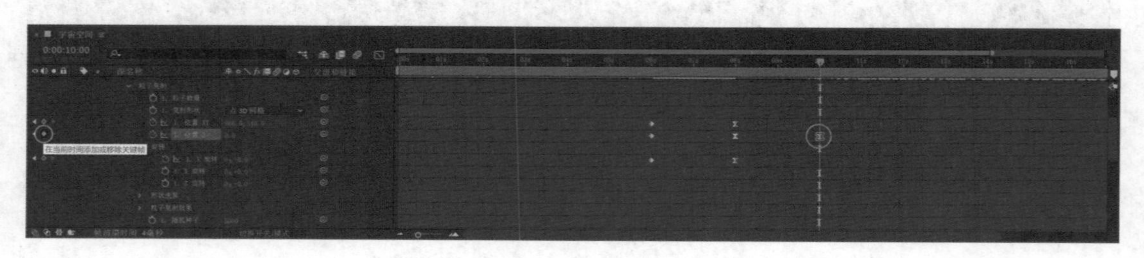

图11-50　设置位置Z属性第三个关键帧

将时间指针拖动到第11秒处，将“1.位置 Z”属性参数值修改为“-2800.0”，为“1.位置 Z”设置第四个关键帧，使文字再次飞出画面（图11-51）。

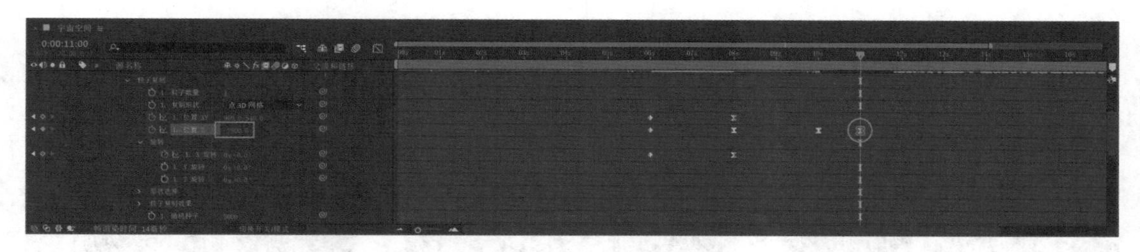

图11-51　设置位置Z属性第四个关键帧

至此，文字飞出画面的动画就制作完成了，可以点击预览控制台的“播放/停止”按钮进行预览（图11-52）。

图11-52　文字飞出动画已产生

为了使文字更加具有表现力，需要回到效果控件面板，在“Element”效果下面找到“渲染设置”属性，展开其属性参数，找到“发光”属性并展开其属性参数（图11-53）。

勾选“使用发光”选项，并将“发光来源”属性后方的类型从“照明”修切换为“亮度”（图11-54）。

将“发光强度”属性参数值修改为“1.0”，将“发光半径”属性参数值修改为“3.00”（图11-55）。

此时可以看到画面中的文字出现一层发光效果，本案例至此就全部制作完成了，可以点击预览控制台面板的“播放/停止”按钮对合成进行预览，在合成面板观看最终效果（图11-56）。

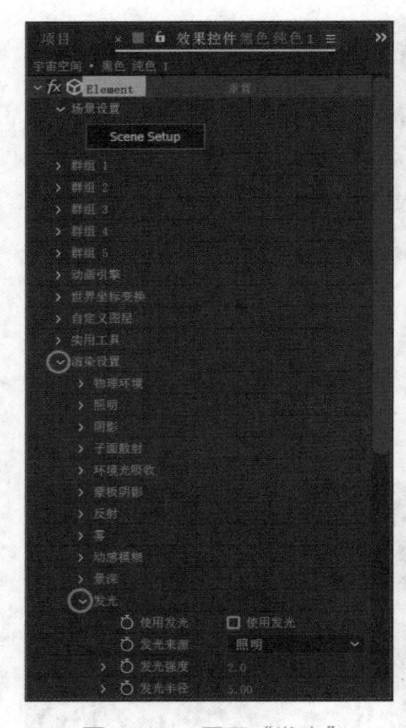

图11-53　展开“发光”属性

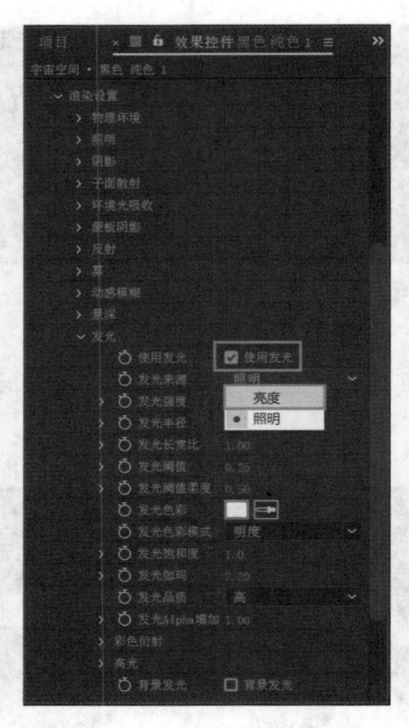

图11-54　切换发光类型

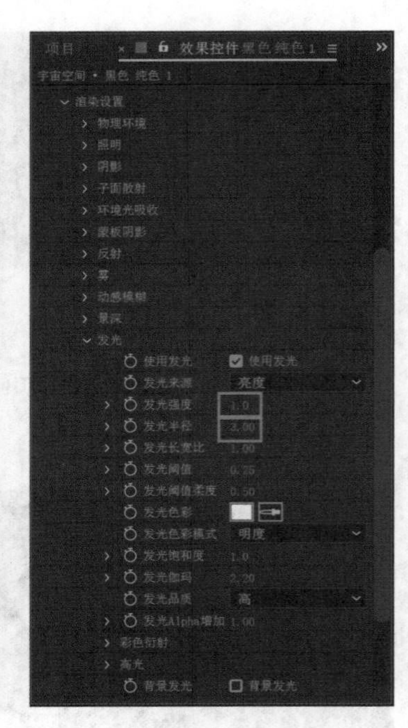

图11-55　修改发光强度和发光半径参数

图11-56　案例制作完成

本章小结

本章主要讲解了Element 3D插件的相关知识，并通过实战案例向大家讲解了Element 3D的具体使用方法。Element 3D可以称得上是After Effects最强大的3D插件之一，它不但功能强大，而且效果非常惊人，如果灵活掌握了这款插件，就能够在进行影视后期制作时如虎添翼。但是，有一点需要强调，Element 3D毕竟只是基于After Effects软件框架下的一款插件，它并不能完全取代真正意义上的三维软件，如果读者想要制作更加逼真、复杂的三维动画，需要使用3ds Max或Maya等三维软件。

第十二章 渲染输出

前面几章已经讲解了After Effects软件的基本功能和常用插件的使用方法，运用这些知识和技术，加上读者自身的创意，想必已经能够创作出一些非常有趣的特效画面了。但是，这些历尽千辛万苦制作出来的创意视频不能停留在After Effects软件内部仅供自娱自乐，更重要的是需要将其进行渲染输出，使之成为能够在各种平台或设备上播放的文件，这样才能真正成为让广大观众欣赏到的作品。在本章将学习如何把制作好的视频进行渲染输出。

第一节　渲染输出影片基础知识

渲染是将合成创建为影片的过程，这里所说的影片指能够在各种设备上进行播放的视频文件。在这一渲染过程中，After Effects将会对合成的每一帧进行逐帧渲染。当谈到渲染时通常指最终输出，不过，创建在素材、图层和合成面板中显示的预览的过程也属于渲染。事实上，可以将预览另存为影片，然后将其用作最终输出。

在对合成进行渲染输出的时候，往往需要根据影片的播放环境进行针对性的设置，如影片是否进行编码压缩、影片格式的选择、影片的质量等。在After Effects中，渲染输出影片文件主要有两种方法，一是使用“渲染队列”对其进行渲染，即使用After Effects内置的渲染引擎进行渲染，这种渲染方式主要用于高品质影片（带或不带Alpha通道）和图像序列的输出，以便将其用于其他视频编辑、合成或3D图形应用程序做进一步处理；二是使用Adobe Media Encoder软件进行编码输出，这种输出方式既可以导出经压缩的影片用于Web发布，也可以导出DVD 或蓝光光盘压缩的高品质影片文件。Adobe Media Encoder是Adobe公司开发的一个独立程序，专门用于对影片进行渲染和编码，功能非常强大，但需要安装该软件后才能使用这种渲染方式。

小提示：一般来说，如果影片还需要使用其他图像编辑软件做进一步处理时，往往会将其渲染输出为序列帧而不是直接编码成影片，这样不但有利于保证图像品质，而且图片的形式更加便于后期制作。如果是输出视频格式，建议读者根据播放需求针对性地选择视频格式和画质压缩比率，这样可以使渲染的效率更高。

下面将通过实战案例的方式，分别学习如何使用“渲染队列”和Adobe Media Encoder软件进行影片的渲染输出。

第二节　实战案例之美丽乡村

“渲染队列”是After Effects内置渲染引擎的操作面板，该面板可以对渲染输出影片的帧速率、持续时间、分辨率、图像品质、输出格式等参数进行控制，也可以对渲染输出的过程进行监控和管理。其具体的渲染输出方法如下。

执行【文件】—【导入】—【文件】，在弹出的窗口中找到“乡村航拍.mp4”“文字动画.mov”“配乐.wav”3个素材文件，全部选中后点击“导入”，把素材文件导入After Effects中，素材文件的目录为“《After Effects影视后期特效实战教程》素材文件/第12章/12.2 实战案例之美丽乡村”（图12-1）。

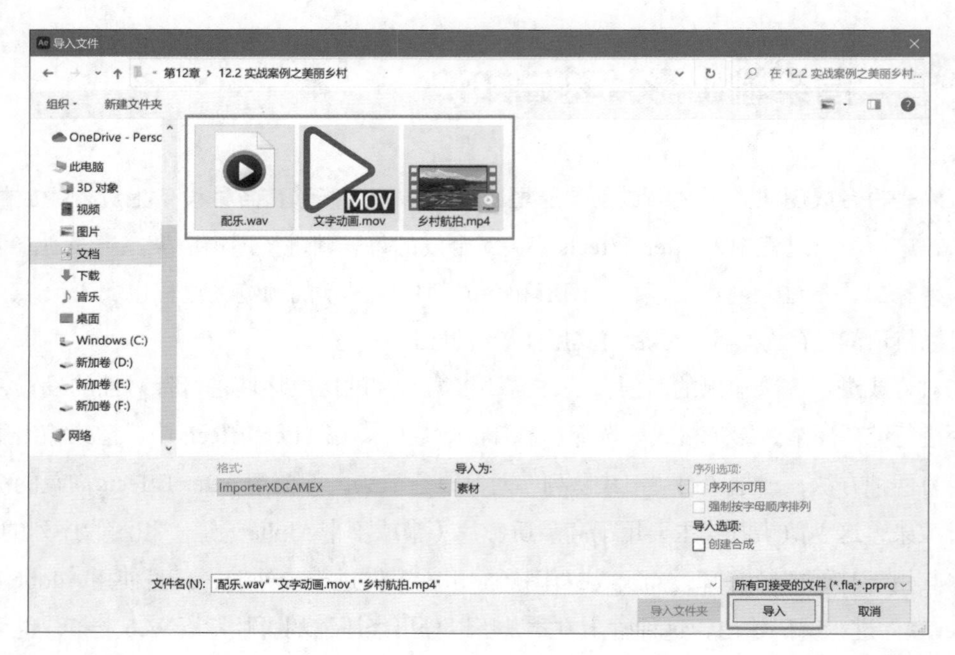

图12-1　导入素材

在项目面板选中素材“乡村航拍.mp4”，按下鼠标左键并将其拖动至“新建合成”按钮后松开鼠标左键，创建一个基于该素材属性的合成（图12-2）。

点击预览控制台面板的“播放/停止”按钮（或执行快捷键“空格键”）对该视频素材进行预览，可以看到这是一段优美的乡村田野航拍风景（图12-3）。

图12-2　新建合成

图12-3　预览视频

继续添加素材，在项目面板选中素材“文字动画.mov”，并将其拖动至时间轴面板，使其处于“乡村航拍.mp4”图层的上方（图12-4）。

考虑到乡村航拍视频开头处有一个黑场淡入的效果，此时文字动画会先于乡村航拍视频出现，不利于视频的展示，因此可以将文字动画的出现时间适当向后延迟。在时间轴面板选

图12-4　添加文字动画素材

中“文字动画.mov”图层后方的持续时间条，按住鼠标左键向右侧拖动该持续时间条，直至文字动画的持续时间条左侧起始端对齐时间标尺第4秒处，即可将文字动画的播放时间向后延迟4秒（图12-5）。

图12-5　向右侧拖动持续时间条

然后为该合成添加一个配乐素材。在项目面板选中“配乐.wav”，并将其拖动至时间轴面板中（图12-6）。

图12-6　添加配乐

至此，合成就制作完成了，接下来就是本案例的重点部分：使用“渲染队列”进行渲染输出。执行【合成】—【添加到渲染队列】（图12-7）。

图12-7　添加到渲染队列

执行该命令后，工作界面底部的时间轴面板会自动切换到渲染队列面板，并且可以在该面板中看到刚才制作好的“乡村航拍”合成已经被添加到渲染队列中等待渲染了，但是在渲染之前，需要设置影片的渲染参数（图12-8）。

图12-8　渲染队列面板

在渲染队列面板中可以看到，影片的渲染参数主要有渲染设置和输出模块两组。其中，渲染设置可以对影片的图像质量、分辨率、帧速率等参数进行设置，用户可以根据自身需要进行设置，本案例保持默认的“最佳设置”即可。输出模块可以设置影片的音频、视频编码格式，用户可以根据自身需要进行设置，本案例保持默认的“H.264”格式即可，这是MP4视频格式的一个类型，拥有较好的视频编解码性能。下面需要设置的选项主要是影片的输出路径，点击“输出到”选项后方的“尚未指定”（图12-9）。

图12-9　点击“尚未指定”

在弹出的窗口中，指定影片输出的路径，并根据需要对输出影片的名称进行命名，设置好输出路径和影片名称后，点击“保存”按钮（图12-10）。

此时即可看到，渲染队列面板中“输出到”选项后方的“尚未指定”已变成刚才设置的影片名称了，此时，点击渲染队列面板右上角的“渲染”按钮，即可开始影片的渲染输出（图12-11）。

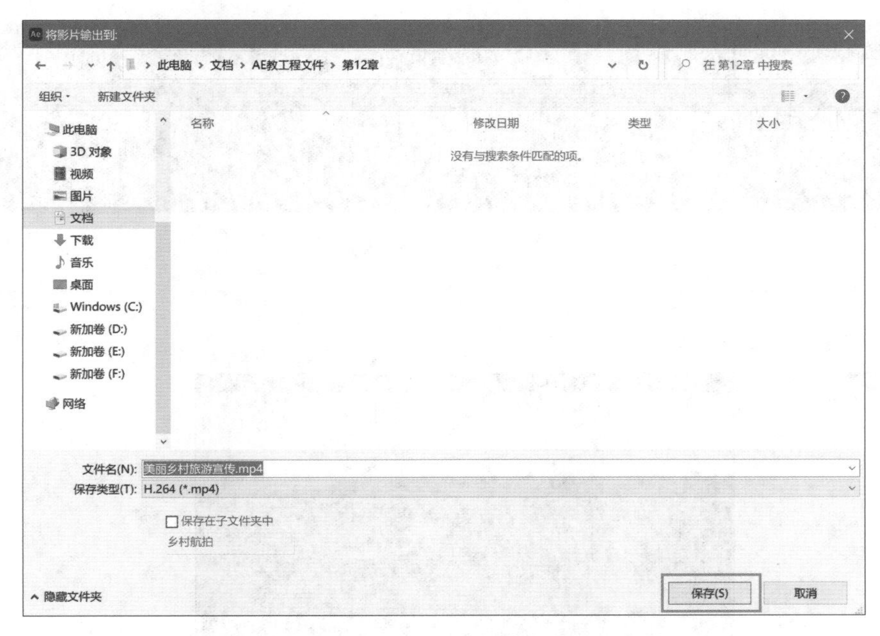

图12-10　指定输出路径

图12-11　点击“渲染”按钮

在渲染的过程中，渲染面板上方将会以进度条等方式提示当前渲染进度，可以根据需要随时对渲染进行暂停或停止。渲染影片较为耗费系统资源，在此期间尽量不要使用计算机运行其他程序，耐心等待渲染完成（图12-12）。

图12-12　渲染进度

渲染完成后，After Effects会播放提示音，同时渲染面板内的“状态”一栏会显示渲染已经“完成”（图12-13）。

此时，可以在之前指定的输出路径中找到刚才渲染输出的影片文件，使用支持MP4（H.264）格式的播放器即可播放和观看该影片（图12-14）。

图12-13 渲染完成

图12-14 播放影片

第三节 实战案例之旅行Vlog

Adobe Media Encoder是Adobe公司开发的一款功能强大的音视频编码软件，为用户提供了丰富的硬件设备编码格式和专业设计的预设设置。上一节讲到的After Effects内置渲染引擎（渲染队列）其实就是一个嵌入版的Adobe Media Encoder，但其只具备一些基础功能，如果需要使用完整功能，需要用户安装独立的Adobe Media Encoder应用程序。其具体的渲染输出方法如下。

执行【文件】—【导入】—【文件】，在弹出的窗口中找到“航拍视频.mp4”“文字动画.mov”“配乐.wav”3个素材文件，全部选中后点击“导入”，把素材文件导入After Effects中，素材文件的目录为“《After Effects影视后期特效实战教程》素材文件/第12章/12.3 实战案例之旅行Vlog”（图12-15）。

在项目面板选中素材“航拍视频.mp4”，按下鼠标左键并将其拖动至“新建合成”按钮后松开鼠标左键，创建一个基于该素材属性的合成（图12-16）。

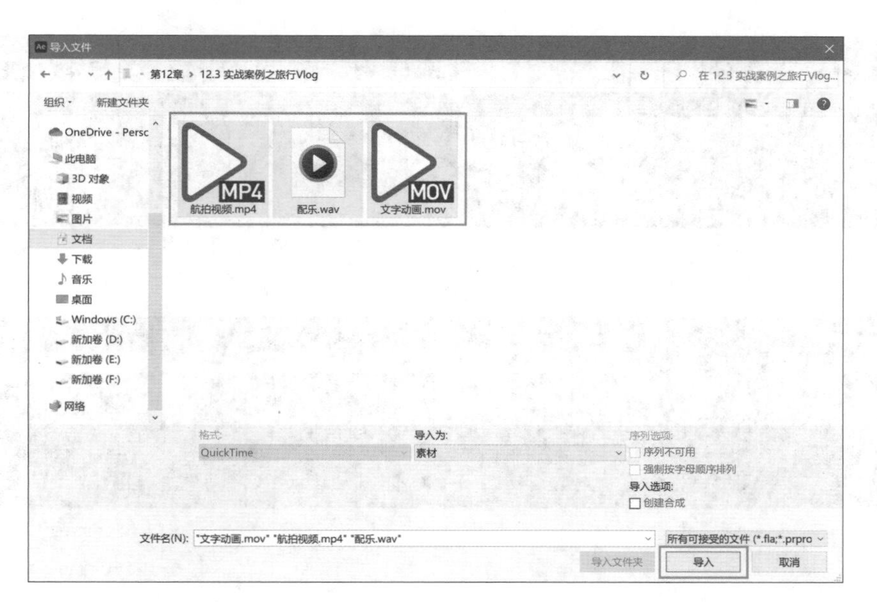

图12-15　导入素材

图12-16　新建合成

为该视频素材制作一个黑场淡入的效果，点击并展开“航拍视频.mp4”图层的“变换”属性，将时间指针移动到第0帧处，点击“不透明度”属性前方秒表，设置一个关键帧，并修改其参数值为“0%”（图12-17）。

将时间指针拖动至第2秒处，并修改“不透明度”参数值为“100%”，为其添加第二个关键帧，这样就为“航拍视频.mp4”素材制作好了一个黑场淡入的效果（图12-18）。

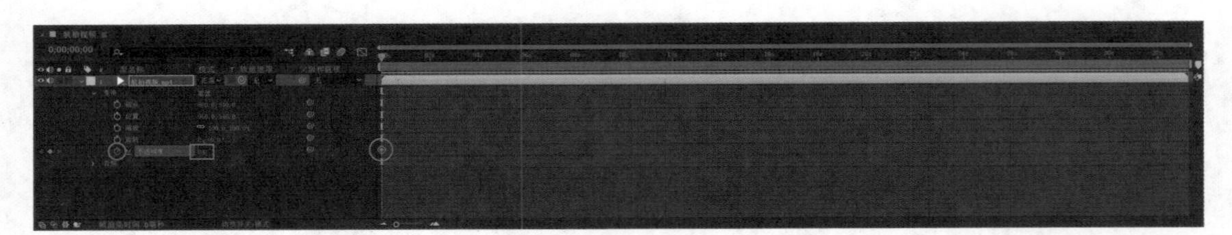

图12-17　添加第一个关键帧

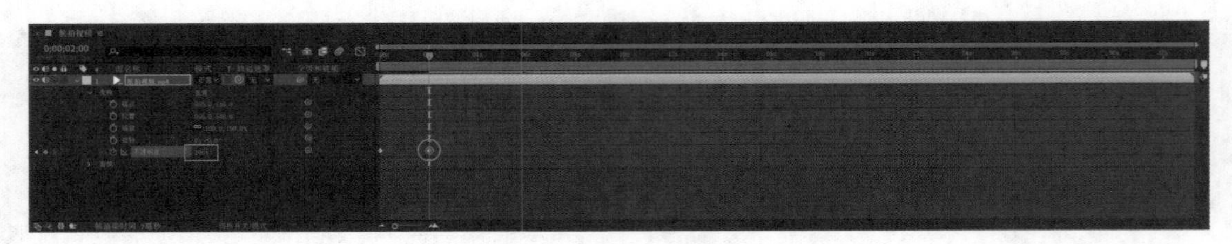

图12-18　添加第二个关键帧

继续添加素材，在项目面板选中素材“文字动画.mov”，并将其拖动至时间轴面板，使其处于“航拍视频.mp4”图层的上方（图12-19）。

图12-19　添加文字动画素材

考虑到刚才已经为航拍视频开头处制作了一个黑场淡入的效果，此时文字动画会先于乡村航拍视频出现，不利于视频的展示，因此可以将文字动画的出现时间适当向后延迟。在时间轴面板选中“文字动画.mov”图层后方的持续时间条，按住鼠标左键向右侧拖动该持续时间条，直至文字动画的持续时间条左侧起始端对齐时间标尺第4秒处，即可将文字动画的播放时间向后延迟4秒（图12-20）。

图12-20　向右侧拖动持续时间条

为该合成添加一个配乐素材，在项目面板选中“配乐.wav”，并将其拖动至时间轴面板中（图12-21）。

图12-21　添加配乐

至此，合成就制作完成了，接下来就是本案例的重点部分：使用Adobe Media Encoder进行渲染输出。执行【合成】—【添加到Adobe Media Encoder队列】（图12-22）。

图12-22　添加到Adobe Media Encoder队列

此时，Adobe Media Encoder软件将会自动启动，稍等片刻，待Adobe Media Encoder启动后，即可看到其工作界面（图12-23）。

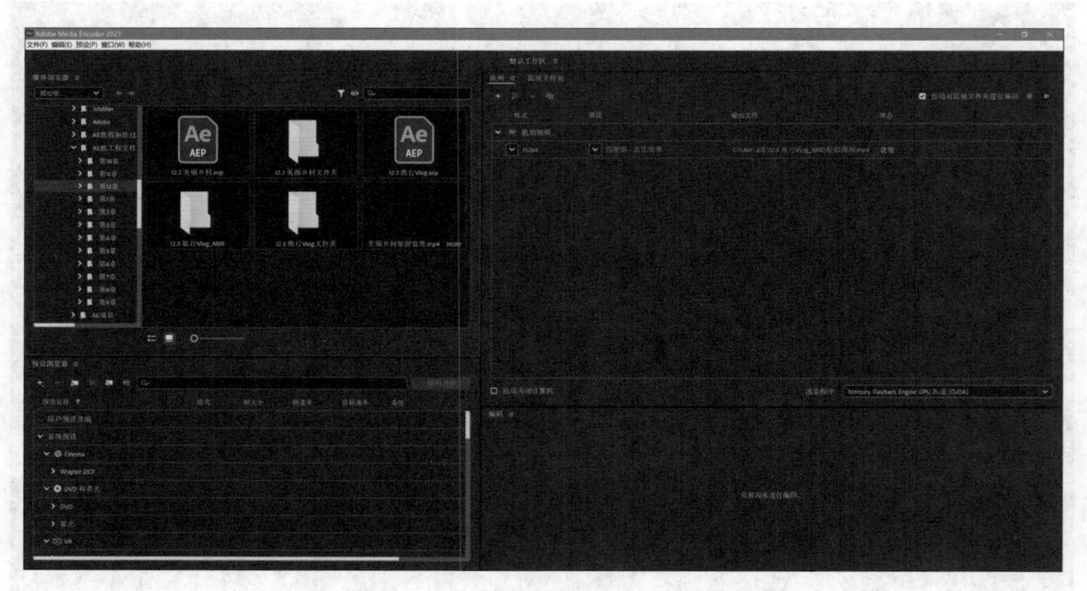

图12-23　Adobe Media Encoder工作界面

小提示：若系统报错或提示用户未安装Adobe Media Encoder，导致Adobe Media Encoder无法自动启动，请检查所安装的Adobe Media Encoder版本是否与After Effects版本一致，或安装目录是否为默认目录。如果无法自动启动，用户也可保存After Effects文件后，手动启动

Adobe Media Encoder并在Adobe Media Encoder内打开After Effects文件。

当Adobe Media Encoder启动后，即可在其队列面板看到刚才在After Effects内制作好的合成已被加载至Adobe Media Encoder的输出队列中（加载合成的时间根据用户硬件及系统差异而有所不同，稍等片刻即可）（图12-24）。

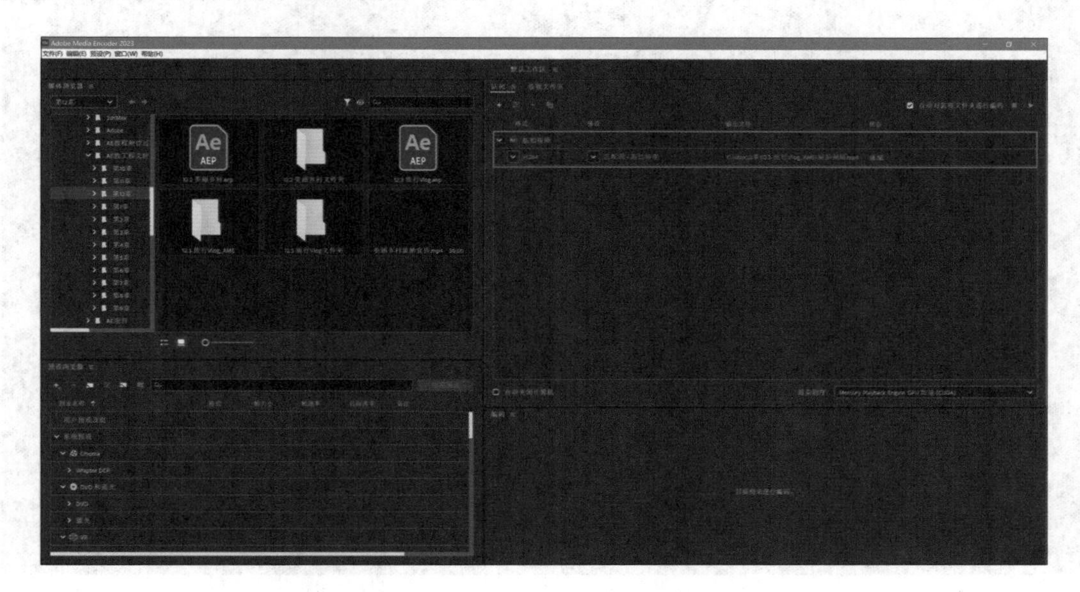

图12-24　队列面板

用户可以在Adobe Media Encoder队列面板中设置合成的输出格式、输出路径等。其中，"格式"选项可以设置影片输出的编码格式；"预设"选项可以设置影片输出的分辨率、帧速率等，Adobe Media Encoder内置了丰富的预设可供用户调用；"输出文件"选项可以设置影片输出的路径。这里可根据自身需要进行设置（图12-25）。

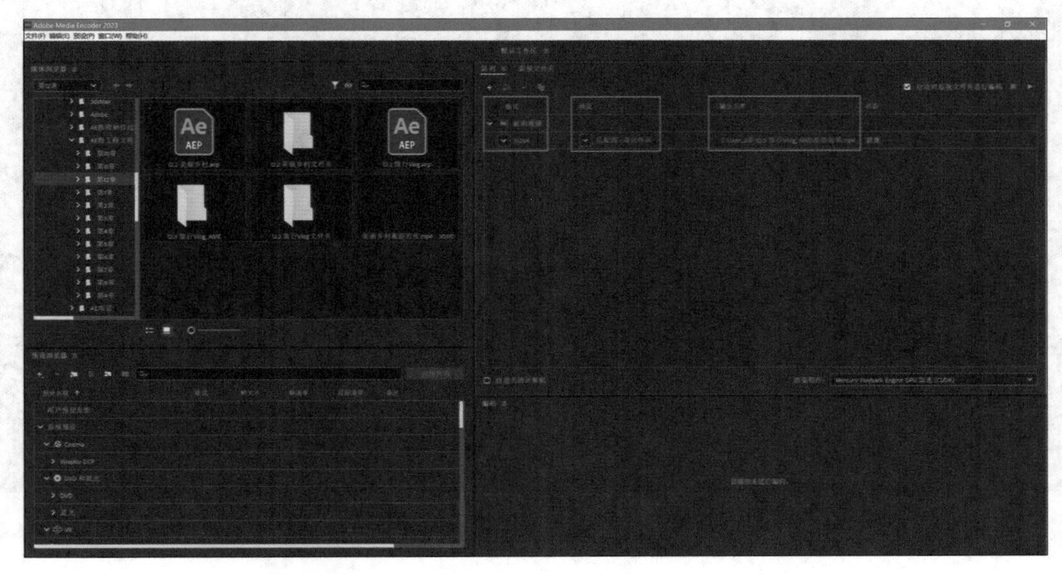

图12-25　输出设置

设置好后，点击队列面板右上方的“启动队列”按钮（绿色三角形图标）即可开始渲染输出（图12-26）。

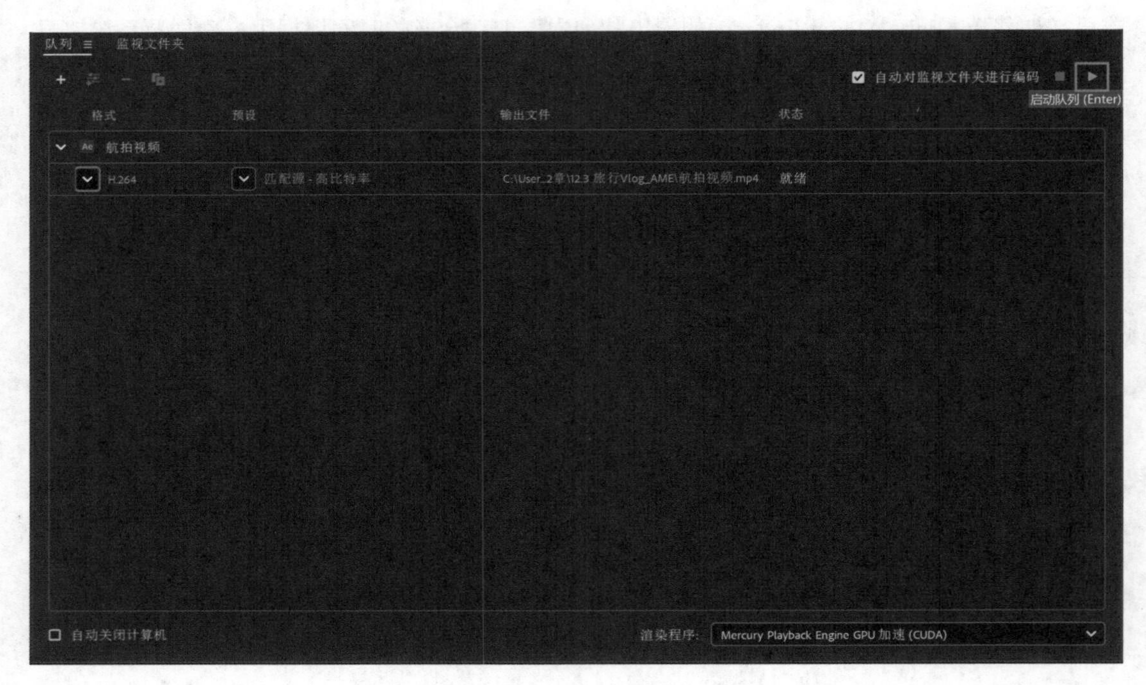

图12-26　点击“启动队列”按钮

渲染过程中，Adobe Media Encoder工作界面右下方的编码面板将会以进度条的方式提示当前的输出进度（图12-27）。

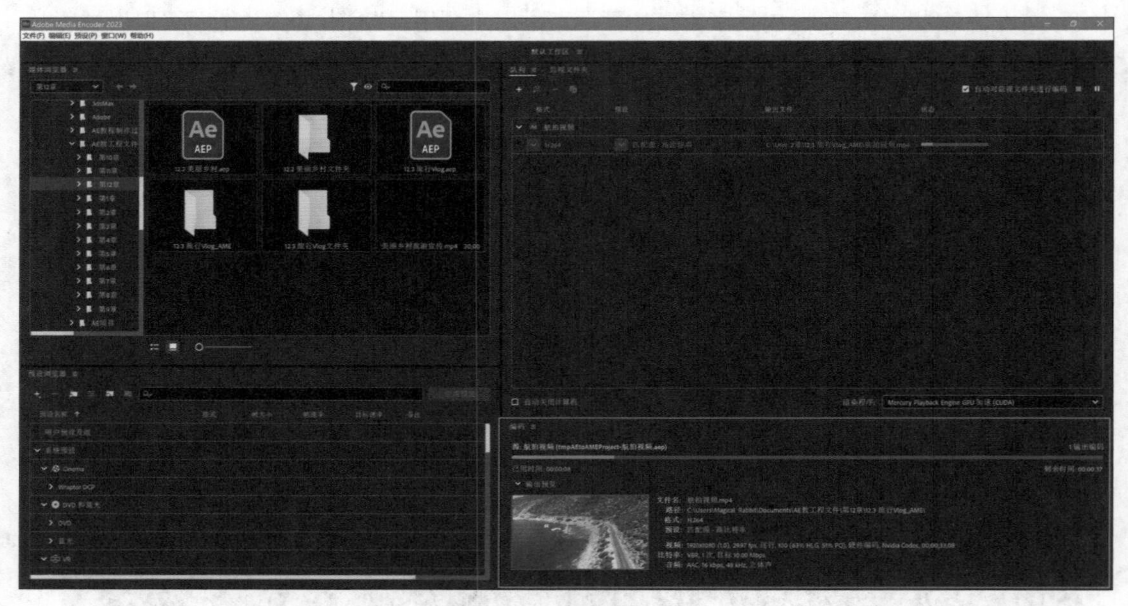

图12-27　输出进度

渲染输出完成后，队列面板的“状态”一栏中将会提示输出“完成”（图12-28）。

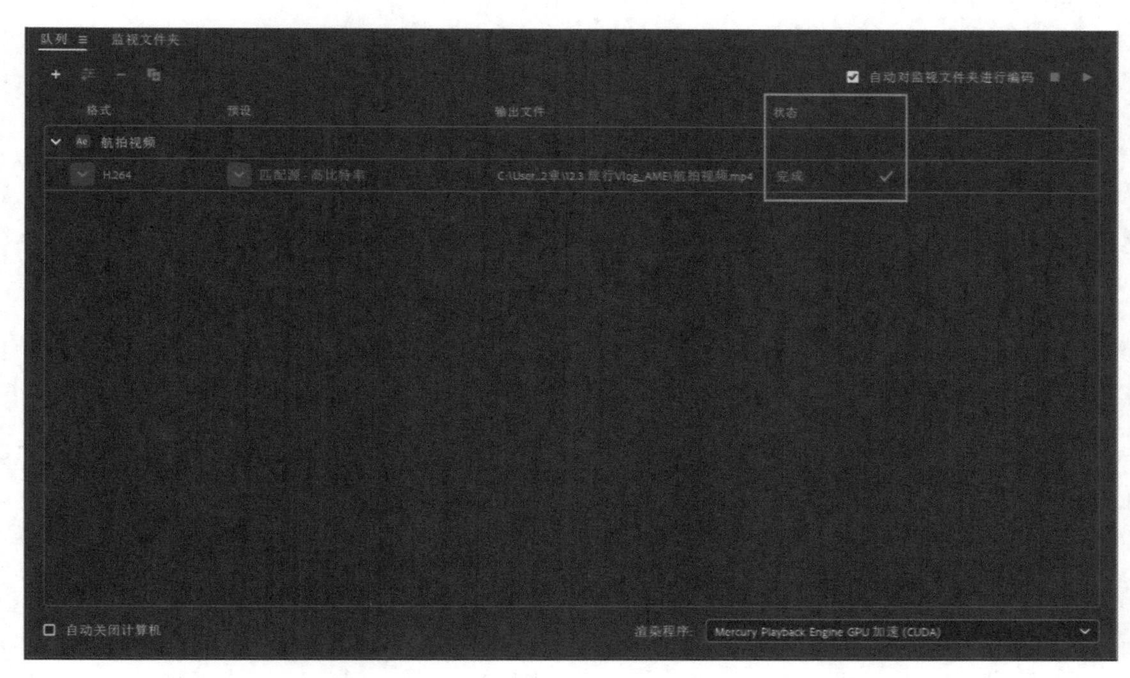

图12-28 输出完成

此时，就可以在之前指定的输出路径中找到刚才渲染输出的影片文件，使用支持相应编码格式的播放器即可播放和观看该影片（图12-29）。

图12-29 播放影片

本章小结

本章主要讲解了如何将制作好的合成进行渲染输出，以及具体的渲染设置方法。渲染输出的设置并不复杂，但是难点在于需要读者根据各种情况针对性地选择不同的输出方案，因为渲染十分耗费计算机资源，不但系统内存空间占用大，而且非常耗时，因此如何使资源利用最为合理、工作效率最大化才是学习完这一章后应该进一步思考的问题。

第十三章

综合实战案例

本章为读者准备了三个综合实战案例的测试训练，它们能对读者之前学过的知识进行全面的检测与巩固，也能进一步强化读者的操作技能。通过本章的实践练习，希望可以帮助读者举一反三，在充分掌握相关知识、技术的同时，也能够灵活运用这些知识、技术设计和制作出更加有趣的特效画面。需要提醒大家的是，After Effects软件只是一个辅助创作者发挥创意的工具，学习它的根本目的不是学会如何使用After Effects软件，而是如何运用手中的工具来实现自己独具创意的设计表达。

第一节　综合实战案例之分身术

本案例是对蒙版、调色等知识点的综合运用，其效果为同一角色的多重分身同时出现在画面中（图13-1）。本案例制作思路如下。

图13-1　分身术案例效果

本案例制作过程大致可以分解为三个部分，下面将简要对这三个部分的制作思路进行解析，读者也可结合自身思考，尝试按照自身的思路进行制作。

第一部分：使用连续拍摄所得到的同一段视频素材复制出另外两个图层，并调整复制而来的两个图层的持续时间条，使三个角色于同一时间登场（图13-2）。

图13-2　处理三段素材

第二部分：使用“钢笔”工具为复制而来的两个图层绘制蒙版，分别使其画面中央及对面一侧区域透明化，从而显示出其他图层中的角色（图13-3）。

图13-3　绘制蒙版

第三部分：因素材在拍摄时光影明暗存在变化，导致三段素材的影调不完全一致，可使用调色工具对画面进行色彩及明暗的调整，在修复这一问题的同时，也可进一步增强画面的氛围感（图13-4）。

图 13-4　调整图像色彩

第二节　综合实战案例之时空传送门

本案例是对粒子插件Trapcode Particular、光效插件Optical Flares等知识点的综合运用，其效果为角色走入发光的时空传送门内并消失在光芒中（图13-5）。本案例制作思路如下。

本案例制作过程大致可以分解为四个部分，下面将简要对这四个部分的制作思路进行解析，读者也可结合自身思考，尝试按照自身的思路进行制作。

图 13-5　时空传送门案例效果

第一部分：因原视频素材亮度较高，不利于光效和粒子效果的展现，可以使用调色工具处理原视频素材的明暗和色调（图13-6）。

图13-6　对原视频调色

第二部分：使用粒子插件Trapcode Particular制作传送门效果，在这部分中需要结合蒙版、分形杂色等知识，制作传送门缓缓打开的效果（图13-7）。

第三部分：使用光效插件Optical Flares制作发光效果，注意光效从传送门打开的时候即可出现，一直持续到传送门消失为止（图13-8）。

第四部分：制作演员和传送门消失的效果，演员的消失效果可使用演员出画后的空镜头结合冻结帧、蒙版等技术进行制作，传送门的消失使用图层不透明度即可实现（图13-9）。

图13-7　制作传送门效果

图13-8 制作光效

图13-9 制作角色和传送门消失效果

第三节 综合实战案例之科技触摸屏

本案例是对粒子插件Trapcode Particular、光效插件Optical Flares等知识点的综合运用，其效果为角色在空中点击呼出一个虚拟的触摸屏，并对虚拟触摸屏内显示的图像进行交互操作（图13-10）。本案例制作思路如下。

图13-10　虚拟触摸屏案例效果

本案例制作过程大致可以分解为四个部分，下面将简要对这四个部分的制作思路进行解析，读者也可结合自身思考，尝试按照自身的思路进行制作。

第一部分：绘制虚拟触摸屏，可使用蓝色纯色层结合蒙版实现，为增强触摸屏的光感，可将图层混合模式更改为“相加”（图13-11）。

第二部分：制作虚拟触摸屏弹出的动画，这部分调节蒙版属性中的“蒙版扩展”参数即可实现（图13-12）。

第三部分：制作虚拟触摸屏内显示图像的动画，这部分的思路可使用父级图层链接技术使多张图像实现同步切换的效果。此外，为使图像显示范围被控制在触摸屏内部，还需使用轨道遮罩技术（图13-13）。

图13-11　绘制虚拟触摸屏

图13-12　制作摸屏弹出动画

图13-13　制作触摸屏内图像动画

第四部分：制作虚拟触摸屏关闭的动画，这部分制作思路与第二部分类似，同样使用触摸屏蒙版属性中的“蒙版扩展”参数即可实现（图13-14）。

图13-14　制作触摸屏关闭动画

本章小结

通过对本章三个综合案例的操作练习，相信读者对After Effects软件的使用方案、操作技巧和制作思路有了更深的理解。由于篇幅关系，本书无法再进一步展开更详细的综合案例知识讲解，因此笔者尽可能地将每一个案例的制作思路进行了解析，希望读者能够对After Effects后期制作有更加深刻的理解。最后，建议在看到有趣、独特的特效影视作品时，可以自己尝试分析其制作方法，以及每个镜头制作的思路和具体用到的技术，这样有助于快速提升自己制作能力和设计能力。

后记 POSTSCRIPT

本书的设计思路侧重于以案例的方式强化操作技能，将知识点的讲解融入实战案例的制作过程当中。根据笔者多年的教学经验，这种教学方式对于应用型专业的学生而言较为实用，能够帮助学生快速理解和掌握软件的操作方法，同时能通过大量的案例操作锻炼学生的应用能力。

在本书的编写过程中，得到了滇池学院易佳玲、李珊、沙松、姜尚韬、郑婕、康圆圆、张豪、丁建国、周星愿、杜兴龙等同学的协助，书中的部分案例由同学们拍摄、演出。正是由于这些同学的辛勤付出，本书才得以顺利完成，在此，我对各位同学表达诚挚的感谢！

由于笔者能力有限，且本书的编写时间较为仓促，因此难免存在一些疏漏和不足之处，请读者批评指正。

王禹

2023 年 11 月 1 日